TÓPICOS AVANÇADOS EM PESQUISA QUALITATIVA EM SAÚDE

Dados Internacionais de Catalogação na Publicação (CIP)
(Câmara Brasileira do Livro, SP, Brasil)

Tópicos avançados em pesquisa qualitativa em saúde : fundamentos teórico-metodológicos / Maria Lúcia Magalhães Bosi, Denise Gastaldo, (organizadoras). – Petrópolis, RJ : Vozes, 2021.

Vários autores.
Bibliografia.
ISBN 978-65-5713-146-6

1. Pesquisa qualitativa 2. Saúde – Pesquisa – Metodologia I. Bosi, Maria Lúcia Magalhães. II. Gastaldo, Denise.

21-61442   CDD-610.72

Índices para catálogo sistemático:
1. Pesquisa em saúde   610.72

Cibele Maria Dias – Bibliotecária – CRB-8/9427

Maria Lúcia Magalhães Bosi
Denise Gastaldo
Organizadoras

TÓPICOS AVANÇADOS EM PESQUISA QUALITATIVA EM SAÚDE

Fundamentos teórico-metodológicos

EDITORA VOZES

Petrópolis

© 2021, Editora Vozes Ltda.
Rua Frei Luís, 100
25689-900 Petrópolis, RJ
www.vozes.com.br
Brasil

Todos os direitos reservados. Nenhuma parte desta obra poderá ser reproduzida ou transmitida por qualquer forma e/ou quaisquer meios (eletrônico ou mecânico, incluindo fotocópia e gravação) ou arquivada em qualquer sistema ou banco de dados sem permissão escrita da editora.

CONSELHO EDITORIAL

Diretor
Gilberto Gonçalves Garcia

Editores
Aline dos Santos Carneiro
Edrian Josué Pasini
Marilac Loraine Oleniki
Welder Lancieri Marchini

Conselheiros
Francisco Morás
Ludovico Garmus
Teobaldo Heidemann
Volney J. Berkenbrock

Secretário executivo
João Batista Kreuch

Editoração: Maria da Conceição B. de Sousa
Diagramação: Raquel Nascimento
Revisão gráfica: Nilton Braz da Rocha / Fernando Sergio Olivetti da Rocha
Capa: Ygor Moretti

ISBN 978-65-5713-146-6

Editado conforme o novo acordo ortográfico.

Este livro foi composto e impresso pela Editora Vozes Ltda.

Dedicatórias

Ao nosso coautor e querido amigo Francisco Javier Mercado-Martinez, grande impulsionador da pesquisa qualitativa na América Latina e pesquisador comprometido com a equidade em saúde e a justiça social. *In memoriam.*

À comunidade de pesquisadores qualitativos que, apesar de tantos desafios, prossegue construindo e acreditando numa ciência humanizada e emancipatória.

Aos meus pais, Nilsa e Enio, pelo exemplo de como viver uma vida alegre, digna e justa (D. Gastaldo).

A Marcos Antônio Bosi, pelo apoio afetivo incansável em toda a trajetória desta construção. E a Isabela, Leonardo, Maíra e Raian, pela presença em tudo o que faço (M.L. Bosi).

Agradecimentos

Este livro é fruto de uma visita acadêmica, como *visiting professor*, da pesquisadora Maria Lúcia Magalhães Bosi, ao Center for Critical Qualitative Health Research da Universidade de Toronto (CQ) durante os anos de 2018 e 2019, em parceria com a sua anfitriã acadêmica, a Profa. Denise Gastaldo. Nessa visita se materializou um projeto idealizado ao longo de uma década. Agradecemos à equipe do CQ, em particular à atual diretora do Centro, Dra. Brenda Gladstone, pela acolhida em Toronto.

Nosso agradecimento ao Conselho Nacional de Desenvolvimento Científico e Tecnológico (CNPq/Brasil) pelo suporte financeiro a essa visita acadêmica ao CQ.

A Profa. Maria Lúcia Magalhães Bosi agradece à Dra. Denise Gastaldo por ter aceito a supervisão durante a visita acadêmica à Universidade de Toronto, pela parceria na organização desta obra desafiadora e pela amizade e atenção durante toda a sua estadia no CQ.

A todos os colegas docentes e pesquisadores do Programa de Pós-Graduação em Saúde Pública da Universidade Federal do Ceará pelo apoio e incentivo constantes, sobretudo durante o período em que se deu o afastamento de uma das organizadoras.

À Editoria da Vozes agradecemos pelo incentivo à publicação desta obra e pelo compromisso mantido, mesmo em meio ao desafio da pandemia.

Um agradecimento especial aos nossos coautores, colegas de ensino e pesquisadores(as) qualitativos(as) em saúde nas Américas, por terem aceito o nosso convite para participar desta publicação em português e pela generosidade da construção de um material tão valioso.

*A verdadeira viagem de descobrimento não consiste em procurar
novas paisagens, mas em ter novos olhos.*

Marcel Proust

Sumário

Prefácio – Ciência, razão prática e os fundamentos da pesquisa qualitativa em saúde, 11
José Ricardo de Carvalho Mesquita Ayres

Introdução – Por que um livro sobre fundamentos da pesquisa qualitativa em saúde?, 23
Maria Lúcia Magalhães Bosi e Denise Gastaldo

1 Pesquisa qualitativa em saúde: ciência e objetividade, 37
Kenneth Rochel de Camargo Jr.

2 Avaliação da qualidade na pesquisa qualitativa em saúde, 48
Fernando Peñaranda Correa e Maria Lúcia Magalhães Bosi

3 Congruência epistemológica como critério fundamental de rigor na pesquisa qualitativa em saúde, 77
Denise Gastaldo

4 Paradigmas, tradições e terminologias: demarcações necessárias, 106
Maria Lúcia Magalhães Bosi

5 "Modo de usar" teoria social do início ao fim em pesquisas qualitativas em saúde, 145
Samantha Meyer e Paul Ward

6 Amostra e transferibilidade: como escolher os participantes em pesquisas qualitativas em saúde?, 170
Carolina Martínez-Salgado

7 Na caixa-preta da análise qualitativa: dar sentido aos dados com uma abordagem que "agrega valor", 202
Joan M. Eakin e Brenda Gladstone

8 Escrever qualitativamente: desafios da racionalidade estético-expresiva, 237
Leticia Robles-Silva

9 Ética na pesquisa qualitativa em saúde: reflexões sobre potenciais impactos e vulnerabilidades, 262
Elizabeth Peter

10 Formando pesquisadores qualitativos críticos em saúde na terra dos ensaios clínicos randomizados, 282
Joan M. Eakin

11 Usos da pesquisa qualitativa na saúde: algo além da divulgação dos resultados?, 314
Francisco Javier Mercado-Martínez e Leticia Robles-Silva

Glossário, 338

Sobre os/as autores/as, 340

Prefácio

Ciência, razão prática e os fundamentos da pesquisa qualitativa em saúde

José Ricardo de Carvalho Mesquita Ayres

Os chamados "estudos qualitativos" vêm apresentando uma crescente participação na pesquisa em saúde no Brasil. Só para se ter uma ideia, em um exercício exploratório sem nenhuma pretensão de rigor, realizei um breve levantamento do número de artigos publicados nos últimos trinta anos na área da saúde relacionados a estudos qualitativos, indexados na base Scielo.br[1]. Nesses trinta anos, o número de trabalhos com o termo *qualitative* no título, palavras-chave ou resumo pulou de dois, em 1989, para quatrocentos e quarenta e um, em 2018. Nos primeiros nove anos da série histórica esse número permaneceu no patamar de um dígito, nos oito seguintes passou a dois dígitos, até que em 2006 atingiu os três dígitos, com tendência de crescimento que se mantém praticamente em todos esses últimos treze anos. Ainda que se leve em consideração as limitações do procedimento utilizado, e sem recorrer a qualquer recurso analítico, esses números impressionam e deixam claro que estamos diante de uma tendência forte e crescente.

Para além da impressão que estes números possam ter causado, ou do desprezo que dará a eles, em razão da maneira simplória como foram obtidos, você, que me está lendo neste momento, talvez esteja estranhando que um prefácio a um livro sobre pesquisa qualitativa comece justamente com uma argumentação de natureza quantitativa. Mas é exatamente desse estranhamento que eu desejo partir.

---

1. Estratégia de busca: qualitative [todos os índices] and saúde [resumo] and 1989-2018 [ano de publicação].

Por que pode parecer paradoxal, ou no mínimo curioso, iniciar o prefácio a um texto sobre pesquisa qualitativa usando recursos quantitativos? Penso que a estranheza vem de uma falsa e estéril dicotomização entre o quantitativo e o qualitativo, mas especialmente de um modo de lidar com a questão que se atém primordialmente a aspectos formais, que criam uma distinção fundada na estrutura, digamos, retórica dos argumentos. Onde há números, lá estará o quantitativo; onde há palavras – especialmente algumas "palavras mágicas", como sentido e significados, vivências, representações –, lá estará o qualitativo.

É claro que tanto números quanto palavras – e essas palavras mágicas em particular – têm estreita relação com pesquisas quantitativas e qualitativas, respectivamente, mas o problema é nos fixarmos mais no modo de responder, no número em si, nas palavras em si, do que na pergunta a que esses recursos argumentativos vêm responder, que é onde verdadeiramente reside a origem da distinção entre esses dois tipos de pesquisa.

O filósofo Hans-Georg Gadamer (1900-2002), na esteira de Robin Georg Collingwood (1889-1943), já nos chamou a atenção para a "dialética de pergunta e resposta" que caracteriza o modo de ser da linguagem, assim como para a primazia ontológica da pergunta nessa dialética (GADAMER, 2004). Quando abandonamos a noção de linguagem como mero sistema formal de signos representativos e nos aproximamos dela como expressão viva e dinâmica de nossos modos de estar e interagir no mundo – ou seja, quando tomamos a linguagem a partir da perspectiva da práxis –, a busca da pergunta que move qualquer ato linguisticamente mediado é o que nos permite compreender seu sentido, participar de forma mais lúcida dos diálogos sempre em curso nos quais já estamos sempre imersos. Mesmo uma afirmação, um proferimento do tipo constatativo, admitirá sempre que se lhe aponha uma pergunta, sem que, com isso, lhe transformemos radicalmente o significado – uma pergunta do tipo: "Não é? (verdadeiro ou falso)". O mesmo pode ser dito, em diferentes moldes, de outros tipos de atos de fala; expressivos, declarativos, compromissivos. Nesses outros casos, apenas se transformam os tipos de resposta procurados pela pergunta – não mais orientados pelo valor verdade, mas por outros valores, tais como morais, éticos, estéticos, afetivos – em função do grau e tipo de interesse propriamente comunicacional (HABERMAS, 2004).

Se entendemos a discursividade científica como um empreendimento linguístico substantivamente argumentativo e de caráter constatativo, ainda que com "pretensões ilocucionárias" ou "efeitos perlocucionários" (AUSTIN, 1990) que não podem ser completamente reduzidos ao estrito e pio compromisso com o valor verdade – aspecto fartamente explorado por uma crítica das ciências tributária da tradição filosófica que vem de Nietzsche (1844-1900) até pensadores contemporâneos diversos, como Michel Foucault (1926-1984) ou Gianni Vattimo –, então é preciso que tanto a construção do argumento quanto sua interpretação por outrem tenham clareza da pergunta a que vem responder seu(s) proferimento(s). Dito de outra forma, é preciso saber qual território de verdade está sendo visado e qual regime de validação discursiva pode produzir o acordo pretendido pela argumentação. Penso que é apenas com base nesse questionamento que faz sentido distinguir entre pesquisa quantitativa e qualitativa.

O estudo quantitativo é aquele que argumenta com base em deduções logicamente necessárias (ou prováveis) sobre a relação entre fenômenos empiricamente observáveis, reprodutíveis e representáveis abstratamente por meio de enumeração e ordenamento (quantidades, formas, funções). E não era exatamente de uma argumentação desse tipo que eu precisava para fundamentar a afirmação de que os estudos qualitativos têm tido uma presença crescente na pesquisa em saúde? Haveria argumento mais convincente para responder à pergunta "É verdade que os estudos qualitativos vêm apresentando uma crescente participação na pesquisa em saúde no Brasil?" do que contabilizar ano a ano esse tipo de produção em nosso meio?

Com base no levantamento realizado não haverá dificuldade em responder positivamente à pergunta acima, ainda que se possa levantar objeções quanto à validade da afirmação com base na credibilidade do procedimento realizado. Mas permanece a questão: Tal tipo de constatação esgota as pretensões argumentativas que seriam presumíveis em um prefácio de um livro sobre fundamentos teórico-metodológicos da pesquisa *qualitativa* em saúde? E aqui eu volto ao meu ponto: se nos ativermos estritamente ao caráter formal e isolado do argumento, a resposta é não. Conseguir concordância quanto à presença crescente ou não deste tipo de pesquisa não responde à pergunta de um potencial leitor ou leitora quanto ao interesse do conteúdo do livro. Posto de outra forma, a pergunta deste leitor ou leitora seria: "Vale a pena eu ler este livro?" ou "Por que eu deveria ler este livro?", e a demonstração do aumento da produção não responde a esta questão, exceto se...

Exceto se considerarmos que o aumento do volume da produção indexada corresponde a uma crescente *importância* deste tipo de pesquisa e que isso seja um argumento forte a favor do interesse no livro. Mas isso nos obrigará a refigurar a dialética de pergunta e resposta aqui em jogo. A demonstração do crescimento do número de publicações esgota a resposta à pergunta "É verdade que o volume de pesquisa qualitativa está aumentando?", mas não à pergunta "É verdade que eu deva ler este livro?" Para responder a esta segunda pergunta será necessário um outro tipo de argumentação. Não há quantificação, demonstração de regularidade, relação formal que possa responder sobre por que será importante a leitura. A relevância desse tipo de pesquisa no volume da produção, o seu grau de impacto na cienciometria da área, mesmo o número de leitores e leitoras que eventualmente considerem esta leitura importante, tudo isso pode ajudar a construir um caminho de argumentação, mas não esgota a resposta à pergunta "Por que eu devo ler este livro?"

A chave para perceber a diferença entre essas duas diferentes formas de argumentar pode ser rastreada no próprio movimento da linguagem operado nas linhas acima. Veja-se que foi possível substituir, sem prejuízos semânticos, a pergunta "É verdade que eu deva ler este livro?", pela forma "Por que eu devo ler este livro?", mas seria impossível fazer isso com a pergunta que responde à afirmação sobre o aumento do volume dos estudos qualitativos. Então, a afirmação com que se inicia esse prefácio só vai ter uma adequada compreensão do seu significado quando referido ao conjunto do texto e à pergunta mais abrangente a que busca responder.

A esta altura já deve ter ficado claro que houve um duplo objetivo aqui. A afirmação sobre a magnitude da produção, demonstrada no levantamento bibliométrico, prepara o caminho da argumentação ao alertar para o fato de que o livro se debruça sobre um tipo de pesquisa que está se tornando mais e mais presente na produção da saúde. Mas o argumento serviu também a uma analítica do comportamento pragmático do proferimento, buscando demonstrar que há especificidades e diversidade interna nos modos de argumentação constatativa que torna justificável, se não mesmo recomendável, que se leia um livro acerca da base de construção e validação dos discursos científicos de caráter qualitativo. É porque se insere em uma dialética de pergunta e resposta que parte de perguntas a que não se pode responder pela demonstração de regularidades de manifestação ou relação, as demonstrações matematizáveis, que precisamos do tipo de argumentação dos estudos qualitativos.

Se com essa estratégia convenci o leitor ou a leitora de que há alguma coisa de específico na pesquisa qualitativa, e que não se trata apenas de usar ou não números, e que, por isso, talvez valha a pena ler um livro sobre os fundamentos teórico-metodológicos desse tipo de pesquisa, então é porque houve "felicidade performativa" (AUSTIN, 1990) na minha argumentação, e esta não se baseou em quantidades (embora tenha podido conviver com números, e mesmo apoiar-se neles, como foi o caso). Que argumentação é essa? Que tipo de constatação promove?

No Congresso da Sociedade de Sociologia Alemã realizado em Tübingen em 1961, dois grandes filósofos do século XX, Theodor Adorno (1903-1969) e Karl Popper (1902-1994), estabeleceram uma polêmica acerca da construção e validação do conhecimento sociológico, conhecida como a disputa do positivismo na sociologia alemã (ADORNO, 1973), que até hoje é referido em discussões sobre epistemologia das ciências sociais e das ciências humanas, de modo geral. Quase sessenta anos depois, muitas das disputas ali estabelecidas ainda permeiam o debate acadêmico, em torno a aspectos como a relação entre o universal e o particular (e o singular), entre positividade e dialética, entre o quantitativo e o qualitativo. Não cabe aqui retomar a intimidade desse debate, que, de resto, já abordei com algum detalhe em um trabalho anterior (AYRES, 1992), mas gostaria de ressaltar uma construção de Adorno que me parece bastante feliz como síntese da diferença entre as perspectivas argumentativas que permitem distinguir, em última instância, entre pesquisa quantitativa e qualitativa. Trata-se da especificidade do tipo de "legalidade" de que tratam as ciências sociais, que não se deixaria reduzir à tradicional proposição "se... então", característica do positivismo das chamadas ciências naturais, mas reclama uma formulação do tipo "dado que... é preciso" (ADORNO, 1973, p. 51)[2].

Como disse, não cabe aqui discutir em detalhe a polêmica entre Adorno e Popper em si mesma, o que reclamaria uma contextualização histórica (marxismo x liberalismo) e epistemológica (dialética x racionalismo crítico) que fogem aos nossos propósitos. Mas quero chamar a atenção aqui para a semelhança do contraste entre as formulações "se... então" e "dado que... é preciso" e aquela que busquei fazer entre os lugares dos argumentos quantitativo e qualitativo neste prefácio.

"*Se* o número de artigos no Scielo está crescendo ao longo dos anos... *então* é verdade que os estudos qualitativos estão aumentando sua participação na pesquisa em saúde no Brasil." Mas por que *é preciso* que o leitor ou leitora deste prefácio leia este livro? O que e como é preciso estar *dado*, ou constatado, para que possamos dialogar sobre aceitar ou não esse *convite*?

A filosofia analítica da linguagem, especialmente a Teoria dos Atos de Fala (AUSTIN, 1990), nos permitiria continuar avançando na busca da resposta à pergunta acima por meio da exploração pragmática da linguagem aí envolvida, desde a situação dialógica singular deste prefácio até os "grandes diálogos" estabelecidos pelas ciências sociais e humanas em saúde – o que não deixaria de ter sua utilidade em textos de outra natureza. Contudo, em algum ponto essa pragmática reclamaria uma inexorável abordagem hermenêutica; isto é, a contextualização de que dependeria a compreensão dos proferimentos, o referente de sentido em que se apoia a inteligibilidade e felicidade performativa de qualquer interação mediada pela linguagem ordinária[3]. Encurtemos, pois, o caminho e tratemos de identificar mais diretamente

---

2. Tradução livre da versão em espanhol "*si... entonces*" e "*dado que... tiene que*".

3. Que se diferencia de linguagens especiais, fartamente utilizadas pelas ciências formais e empírico-analíticas, que estabelecem *a priori* seus referentes.

no âmbito práxico da pesquisa qualitativa em saúde o sentido do convite à leitura deste livro[4]. Em que consiste o "dado que... é preciso" quando tomado a partir da perspectiva teórico-metodológica da pesquisa qualitativa em saúde? E por que tal perspectiva nos "desafia"?

A analogia feita aqui entre a argumentação e as razões para a leitura deste livro e a dialética de pergunta e resposta própria da pesquisa qualitativa em saúde baseia-se no fato de que, em ambas as situações, está envolvido um aspecto fundamental que, desde a filosofia prática de Aristóteles, passando pela crítica kantiana e pelo romantismo alemão até chegar à hermenêutica filosófica do século XX, tem sido considerado um importante demarcador de territórios de exercício da razão. Trata-se do fato de que, em ambas as situações, aquele que busca argumentos está diretamente implicado na argumentação pretendida; isto é, "sujeito" e "objeto" da argumentação se pertencem mutuamente. Qualquer mudança em algum dos polos desta relação significará que o outro também está se reconfigurando, já que um sempre está aí para o outro, a partir do outro. A pesquisa qualitativa na saúde é atinente ao que se pode chamar, com base nessa tradição, de território da *razão prática* (GADAMER, 2004).

Qualquer um que busque saber algo sobre um indivíduo, uma população, uma sociedade, uma raça, um gênero, sobre o humano em geral, já estará sempre relacionado com o que está investigando, ainda que pela negatividade (o indivíduo, a população, a sociedade etc. que não sou, ou a que não pertenço)[5]. A pesquisa qualitativa em saúde, como a pesquisa qualitativa nas

---

4. Trata-se aqui, guardadas as devidas proporções, de uma referência à distinção ricoeuriana entre "via longa" e "via curta" da hermenêutica (RICOEUR, 1978).

5. Esta implicação mútua de sujeito e objeto pode, a rigor, ser atribuída a qualquer tipo de conhecimento, e as elaborações filosóficas que emergiram da física do século XX o testemunham (HEISENBERG, 1996). Mas há uma evidente diferença no grau de imediatez dessa mútua implicação que tem consequências práticas nem um pouco desprezíveis. Por mais que se tenha consciência de que a experiência objetiva que temos do mundo da matéria também depende das formas de nos relacionarmos com ela, o momento de nossa intervenção sobre a realidade desse mundo não está tão imediatamente associado ao momento em que o conhecemos nem tão diretamente controladas pela nossa vontade. Isso nos permite assumir a posição de observadores (sujeitos) de fenômenos que apreendemos pelas regularidades com que vemos se manifestarem (objetos). A acelerada conjunção de ciência e tecnologia e a impressionante sofisticação e poder da sua "fenomenotécni-

ciências sociais e humanas em geral, produz um saber desse tipo. Quando o humano, esse ente dotado de vontade e possibilidade de escolha (*prohairésis*), se pergunta sobre seu ser, é já sempre sobre o pano de fundo de suas competências deliberativas: a pergunta "Que é?" já é imediatamente mediada pela pergunta acerca do "Que devo? (saber, querer, fazer). É uma argumentação do tipo "Dado que... é preciso".

A reflexão filosófica sobre essas diferenças nos modos de operar do conhecimento levou, por diferentes vias, à célebre distinção entre ciências nomotéticas e ideográficas, proposta por Wilhelm Windelband (1848-1915), e que influenciou a também célebre divisão epistemológica entre explicação e compreensão e, por fim, à distinção de Dilthey (1833-1911) entre ciências da natureza e ciências do espírito (GADAMER, 2004). Não se nutre aqui qualquer simpatia por essas classificações se as tomarmos como dicotômicas. Já devo ter deixado minimamente explícito que é no caráter da pergunta, mais do que no aspecto formal da resposta, que reside a produção e validação da discursividade científica; e, nesse sentido, a identidade de seus diversos ramos e que procedimentos quantitativos e qualitativos podem conviver e mesmo se fortalecer mutuamente na construção das diversas formas de argumentação. Por outro lado, parece claro também que, aos diferentes tipos de pergunta correspondem certas possibilidades discursivas mais ou menos características que essas polarizações procuram de alguma forma apontar.

Vimos que estudos quantitativos buscam respostas baseadas nas regularidades mensuráveis e na relativa autonomia dos fenômenos que estudam por referência às perspectivas e interesses dos seus investigadores, aspirando, portanto, à universalidade de leis que se manifestem em toda situação particular em que aqueles fenômenos forem reprodutíveis. Por contraste, os estudos qualitativos se caracterizam por proposições fundadas em construções singulares – portanto, de uma fenomenologia não reprodutível – nas quais a relação entre a particularidade do observado e a aspiração genera-

---

ca" (BACHELARD, 1971) parece querer diminuir rapidamente o hiato entre conhecer e modificar o conhecido, mas penso que (ao menos ainda) não a ponto de fazer coincidir tão estreitamente a interrogação sobre o existente e a tomada de posição (ética, moral, política) sobre o existir, como no caso das ciências sociais e humanas.

lizadora que lhe corresponde baseia-se intrinsecamente em uma totalidade compreensiva de referência; isto é, em uma contextualização de que depende o sentido de suas asserções, em cujo processo de validação (HABERMAS, 2004) o "normativo" (regulação das relações) e o "proposicional" (afirmação de verdades) são indissociáveis – "Dado que... é preciso".

E em que consiste o "Dado que... é preciso" na pesquisa qualitativa em saúde? Ou, perguntado de outro modo, qual o território próprio dos estudos qualitativos em saúde e como aí confluem os interesses normativos e pro-posicionais? Conferindo um tratamento algo esquemático à questão, pode-mos dizer que o "é preciso" é facilmente reconhecível nas áreas de aplicação que têm sido privilegiadas por esses estudos ou, melhor posto, nos campos que mais têm recorrido a esse tipo de estudo em busca das respostas de que precisam: Formulação e desenvolvimento de políticas de saúde; organização de sistemas e serviços de saúde; concepções de saúde e doença (de popula-ções, usuários de serviços, profissionais, portadores de problemas de saúde); crenças, motivações e comportamentos relacionados a danos ou incrementos à saúde; conformações estruturais (sociais, culturais, econômicas, políticas, geográficas, históricas, sistêmicas) relacionadas a vulnerabilidades e prote-ções nos processos saúde-doença-cuidado; história das práticas e institui-ções de saúde; história e epistemologia das ciências e tecnologias em saúde; modos de manejar o cuidado de si e de terceiros; diferentes racionalidades e sistemas terapêuticos; itinerários terapêuticos; identidades e suas relações com os processos saúde-doença-cuidado (gênero, raça/cor; classe social, re-ligião, orientação sexual, idade, geração); identidades profissionais; relações interprofissionais; trabalho em equipe; interações entre profissionais e usuá-rios; formação de profissionais; ativismo político em saúde; controle social... Tudo isso visando, mesmo que indiretamente, ações de planejamento, gestão, avaliação, cuidado, informação, educação.

Aqui não parecemos enfrentar grandes dúvidas, crises ou desafios. Já é re-lativamente difundida e aceita que essas são áreas que precisam de respostas que os estudos quantitativos (sozinhos) não conseguem oferecer. E a presença do componente deliberativo, valorativo, é também suficientemente aceito – embora gerencialismos e tecnicismos de diversas ordens ainda resistam e constantemente ameacem o exercício de reflexão, debate e liberdade de ação.

Mas o que dizer do "Dado que..."? O quanto o modo de argumentar e produzir fundamentos empíricos dos estudos qualitativos é compreendido e legitimado no campo da saúde? O quanto nós próprios, pesquisadores, educadores, profissionais e ativistas da área de saúde, interessados nas suas respostas, compreendemos e sabemos manejar os estudos qualitativos? O quanto sabemos encontrar no singular o generalizável? Como conseguimos conciliar implicação com abertura à alteridade, à diferença? Com que coerência e rigor transitamos entre juízos qualitativos e quantitativos e o quão produtivamente os correlacionamos? Quão fecundas são as totalidades compreensivas que construímos para dar sentido a nossos proferimentos? Quão suficientes são os elementos empíricos de nossas pesquisas para sustentar nossa argumentação? O quanto estamos preparados para entender as diferenças e produzir diálogos entre estudos de diferentes tradições teórico-metodológicas (fenomenologia, dialética, hermenêutica, neopragmatismo, desconstrucionismo, pós-estruturalismo etc.)?

Aqui me parecem assentar as principais dificuldades e os grandes desafios atuais da pesquisa qualitativa em saúde: a sua fundamentação teórico-metodológica. Espero que o leitor ou leitora deste prefácio, se chegou até aqui, tenha encontrado ou fortalecido suas razões para se dedicar às leituras oferecidas neste livro e entendido, ademais, que o teórico-metodológico, especialmente quando se trata de pesquisa qualitativa, não é uma questão de pura tecnicalidade. Há um profundo sentido humanístico em manejar bem a construção e a compreensão do que as ciências sociais e humanas e seus métodos de pesquisa qualitativa oferecem como possibilidades. Seus potenciais emancipadores se estendem à ética, à moral, à política, aos direitos e, claro, à saúde, o que é de transcendente importância na atualidade. Nos tempos que vivemos neste início de século XXI, tempos de tantos retrocessos, obscurantismos, fundamentalismos, a boa ciência é ainda, e especialmente agora, uma poderosa forma de compromisso com a construção compartilhada da felicidade.

Aqui me detenho, deixemos falar as autoras e os autores...

Referências

ADORNO, T.W. "Introducción". In: ADORNO, T.W.; POPPER, K.R.; DAHRENDORF, R.; HABERMAS, J.; ALBERT, H. & PILOT, H. *La disputa del positivism em la sociología alemana*. Barcelona: Grijalbo, 1973, p. 11-80.

AUSTIN, J.L. *Quando dizer é fazer* – Palavras e ação. Porto Alegre: Artes Médicas, 1990.

AYRES, J.R.C.M. "O problema do discurso verdadeiro na epidemiologia". In: *Revista Saúde Pública*, vol. 26, n. 3, 1992, p. 206-214. São Paulo.

BACHELARD, G. *A epistemologia*. Lisboa: Ed. 70, 1971.

GADAMER, H.G. *Verdade e método* – Traços fundamentais de uma hermenêutica filosófica. 6. ed. Petrópolis: Vozes, 2004.

HABERMAS, J. *Verdade e justificação* – Ensaios filosóficos. São Paulo: Loyola, 2004.

HEISENBERG, W. *A parte e o todo* – Encontros e conversas sobre física, filosofia, religião e política. Rio de Janeiro: Contraponto, 1996.

RICOEUR, P. *O conflito das interpretações* – Ensaios de hermenêutica. Rio de Janeiro: Imago, 1978.

Introdução

Por que um livro sobre fundamentos da pesquisa qualitativa em saúde?

Maria Lúcia Magalhães Bosi
Denise Gastaldo

O presente livro representa um produto almejado e amadurecido ao longo de uma década[1], visando a oferecer uma obra escrita por acadêmicos com notável envolvimento na construção do enfoque qualitativo de pesquisa em saúde e excelência no que concerne à produção científica nos temas centrais dessa abordagem. Trata-se de um conjunto de capítulos, redigidos mediante convite, por renomados autores nesse enfoque, com sólida formação nessa tradição e extensa experiência em ensino e pesquisa no campo da saúde. Além disso, reunimos aqui textos procedentes de centros inovadores localizados em alguns países-chave para a pesquisa qualitativa em saúde (Brasil, Colômbia, México e Canadá), resultando num texto de grande densidade e amplitude.

Esta obra deriva de um extenso percurso de aproximações das organizadoras com esse coletivo de autores, mediante publicações conjuntas, organizações de eventos, projetos de pesquisa compartilhados, dentre outras realizações, em compasso com nosso próprio amadurecimento acadêmico, necessário para idealizar um livro dessa envergadura. Tais aspectos nos possibilitaram vislumbrar o arcabouço desta obra, que temos a satisfação de ver, agora, materializada.

A motivação deste projeto se vincula, fundamentalmente, à precariedade no que concerne à literatura avançada sobre pesquisa qualitativa em

---

1. Representa mais um trabalho desenvolvido, em parceria, pelo Laboratório de Avaliação e Pesquisa Qualitativa em Saúde LAPQS/Universidade Federal do Ceará (www.lapqs.ufc.br) e o Centre for Critical Qualitative Health Research, University of Toronto (www.ccqhr.utoronto.ca).

saúde em países como o Brasil, bem como na região ibero-americana, não obstante a impressionante expansão desse enfoque, sobretudo nas três últimas décadas, em vários campos, dentre eles a saúde. Por literatura avançada entendemos aquela voltada aos fundamentos teórico-metodológicos, às questões epistemológicas, ultrapassando o alcance do conjunto de manuais de pesquisa e coletâneas de estudos empíricos já disponíveis.

Conforme assinala Mendoza (2018: 7),

> [...] hoje nos deparamos com uma situação na qual a investigação qualitativa avança em programas de pós-graduação que contam com um corpo docente altamente capacitado [...] em metodologias de investigação estatística, epidemiológica ou outras de corte quantitativo, mas não em epistemologias e metodologias do espectro da investigação qualitativa.

Na atualidade, o que se verifica é que, a despeito da expansão observada a partir dos anos de 1990, persiste um descompasso, tanto no que concerne ao número de pesquisadores como nas oportunidades de formação – ainda muito raras para o enfoque qualitativo em saúde. Isso se faz acompanhar, na região latino-americana em especial, por uma escassez de literatura sobre fundamentos teórico-metodológicos, sendo este o primeiro livro reunindo os temas que consideramos mais críticos no ensino do enfoque, bem como na produção que exploramos ao longo de décadas atuando como docentes e pesquisadoras, o que nos permitiu avaliar a produção sob forma de artigos, projetos de pesquisa submetidos a agências de fomento, dissertações e teses, artigos que avaliamos como revisoras/pareceristas em dezenas de periódicos, além da apreciação da produção submetida e efetivamente apresentada em eventos científicos de diferentes portes.

Refletindo sobre um formato com que pudéssemos introduzir este livro como *totalidade articulada*, adotamos uma perspectiva de religação consoante o pensar complexo (MORIN, 2003), na qual a autonomia de cada texto não existe fora de sua "dependência" com os demais: "Isso quer dizer que não podemos compreender alguma coisa como autônoma, senão compreendendo aquilo de que ela é dependente" (p. 25). Foi esse princípio hologramático da complexidade, que aqui opera numa "posição" metateórica, que nos inspirou na construção das partes que configurariam o todo desta obra. Para expressar o complexo movimento dessa construção, produzimos nesta breve apresentação uma intertextualidade na qual tomam lugar autores que nos inspiram, entrelaçados com trechos que nos impactaram em cada capítulo desta obra, cuja localização iremos antecipando, caso o leitor queira visitá-los de forma mais imediata no corpo do livro.

Aludimos, logo de início, à dificuldade de formar pesquisadores qualitativos; o que se deve, antes de tudo, conforme assinala e analisa Kenneth Camargo no capítulo 1, a "uma visão prevalecente do senso comum da ciência entre o público [...] baseada em uma perspectiva hierárquica que valoriza as 'ciências exatas' mais do que as '*soft*', igualando 'ciência real' à aplicação de medidas quantitativas e estatísticas nas abordagens para dados brutos". Vivemos imersos em uma cultura da quantidade e dos ranqueamentos, à qual desde cedo nos acostumamos em nossos processos de socialização mais básicos. Nossos parâmetros vitais são mensurados, nosso rendimento escolar é sintetizado em números e normalizado, nossas *performances* ao longo da vida seguem essa lógica, quase naturalizada. Por vezes, somos apenas números, em muitas esferas do viver – e a saúde não é exceção. Mais do que isso: conteúdos voltados à mensuração, bem como aqueles que fundam o modelo biomédico nos são transmitidos como de aprendizado obrigatório desde o Ensino Fundamental, garantindo, assim, as bases das pesquisas nas tradições quantitativa e experimental na saúde. Em contrapartida, indagamos: "Quais conteúdos são valorizados ao longo dos ciclos pré-universitários como base para uma postura qualitativa? E em nível de graduação, qual curso na saúde oferece essa base?" (BOSI, 2012: 582). A resposta é clara e fácil de verificar: "Quase nada se aporta no que concerne aos fundamentos do enfoque qualitativo em saúde (coletiva). Mais do que isso, o modelo formador neutraliza até mesmo a subjetividade dos educandos e os avalia mediante números" (p. 582). Sendo assim, confunde-se saúde com doença. No entanto, a saúde é objeto complexo, ultrapassa modelos que excluem as experiências e a dimensão hermenêutica do fenômeno:

> Não é, portanto, da ordem do como fazer, segundo interesses e recursos conhecidos, que trata a saúde. [...] *A experiência da*

saúde envolve a construção compartilhada de nossas ideias de bem-viver e de um modo conveniente de buscar realizá-las na nossa vida em comum. Trata-se, assim, não de construir objetos/objetividade, mas de configurar sujeitos/intersubjetividades (AYRES, 2001: 52, grifos nossos).

E prossegue o autor:

> Valorizar a perspectiva hermenêutica no modo de operar o cuidado implica assumir que a objetualidade, inerente a qualquer ação de saúde, não deve ser o produto de um saber exclusivamente instrumental [...] que se aplica sobre um substrato passivo, o usuário ou a população. A objetualidade deve se produzir no encontro entre os sujeitos autênticos [...]. O objeto nesse caso não é o indivíduo ou a população, mas algo que se constrói com esses sujeitos, a partir deles.

O entendimento de que os desafios que ora se colocam em todos os sistemas de saúde, concernentes aos processos humanos que respondem por abandono, não adesão a tratamentos, repetição de atendimentos, percepção de violência na rede de serviços, exclusão e estigma, dentre muitos outros, demandam pesquisas que incluam a dimensão subjetiva. Tais objetos, por sua complexidade, implicam pesquisas qualitativas com elevada qualidade nos planos epistemológico e téorico-metodológico.

Quanto a isso, reiteramos a constatação de uma lacuna na literatura concernente a discussões de experiências e dificuldades enfrentadas no ensino desse enfoque (MENDOZA, 2018; BOSI, 2012) e, mais precisamente, a inexistência quase absoluta de literatura voltada ao tema dos fundamentos teórico-metodológicos no ensino da PQ no âmbito da saúde (coletiva), justificativa que sustenta o esforço de construção deste livro. Contudo, não obstante essa lacuna concreta, esse problema é amplamente reconhecido, tanto pelo corpo docente de diferentes programas de formação como na quase totalidade dos congressos e eventos sobre esse enfoque na região, nos quais o tema figura como preocupação permanente. Sabemos que um número crescente de pesquisadores no campo da saúde vem adotando em seus estudos o enfoque qualitativo, em compasso com a sua notável expansão nas últimas décadas (BOSI, 2012). Contudo, muitos ainda o fazem sem uma compreensão densa das âncoras que sustentam suas abordagens, nos planos ontológico, epistemológico e metodológico.

A ausência de fundamentação em ciências humanas e sociais e em epistemologia verificada nos alunos (e mesmo nos pesquisadores no campo da saúde), consequência da hegemonia do que se convencionou denominar modelo biomédico (CAPRA, 1982) nesse campo, tem graves consequências. Esse predomínio do paradigma positivista impõe dificuldades de difícil superação para uma *transição epistemológica* desses alunos na direção do paradigma interpretativo. *Grosso modo*, provoca o que Prasad (2005: 4) denomina "uma forma de positivismo qualitativo [...] ou seja, o emprego de técnicas não quantitativas [...] como entrevistas e observação, mas dentro de uma visão convencional positivista sobre a natureza da realidade e da produção do conhecimento". Conforme Peñaranda e Bosi analisam no capítulo 2, tal paradigma, positivista, "tendo como axiomas a neutralidade do pesquisador, a verdade como fim e a generalização baseada na replicabilidade e experimentação, desafia o rigor metodológico e a qualidade dos resultados da pesquisa qualitativa". O resultado é a dissociação teoria-empiria e a redução da complexidade dessa tradição ao mero uso das técnicas, afetando a qualidade e a legitimidade do enfoque ante outras tradições que com ele disputam hegemonia (BOSI & MERCADO, 2007).

Aqui é importante resgatar uma concepção que figura em muitos capítulos deste livro, dado seu alinhamento a uma perspectiva crítica, buscando distanciar a saúde da noção de "área de conhecimento", idealidade que sugere um conjunto harmônico de enunciados em torno de um âmbito disciplinar da ciência moderna. Com efeito, a saúde é um *campo*, na acepção atribuída pelas análises de Pierre Bourdieu, notadamente, em sua conhecida obra *Os usos sociais da ciência – Por uma sociologia clínica do campo científico*, na qual evidencia as disputas acirradas que se dão no campo científico em torno da autoridade científica e da acumulação das distintas espécies de capital científico:

> A luta científica é uma luta armada entre adversários que possuem armas tão potentes e eficazes quanto o capital científico coletivamente acumulado [...]. Em consequência, aquilo com

que se defrontam no campo são construções sociais concorren-
tes [...] que se pretendem fundadas numa "realidade" dotada
de todos os meios de impor seu veredicto mediante o arsenal de
métodos, instrumentos e técnicas de experimentação, coletivamente acumulados e empregados, sob a imposição das disciplinas e das censuras do campo [...] (BOURDIEU, 2003: 33-34).

A contribuição da teoria dos campos sociais de Bourdieu é, portanto,
fundamental para uma ruptura com a visão dominante na sociologia da ciência de sua época, ainda prevalente, uma "visão 'conciliadora da comunidade
científica'" (CHAMPAGNE, 2004: 12). Importa como contexto em que se
movem as análises deste livro na medida em que evidencia certas especificidades do enfoque qualitativo na saúde e os enfrentamentos específicos
desse campo com o paradigma positivista dominante que opera ainda como
obstáculo epistemológico (no sentido proposto por BACHELARD, 1991).
Lembrando que, no campo científico, não há conflito epistemológico que
exclua a dimensão política e, por extensão, a econômica (BOURDIEU, 2003).

Do exposto decorre que analisar o enfoque qualitativo no campo da
saúde evoca uma série de desafios adicionais, conforme se constata ao longo
dos capítulos que se seguem. Sobretudo por essa posição específica de confronto permanente com as bases do modelo da biomedicina, expressão do
paradigma positivista na saúde, conforme já aludido; paradigma que mantém uma distância do interpretativo/construtivista, caracterizando uma ruptura epistemológica radical nos termos em que essa noção foi formulada por
Bachelard (1991), conforme analisado no capítulo 4 por Bosi. Entrelaçando
essa noção, procedente de uma visão histórica da ciência, com o referencial
da sociologia dos campos a que já fizemos referência, podemos visualizar a
franca desvantagem em termos de capital científico do enfoque qualitativo.
Capital que se desdobra em poder na economia interna do campo.

Sobressai, assim, a importância de formar pesquisadores sólidos, capazes de produzir efeitos no campo – ou seja, influenciar os mecanismos,
agendas e processos específicos que operam na produção do conhecimento
e nas definições relativas à pesquisa – bem como na distribuição do capital
científico e social no campo (BOSI, 2018: 176). Ou seja, uma visão crítica do

campo é essencial para desvelar os mecanismos que respondem por seu funcionamento, ao tempo em que justifica a necessidade de formação orientada pelos fundamentos teórico-metodológicos do enfoque, capazes de desconstruir, progressivamente, a dominação da tradição quantitativo-experimental.

> Aqueles que estão à frente das grandes burocracias científicas só poderão impor sua vitória como sendo uma vitória da ciência se forem capazes de impor uma definição de ciência [...]. Assim, eles constituem em metodologia universal e eterna a prática de sondagens com amplas amostragens, as operações de análise estatística dos dados e formalização dos resultados, instaurando, como medida de toda prática científica, o padrão mais favorável às suas capacidades intelectuais e institucionais (BOURDIEU, 2003: 114).

A hegemonia da quantificação também vem se infiltrando, já há algum tempo, nos modelos avaliativos, resultando na aceleração produzida pelos eliciadores de produtos sem o necessário refinamento, devido à intensificação do ritmo, na lógica do *"more is always better"*. No campo da saúde (e na ciência de uma forma geral), essa multiplicação é propalada como ganho qualitativo na produção. Contudo, tal incremento quantitativo, em muitos campos da ciência, não se faz acompanhar por ganhos efetivos de qualidade, conforme vimos testemunhando em nossa práxis como docentes e pesquisadoras no âmbito qualitativo (BOSI & GASTALDO, 2011). Mais do que isso, vem se implantando um regime que limita parcerias interdisciplinares, fundamentais ao enfoque qualitativo, situando os pesquisadores filiados a esse enfoque em posições inferiores, dada a utilização de uma lógica produtivista francamente desfavorável. Em boa parte, como efeito da hegemonia do paradigma positivista que desqualifica tudo o que não responde ao seu crivo: neutralidade, verdade (no singular), leis universais, mensuração e representatividade/generalização estatística. Tal como evidencia a excelente análise de Joan Eakin no capítulo 10 deste livro, torna-se um desafio "educar pesquisadores qualitativos em saúde na terra dos ensaios clínicos randomizados", considerados o padrão-ouro, dada sua adesão ao experimentalismo, método que determina a "boa ciência" na racionalidade científica moderna, ainda hegemônica na saúde. Vale recuperar um excerto desse texto:

> É de fato "transgressivo" praticar pesquisa qualitativa dentro das ciências médicas e da saúde [...]. Eu indago sobre a possibilidade de educar pesquisadores qualitativos em saúde, de tal forma que eles sejam capazes de prosperar na dianteira criativa e crítica da metodologia qualitativa enquanto sobrevivem também no mundo da pesquisa em ciências da saúde (capítulo 10).

Nesse cenário, a questão da formação em pesquisa qualitativa ganha dimensão política e exige investimento não apenas na quantidade, mas na qualidade dos novos pesquisadores. Conforme já assinalado, essa é a motivação que impulsionou a construção deste livro, visando a facilitar o acesso a textos de aprofundamento sobre temas desafiadores; ou seja, questões centrais que desafiam a totalidade do enfoque, ainda ausentes ou muito escassas na literatura. Ao que se soma a dificuldade de acesso a livros publicados no exterior, a maioria não traduzida, bem como aos periódicos de acesso restrito. Tópicos considerados como os mais centrais para a pesquisa qualitativa são abordados nesta obra, abrangendo questões como: objetividade, rigor, paradigmas e nomenclaturas, uso da teoria, ética, amostra e transferibilidade, análise de dados, escrita, qualidade e educação de novos pesquisadores. Construímos, portanto, esta obra articulando as dimensões ontológica, epistemológica e axiológica da pesquisa qualitativa. Como preocupação de fundo, o desafio da formação de pesquisadores qualitativos, sobretudo no campo da saúde (coletiva) e a indagação que preocupa a comunidade qualitativa: Como melhorar a qualidade dessas pesquisas? Como expandir o enfoque sem perder a qualidade do que se faz?

Ao nos referirmos à qualidade, o fazemos numa acepção que articula os planos epistemológico, metodológico e axiológico. No capítulo 3, a análise desenvolvida por Gastaldo assinala o rigor como "prática consistente que inclui considerar e documentar a fundamentação teórica, o propósito de pesquisa, as circunstâncias contextuais e técnicas para gerar e analisar dados, de modo que outros possam entender e criticar o processo e o conhecimento produzido". Para a autora, uma pesquisa rigorosa requer uma orientação teórica explícita e conhecimento da história da pesquisa qualitativa para que critérios compartilhados e específicos de cada enfoque e metodologia sejam contemplados. Em linha com esse posicionamento, Peñaranda e Bosi assinalam no capítulo 2, dedicado à avaliação da qualidade de pesquisas qualitativas: "a expansão dessa perspectiva investigativa ocorre em um terreno conflitivo, no qual a qualidade se torna uma questão crítica para sua legitimação". Reitera-se, dessa forma, a importância de uma sólida formação. Nessa direção, gostaríamos de assinalar alguns aportes mais específicos dos fundamentos teórico-metodológicos da pesquisa abordados neste livro.

Um primeiro aspecto se refere ao lugar da teoria na pesquisa qualitativa, que representa uma fragilidade importante quando se examina o conjunto das pesquisas qualitativas em saúde. Gastaldo, no capítulo 3, retomando Bryman (2004), assinala que a "investigação qualitativa é [...] inseparável de suas origens nas ciências sociais". No entanto, nas ciências da saúde, comumente os estudos carecem de orientação teórica explícita, sendo impulsionados por uma abordagem pragmatista para "buscar soluções". Com efeito, a articulação empiria-teoria e o reconhecimento de que há questões teóricas envolvidas na totalidade do processo de pesquisa constituem questões que ainda desafiam a formação de pesquisadores em saúde. No capítulo 5, dirigido especificamente a esse objeto, Meyer e Ward oferecem elementos valiosos para nos auxiliar nessa direção, demonstrando o lugar da teoria na pesquisa qualitativa e que "a chave para uma pesquisa qualitativa de qualidade é projetar e analisar apropriadamente a pesquisa". Para tanto, argumentam que a teoria fornece as bases que sustentam a análise dos dados empíricos para um alcance crítico e uma contribuição significativa para o entendimento do fenômeno sob estudo. O capítulo ilustra os usos da teoria, oferecendo elementos para embasar esse aspecto central no desenvolvimento de pesquisas qualitativas, mas ainda negligenciado.

Acrescente-se, conforme indicado no capítulo 4 por Bosi, que "no campo da saúde, estudantes ingressos em formações em pesquisa qualitativa e mesmo os novos pesquisadores/docentes provêm de distintas formações na saúde e outros campos, nas quais, *grosso modo*, o ensino do enfoque qualitativo é ausente ou muito rudimentar, notadamente quanto à teoria social ou às bases epistemológicas da investigação". Isso implica diversas dificuldades para que o problema das nomenclaturas e taxonomias, ou da "codificação", termo empregado por Bosi nesse capítulo, constitua um obstáculo monumental. Encontramos nesse texto uma análise aprofundada, até aqui ausente na literatura, sobre a diversidade de "rótulos" e a imprecisão que permeia a construção de taxonomias de paradigmas, distinguindo-as de tradições teóricas e outros termos que circulam nesse domínio, resultando no que a autora denomina "Efeito Babel". O problema se prolonga no desafio não somente de utilizar os termos adequadamente, mas igualmente saber "escrever qualitativamente".

Leticia Robles-Silva assinala, no capítulo 8, que a "ação social de escrever [...] está situada em suas margens com práticas contraditórias ou parciais sustentadas em visões colonizadoras do positivismo ou em visões parciais dos paradigmas de pesquisa qualitativa". Ao longo do capítulo temos várias ilustrações de como isso acontece, bem como a rara oportunidade de localizar num texto alguns princípios que devem orientar a escrita na pesquisa qualitativa. Um pequeno excerto do capítulo nos dá a dimensão da sua extraordinária contribuição:

> Aqui não tento repetir o que outros autores publicaram sobre como escrever [...] interessa-me mais refletir sobre certos aspectos da escrita [...] com a finalidade de recuperar a racionalidade estético-expressiva de "escrever qualitativamente". Quatro temas são motivo de minha reflexão: escrever como uma prática de investigação; o papel da teoria; a descrição dos resultados; a retórica emotiva e o papel da revisão de literatura e da metodologia.

Outro tema de grande importância e que configura um dos principais dilemas para o enfoque qualitativo no campo da saúde se refere ao problema da amostragem. Uma vez que confronta de forma incisiva a já aludida visão de mundo quantificadora, as amostras qualitativas carecem de compreensão por parte da comunidade positivista, ao tempo que igualmente são notadas fragilidades na sua sustentação, sobretudo nos pesquisadores novatos. No capítulo 6, Carolina Martínez-Salgado nos aporta uma valiosa contribuição partindo do reconhecimento de que "as versões geradas pelo heterogêneo conjunto de investigadores se encontram atravessadas por fortes tensões e contradições derivadas do vasto leque de posturas epistemológicas não compartilhadas". Sendo assim, os dois territórios – "o dos desenhos probabilísticos e o dos não probabilísticos – se encontram governados por distintas racionalidades, cada uma delas com seus próprios fundamentos, dos quais se desprendem diferentes princípios, critérios e propósitos". A sustentação teórico-metodológica e epistemológica dos procedimentos de amostragem na pesquisa qualitativa, a começar pelo uso do termo "amostra" e pela identificação das diversas modalidades, passando pela problematização do princípio da "saturação teórica", seguidamente mencionado, mas nem sempre bem assimilado, mediante uma escrita didática e aprofundada, faz desse capítulo uma notável contribuição para o fortalecimento dos estudantes e pesquisadores nesse tema estratégico.

Cabe mencionar um aspecto que esta obra tenta visibilizar e, ainda que modestamente, reverter: a colonização que se observa na ciência. Ao idealizarmos um livro mestiço, o propósito foi também evidenciar a excelência de centros/pesquisadores latino-americanos e brasileiros, publicando a produção canadense em português e a dos demais em inglês[2]. A ideia que nos inspira é superar a visão colonialista de que "o Sul é o problema; o Norte é a solução" (SANTOS, 2018: 6) – ou que a excelência em pesquisa está no Norte – e nos engajarmos num hibridismo que agrupa aqueles que querem superar as práticas extrativistas, patriarcais e coloniais de produção de conhecimento (SANTOS, 2018). Nesse sentido, retomamos um trecho do capítulo 11 desse livro:

> [...] concordamos com Fals-Borda e Mora-Osejo sobre a necessidade de resistir ao colonialismo científico imposto no campo da ciência e construir seus próprios modelos. Nossa proposta neste sentido é promover um modelo mestiço capaz de construir uma fórmula para a geração e aplicação do conhecimento em saúde e ter em mente as particularidades da realidade latino-americana.

Este livro se inclui nesse auspicioso projeto ao reunir autores que compartilham não somente uma densa *expertise*, mas um posicionamento ético-

---

2. Este livro também será publicado em inglês, possibilitando o acesso aos capítulos dos autores latino-americanos pela comunidade do "Norte global".

-político alinhado a perspectivas críticas sobre a produção do conhecimento, com uma clara perspectiva axiológica. Como Elizabeth Peter esclarece no capítulo 9, para se fazer pesquisa qualitativa em saúde é necessário que se tenha um profundo entendimento de como as injustiças sociais são (re)produzidas, para que se planeje a pesquisa, tendo esses mecanismos em consideração. A pesquisa qualitativa pode aumentar os estereótipos e a estigmatização de que sofrem um grupo social. Dessa maneira, há um processo político-social na representação dos participantes dos estudos qualitativos que deve ser crítica e reflexivamente considerado.

Eakin e Gladstone, no capítulo 7, também sinalizam a necessidade de pensar criativamente e com clara orientação teórica para analisar os dados para que esses, além de bem situados contextualmente, avancem o saber no campo da saúde por sua possibilidade de abstração teórica (para ser utilizado em outros contextos). As autoras enfatizam a importância do pensamento crítico nesse processo:

> [...] uma postura "crítica" também inclui uma atenção para as questões de poder, seja no que for que se pesquisa, questionando o que está em jogo para os indivíduos, grupos e instituições em qualquer fenômeno ou situação, como o poder é exercido naquele contexto, como se relaciona com conhecimento e a ação e como está incorporado e exercido através da linguagem.

Outra consideração crítica apontada por Mercado-Martínez e Robles, autores do capítulo 11, refere-se à difusão dos resultados dos estudos.

> Um olhar sobre a produção da pesquisa qualitativa em saúde nos países da América Latina mostra que a questão do uso de seus resultados parece estar reduzida à tradicional disseminação dos mesmos; ou seja, à sua publicação na mídia acadêmica. Pelo contrário, parece haver uma lacuna e desinteresse notório, na medida em que há poucas reflexões e propostas sobre o assunto. As escassas alusões ao mesmo, em geral, reproduzem as abordagens dos autores anglo-saxônicos em matéria de publicações, embora sejam frequentemente enquadradas em um discurso crítico e rebelde ao mesmo tempo em que enfatizam certo compromisso com os grupos participantes do estudo, assim como com a população, especialmente com os grupos mais frágeis ou mais excluídos.

Conforme vimos, muitos são os aportes para uma fundamentação mais consistente das pesquisas qualitativas no campo da saúde. Nesta apresentação estabelecemos um rápido diálogo no sentido de introduzir a obra. Convidamos as leitoras e os leitores a construírem sua própria intertextualidade com este livro produzido por um grupo seleto de autores, para que, efetivamente, ele contribua para a consolidação do enfoque qualitativo na saúde. Um projeto urgente, capaz de devolver a dimensão subjetiva – o propriamente humano da saúde concebida como fenômeno complexo –, deslocando-a do estatuto de doença para reconfigurá-la como experiência de enfermidade, resgatando os sujeitos e a dimensão política – que recupera a centralidade do poder na produção da saúde e da doença, de modo a explicitar os mecanismos que as produzem.

Toronto, junho de 2020.

Referências

AYRES, J.R.C.M. "Uma concepção hermenêutica de saúde". In: *Physis* [online], vol. 17, n. 1, 2007, p. 43-62.

BACHELARD, G. *A formação do espírito científico*. Rio de Janeiro: Contraponto, 2001.

BOSI, M.L.M. "Formar pesquisadores qualitativos em saúde sob o regime produtivista – Compartilhando inquietações". In: MENDOZA, C.M.C. *Formación en investigación cualitativa crítica em el campo de la salud* – Abriendo caminos em Latinoamerica. México: Universidad Autónoma Metropolitana, 2018, p. 161-179.

_____. "Pesquisa qualitativa em saúde coletiva: panorama e desafios". In: *Ciência & Saúde Coletiva*, 17 (3), 2012, p. 575-586.

BOSI, M.L.M. & GASTALDO, D. "Construindo pontes entre ciência, política e práticas em saúde coletiva [Building bridges between research, policy, and practice in collective health]". In: *Revista de Saúde Pública*, 45 (6), 2011, p. 1.197-2.000.

BOSI, M.L.M. & MERCADO-MARTÍNEZ, F.J. "Introdução – Notas para um debate". In: BOSI, M.L.M. & MERCADO-MARTÍNEZ, F.J. *Pesquisa qualitativa de serviços de saúde*. 2. ed. Petrópolis: Vozes, 2007, p. 23-71.

BOURDIEU, P. "O campo científico". In: ORTIZ, R. (org.). *Pierre Bourdieu*. São Paulo: Ática, 2003.

BRYMAN, A. *Social Research Methods*. 2. ed. Oxford: Oxford University Press, 2004.

CAPRA, F. "O modelo biomédico". In: *O ponto de mutação*. São Paulo: Círculo do Livro, 1982, p. 103-143.

CHAMPAGNE, P. "Prefácio". In: BOURDIEU, P. *Os usos sociais da ciência – Por uma sociologia clínica do campo científico*. São Paulo: Unesp, 2004.

MENDOZA, C.M.C. "Formación de investigadores cualitativos críticos em el campo de la salud latinoamericana". In: MENDOZA, C.M.C. *Formación en investigación cualitativa crítica em el campo de la salud – Abriendo caminos em Latinoamerica*. México: Universidad Autónoma Metropolitana, 2018, p. 7-19.

MORIN, E. *O pensar complexo – Edgar Morin e a crise da Modernidade*. 3. ed. Rio de Janeiro: Garamond, 2003.

PRASAD, P. *Crafting Qualitative Research*: working in the postpositivist traditions. Nova York: M.E. Sharpe, 2005.

SANTOS, B.S. *The end of the cognitive empire – The coming of age of epistemologies of the south*. Londres: Duke University Press, 2018.

1
Pesquisa qualitativa em saúde: ciência e objetividade

Kenneth Rochel de Camargo Jr.

Introdução – Uma curiosa assimetria

Maykut e Morehouse (1994) alertam para uma assimetria peculiar na literatura científica: é muito comum os pesquisadores cujos estudos se baseiam em métodos qualitativos gastarem parte preciosa do total de palavras do seu trabalho discutindo a razão filosófica das opções metodológicas que fizeram, o que geralmente não acontece com pesquisadores que se baseiam em técnicas quantitativas.

A razão dessa assimetria pode estar, em parte, no fato de que os estudos qualitativos são mais comuns em ciências sociais e humanas, que carecem, ao contrário das ciências naturais, de um paradigma unificador (voltaremos a essa distinção mais adiante), de acordo com Kuhn (1996) (e possivelmente vão carecer sempre), exigindo assim a exposição mais ou menos detalhada de seus embasamentos teóricos, o que é desnecessário quando todos os pesquisadores partilham um paradigma comum e têm, assim, um alto grau de concordância em questões teóricas.

Além disso, as técnicas qualitativas são geralmente menos padronizadas e, portanto, mais dependentes da experiência dos pesquisadores em sua utilização, algo que pode contribuir para a concepção de que são menos "objetivas" (voltaremos a esse ponto oportunamente).

Mas isso é tudo? Para tentar responder a essa pergunta recorrerei neste capítulo a conceitos de campos disciplinares conexos, como os estudos sobre a ciência, a filosofia e a história da ciência, que tipicamente carecem, sendo afins às ciências sociais e humanas, de um paradigma comum e por isso requerem a explicitação de certos pressupostos. Olhando a história da ciência, examino como a quantificação se tornou sinônimo de objetividade e questiono a divisão entre métodos qualitativos e quantitativos, argumentando que são dialeticamente entrelaçados e que a confiabilidade é construída por meio de compreensões e valores partilhados pela comunidade científica.

Posições

Este capítulo é escrito sob um ponto de vista: o domínio um tanto frouxo do que Hacking chamou de "construcionismo" (HACKING, 1999); isto é, a proposição de que a ciência constrói seus objetos através dos seus instrumentos de pesquisa. O que não quer dizer que tais objetos sejam falsos ou fictícios, mas apenas que não há uma "faca epistemológica" capaz de separar plenamente nesses objetos a atuação humana e o mundo natural, ou a "cultura" e a "natureza". Nas palavras de Putnam (1981), não há "gancho no céu" para dar acesso privilegiado à realidade.

Isso tem uma série de consequências. A primeira das quais é que os objetos científicos têm histórias e que essas histórias são em larga medida contingentes; isto é, dado um conjunto diferente de condições, o desenvolvimento desses objetos e das respectivas teorias teria provavelmente seguido direções diferentes. Isso é o que o supracitado Hacking enfatiza, afirmando que todas as versões do construcionismo são iconoclásticas.

Outro ponto dessa plataforma é a afirmação de que o sujeito do conhecimento é um coletivo – coletivo de ideias (FLECK, 1981), comunidade científica (KUHN, 1996), campo (BOURDIEU, 1975), área transepistêmica (KNORR-CETINA, 1982) – e que o desenvolvimento do conhecimento científico depende de elementos metateóricos – estilos de pensamento (FLECK, 1981), paradigmas (KUHN, 1996), épistémès (FOUCAULT, 2013), estilos de raciocínio (HACKING, 2004) – que moldam as questões relevantes e as formas aceitas de alterá-las. E isso significa que os valores desempenham um papel central no empreendimento científico.

Um terceiro elemento é que problemas fundamentais da filosofia da ciência encontram solução na sociologia da ciência (COLLINS & EVANS, 2008), como na discussão sobre a existência de um critério de demarcação que de uma vez por todas defina o que é ciência e o que não é. Quanto a isso, essa visão também desfaz a noção de uma ciência unificada e de um "método científico" (PICKERING, 2010) único e abrangente adotado universalmente por todo e qualquer cientista que já existiu, existe ou venha a existir.

Concluindo, adoto aqui uma perspectiva que valoriza o empreendimento científico em si, disposta a apostar na descrição científica do mundo, especialmente quando a crítica que produzimos sobre a ciência leva ao seu próprio fortalecimento (COLLINS & EVANS, 2017). Isso significa um profundo respeito pela competência, em todas as suas formas, como um guia para a confiabilidade das proposições e instrumentos.

Um panorama histórico

Uma visão da ciência que predomina no senso comum entre o público (e mesmo talvez entre alguns cientistas) baseia-se numa perspectiva hierárquica que valoriza as "ciências exatas" (*hard sciences*) mais que as "ciências humana e sociais" (*soft sciences*), identificando como "ciência verdadeira" aquela que aplica medidas quantitativas e abordagens estatísticas aos dados brutos (ZIMAN, 2002). Antes de arguir tal visão de acordo com a perspectiva definida na seção anterior, temos de questionar como essa visão surgiu.

Tomar "Galileu" como marco inicial da ciência moderna é algo relativamente sem discussão (HALL, 2014), apesar dos protestos de Shapin (2018). A ruptura marcante da ciência de Galileu com os meios anteriormente aceitos de produzir conhecimento confiável foi a ênfase dada à observação, partilhada, por exemplo, pela anatomia revolucionária de Vesálio (HALL, 2014). Além disso, a ciência de Galileu exigia experimentação e mensuração, valorizando, portanto, a quantificação. Historiadores da ciência ligaram isso tanto à retomada da tradição platônica no Ocidente (KOYRÉ, 1962) quanto à influência da reinvenção da perspectiva no *Quattrocento* (THUILLIER, 1988); em ambos os casos levando a uma matematização do tempo e do espaço.

O que criou uma poderosa heurística, como dão testemunha mais de três séculos de notáveis realizações que mudaram praticamente todos os aspectos da vida humana.

Nesse aspecto, as ciências experimentais foram a vanguarda da ciência moderna, tendendo cada vez mais a criar seus próprios fenômenos em laboratório, em vez de simplesmente "observar a natureza". O próprio aparato dos laboratórios tornou-se, além disso, cada vez mais repleto de instrumentos que eram, eles mesmos, realizações materiais dos avanços teóricos. Em conjunto, esses elementos constituem o que o filósofo francês Gaston Bachelard (1934) chamou de *phenomenotechnique*.

Os laboratórios, em certo sentido, criaram novos mundos, modelos simplificados dos processos em estudo, que tornavam o custo da tentativa e erro muito mais baixo do que seria na natureza, como no exemplo dado por Latour sobre as experiências com o bacilo Anthrax realizadas em placas Petri, em vez de fazê-lo em rebanhos bovinos (LATOUR, 1983). Além disso, as condições ambientais simplificadas da experiência em laboratório permitem que o cientista controle seus vários estágios a fim de alcançar o melhor ajuste possível e, assim, um bom resultado (HACKING, 1992).

Isso, no entanto, não explica por que o sucesso da ciência laboratorial se expande progressivamente para além das paredes do laboratório. Latour e Hacking dão, nos trabalhos acima mencionados, uma resposta similar: em certo sentido, o laboratório "coloniza" o mundo lá fora ao assegurar que seus instrumentos fenomenotécnicos funcionam mesmo longe do ambiente protegido em que foram criados.

Latour ressalta, por exemplo, o papel das instituições de metrologia em garantir que instrumentos como as escalas deem sistematicamente resultados consistentes (LATOUR, 1983); para que uma generalização como a segunda lei de Newton (F = m.a) funcione é preciso padronizar distâncias, pesos e tempo, e tornar disponíveis meios consistentes de medição.

O caminho para a quantificação nas ciências biomédicas tem suas peculiaridades. Para início de conversa, a medicina chegou com atraso ao desenvolvimento da ciência moderna; apesar da contribuição precoce de Vesálio

(HALL, 2014), seus primeiros passos efetivos na metodologia científica moderna se deram bem mais tarde (BATES, 2009) com a medicalização dos hospitais e o surgimento da anatomia patológica (FOUCAULT, 2002). Novos espaços criados no hospital, o arquivo e o laboratório (FOUCAULT, 2013), tornaram-se essenciais ao desenvolvimento das ciências biomédicas. Não se trata, porém, do mesmo laboratório da ciência experimental, apesar de algumas características comuns; enquanto este último é primordialmente o local da produção de conhecimento para a maioria das ciências exatas, o primeiro é uma outra maneira de estender o domínio da ciência ao mundo em geral, utilizando os recursos fenomenotécnicos produzidos no laboratório de pesquisa para auxílio no diagnóstico de doenças com maior precisão – ou, pelo menos, é o que se espera. Desnecessário dizer que grande parte do arsenal diagnóstico desenvolvido ao longo dos anos fornece seus resultados sob a forma de números.

Essa tendência foi reforçada no século XX com a introdução da estatística no campo biomédico, inicialmente como meio de avaliar novas drogas e mais tarde como parte do aparato diagnóstico geral depois que surgiu o conceito de fator de risco, culminando com a primeira definição de uma doença com base na variação de um parâmetro numérico, a hipertensão arterial (GREENE, 2006).

Tais desdobramentos fizeram surgir o conceito de "objetividade" com conotações morais (DASTON, 2007), ligado à concepção geral de que o conhecimento científico é passivamente comunicado à mente do pesquisador (RORTY, 2009) por uma "realidade externa", sem interferência humana. É mais um exemplo de como suposições metafísicas estavam incorporadas de forma acrítica à ciência moderna (BURTT, 2014).

Foi assim, afinal, que as noções de "realidade" e mundo "objetivo" se entrelaçaram à de quantificação, a ponto de serem tidas como sinônimas.

Perspectiva crítica

Considerando a perspectiva epistemológica apresentada anteriormente, será que o senso comum sobre ciência – essa "visão adquirida" nas palavras de Ziman (2002) – resiste a um exame atento?

Para começar, se abandonarmos a ideia de que a pesquisa científica simplesmente reflete uma realidade última que está "lá fora", a noção de que os métodos quantitativos darão resultados cada vez "mais próximos da realidade" fica insustentável. A ideia já mencionada de uma "objetividade" sem interferência humana é ela mesma questionável; para Popper, a objetividade é meramente resultado de um acordo intersubjetivo na pesquisa científica (POPPER, 2005), ideia que Hacking leva mais além ao propor a noção de tecnologias da intersubjetividade (HACKING, 1999); isto é, instrumentos que permitem a negociação de significados em determinada comunidade de pesquisa para facilitar o processo de se chegar a acordos. É fácil ver que a suposta superioridade da quantificação está em parte no fato de que expressar algo numericamente torna os acordos em geral – mas nem sempre – mais fáceis. Ainda que tais acordos levem a conclusões falsas.

Além disso, mesmo quando aplicada ao marco das ciências naturais, que é a experimentação, a ideia de um resultado ser produzido sem a interferência humana é negada pela detalhada descrição de Gooding (1992) do que uma experiência de fato requer em termos de constante intervenção humana. Ou, como coloca Lakatos na sua crítica ao falsificacionismo de Popper, mesmo quando os pesquisadores afirmam algo que se traduz em uma experiência e a natureza grita *não*, os pesquisadores podem sempre gritar mais alto (LAKATOS, 1971).

É inegável que em certos campos de aplicação tais métodos permitem construir modelos dos objetos científicos relevantes para uma pesquisa que possibilitam previsões incrivelmente precisas e – o que é talvez mais importante – intervir nesses objetos e construir uma miríade de aparelhos de desempenho confiável, desde telefones celulares a satélites de comunicação, passando por computadores, aviões, TVs e todo tipo de parafernália que molda a nossa vida diária.

Esses campos de aplicação são parte das chamadas ciências estritas ou exatas; ou, retomando a distinção proposta por Dilthey, das ciências naturais, em contraposição às humanas ou do espírito (*Naturwissenschaften* versus *Geisteswissenschaften*). É uma importante distinção, com implicações fundamentais para a nossa discussão. Hacking (1999) postula que os objetos de pesquisa podem ser classificados em duas categorias amplas, os tipos interativo e natural; a saber, respectivamente, de um lado os seres humanos e, de outro, todas as outras coisas. A distinção baseia-se no fato de que os humanos reagem e respondem a classificações propostas (tais como categorias de diagnóstico psiquiátrico), numa extensão das teorias sociológicas da rotulação, no sentido de que sujeitos rotulados interagem com tais rótulos e os modificam, ao passo que os tipos naturais não o fazem. Essa distinção fundamental também teria implicações para a pesquisa, como explica Taylor (1988). Segundo este autor, devido ao fato de que os humanos respondem ao que é dito sobre eles e os pesquisadores que trabalham com humanos são exemplos dos mesmos seres que constituem seus objetos de estudo, esse tipo de pesquisa necessariamente vai depender antes de interpretações do que de explicações; isto é, são estudos inevitavelmente hermenêuticos, mais do que causais. Mas essa divisão não é tão nítida quanto supõe Taylor; respondendo a esse autor num artigo intitulado "As ciências naturais e [as ciências] humanas", Kuhn (2002) assinala que mesmo nas ciências naturais a interpretação dos experimentos – portanto, a hermenêutica – é inevitável.

Isso significa que, mesmo fazendo uso em pesquisa de modelos matemáticos sofisticados, uma interpretação qualitativa dos resultados ainda assim será exigida. Portanto, um exame mais profundo mostra que a ideia de uma clara separação entre os métodos qualitativo e quantitativo, especialmente em ciências humanas, não tem sustentação. As duas técnicas são dialeticamente entrelaçadas e basicamente representam maneiras de delimitar e ordenar as observações em um mundo caótico.

Instrumentos como as escalas de Likert ou escalas psicométricas podem ser vistos como meios de quantificar qualidades e terão sempre limitações nos resultados que produzem. Esquecer isso pode gerar ilusões reificadas, como a de que um questionário represente a realidade última de algo que tenta captar. Por vezes tal ilusão tem consequências terríveis, como ser usada para suporte de "teorias" racistas sobre inteligência baseadas em resultados de testes, o que foi plenamente dissecado por Gould em seu *Mismeasure of*

Man (1996), ou, ainda, quando modelos matemáticos são tidos como a "economia real", com trágicos resultados, como tem mostrado o preço em matéria de sofrimento humano de recorrentes crises financeiras (BLYTH, 2013; EARLE; MORAN & WARD-PERKINS, 2016).

O conhecimento biomédico é um caso interessante, especialmente em relação ao estudo das doenças. Estas podem ser vistas como naturais, e na maioria o são, como testemunham os esforços para classificá-las de forma sistemática; por exemplo, a Classificação Internacional de Doenças (BOWKER & STAR, 2000). Mas são também fenômenos sociais aos quais as pessoas reagem e que, embora em menor grau do que ocorre com os diagnósticos psiquiátricos, contribuem para modificar (MOL, 2002). Poderíamos pensar as doenças como tipos intermediários e, de modo correspondente, os instrumentos altamente sofisticados de diagnóstico que foram incorporados ao trabalho médico ainda requerem bastante interpretação de seus resultados numéricos (KEATING, 2000). Grande parte do trabalho médico ainda depende do que Ginzburg (1979) chama de paradigma conjectural, uma abordagem antes sintética do que analítica, que tenta reconstruir objetos com base em indícios esparsos – de novo, por meio de interpretação.

Consequências para a pesquisa

A ideia de que a ciência constrói seus próprios objetos mediante a pesquisa é libertadora, mas isso não significa que um pesquisador possa afirmar o que bem entende. Como disse o legendário autor de histórias em quadrinhos Stan Lee pela boca de um dos seus personagens, com um grande poder vem uma grande responsabilidade.

Podemos pensar a ciência como um diálogo contínuo dentro das comunidades de pesquisa nas quais os cientistas tentam convencer seus pares de certas ideias, com uma retórica racional reforçada por descobertas empíricas que serão consideradas mais ou menos relevantes, dependendo de quão convincente for considerada a sua produção; em outras palavras, os métodos usados para obtê-las.

Isso significa que, não importa a técnica utilizada, ideais como rigor, exatidão e mesmo objetividade (revista à luz do que se propôs aqui) são ainda muito relevantes. De fato, Collins e Evans (2017) afirmam que os valores partilhados pela comunidade científica são o melhor argumento a favor de sua confiabilidade. Também significa que quanto mais sólidos forem os elementos apresentados por um pesquisador, mais chance terá de ser aceito pelos colegas (LATOUR, 1987). Em outras palavras, criar e utilizar diversas técnicas de pesquisa dará mais chance de causar impacto no contínuo diálogo científico.

Mais uma vez, essa ideia reforça a natureza coletiva do empreendimento científico; nenhum pesquisador será capaz de dominar sozinho uma vasta gama de técnicas ou de definir o rigor de forma individual. Assim é, mais ainda, quando são exigidas abordagens verdadeiramente interdisciplinares. O que também significa que, em vez de disputas estéreis e por vezes violentas entre pesquisadores que defendem métodos qualitativos ou quantitativos (SANTOS, 2018), podemos buscar a diversidade. E é o que parece estar ocorrendo com a crescente importância dos métodos mistos em pesquisa e dos métodos qualitativos baseados nas artes para estudar questões de saúde.

Referências

BACHELARD, G. *Le nouvel esprit scientifique*. Paris: Presses universitaires de France, 1934.

BATES, D. "Medicine and the soul of science". In: *Can. Bull. Med. Hist.*, 26 (1), 2009, p. 23-84.

BLYTH, M. *Austerity*: The History of a Dangerous Idea. Oxford: Oxford University Press, 2013.

BOURDIEU, P. "The specificity of the scientific field and the social conditions of the progress of reason". In: *Inf. Int. Soc. Sci. Counc.*, 14 (6), 1975, p. 19-47.

BOWKER, G.C. & STAR, S.L. *Sorting Things Out*: Classification and its Consequences. Cambridge, Mass.: MIT Press, 2000.

BURTT, E.A. *The Metaphysical Foundations of Modern Physical Science*: A Historical and Critical Essay. Londres: Routledge, 2014.

COLLINS, H. & EVANS, R. *Why Democracies Need Science*. Nova York: John Wiley & Sons, 2017.

_____. *Rethinking Expertise*. Chicago: University of Chicago Press, 2008.

DASTON, L.J. & GALISON, P. *Objectivity*. Nova York: Zone Books, 2007.

EARLE, J.; MORAN, C. & WARD-PERKINS, Z. *The Econocracy*. Manchester: Manchester University Press, 2016.

FLECK, L. *Genesis and Development of a Scientific Fact*. Chicago: University of Chicago Press, 1981.

FOUCAULT, M. *Archaeology of Knowledge*. Londres: Routledge, 2013.

_____. *The Birth of the Clinic*. Londres: Routledge, 2002.

GINZBURG, C. "Clues: Roots of a Scientific Paradigm". In: *Theory Soc.*, 7 (3), 1979, p. 273-288.

GOODING, D. "Putting agency back into experiment". In: PICKERING, A. (ed.). *Science as Practice and Culture*. Chicago: University of Chicago Press, 1992.

GOULD, S.J. *The Mismeasure of Man*. Nova York: WW Norton & Company, 1996.

GREENE, J.A. *Prescribing by Numbers*: Drugs and the Definition of Disease. Baltimore: Johns Hopkins University Press, 2006.

HACKING, I. "'Style' for Historians and Philosophers". In: *Historical Ontology*. Cambridge, Mass.: Harvard University Press, 2004, p. 178-199.

_____. *The Social Construction of What?* Cambridge, Mass.: Harvard University Press, 1999.

_____. "The self-vindication of the laboratory sciences". In: PICKERING, A. *Science as Practice and Culture*. Chicago: University of Chicago Press, 1992.

HALL, A.R. *The Revolution in Science 1500-1750*. Londres: Routledge, 2014.

KEATING, P. & CAMBROSIO, A. "Real compared to what? – Diagnosing leukemias and lymphomas". In: *Camb. Stud. Med. Anthropol.*, 2000, p. 103-134.

KNORR-CETINA, K.D. "Scientific communities or transepistemic arenas of research? – A critique of quasi-economic models of science". In: *Soc. Stud. Sci.*, 12 (1), 1982, p. 101-130.

KOYRÉ, A. *Du monde clos à l'univers infini*. Vol. 301. Paris: Presses Universitaires de France, 1962.

KUHN, T.S. *The Road Since Structure*: Philosophical Essays, 1970-1993, with an Autobiographical Interview. Chicago: University of Chicago Press, 2002.

_____. *The Structure of Scientific Revolutions*. 3. ed. Chicago: University of Chicago Press, 1996.

LAKATOS, I. "History of science and its rational reconstructions". In: *Proceedings of the Biennial Meeting of the Philosophy of Science Association*. Vol. 1.970. Dordrecht: Springer, 1971.

LATOUR, B. *Science in Action*: How to Follow Scientists and Engineers Through Society. Cambridge, Mass.: Harvard University Press, 1987.

_____. "Give me a laboratory and I will raise the world". In: KNORR, K. & MULKAY, M. (eds.). *Science Observed*. Nova York: Sage, 1983.

MAYKUT, P. & MOREHOUSE, R. *Beginning Qualitative Research*: A Philosophical and Practical Guide. Londres: The Falmer Press, 1994.

MOL, A. *The Body Multiple*. Durham: Duke University Press, 2002.

PICKERING, A. *The Mangle of Practice*: Time, Agency, and Science. Chicago: University of Chicago Press, 2010.

POPPER, K. "The sociology of knowledge". In: *Knowledge* – Critical Concepts V: Sociology of Knowledge and Science. Milton Park: Taylor & Francis, 2005.

PUTNAM, H. *Reason, Truth and History*. Vol. 3. Cambridge: Cambridge University Press, 1981.

RORTY, R. *Philosophy and the Mirror of Nature*. Princeton: Princeton University Press, 2009.

SANTOS, B.S. *The End of the Cognitive Empire* – The Coming of Age of the Epistemologies of the South. Durham: Duke University Press, 2018.

SHAPIN, S. *The Scientific Revolution*. Chicago: University of Chicago Press, 2018.

TAYLOR, C. "Interpretation and the sciences of man". *Introductory Readings in the Philosophy of Science*. Amherst: Prometheus Books, 1988.

THUILLIER, P. "Espace et perspective au Quattrocento". In: *D'Archimède à Einstein – Les faces cachées de l'invention scientifique*. Paris: Fayard, 1988.

ZIMAN, J. *Real Science*: What It Is and What It Means. Cambridge: Cambridge University Press, 2002.

2
Avaliação da qualidade na pesquisa qualitativa em saúde

Fernando Peñaranda Correa
Maria Lúcia Magalhães Bosi

Introdução

A pesquisa qualitativa vem conquistando um importante espaço no campo da saúde, especialmente nas últimas décadas. Incremento questionado por uma perspectiva de ciência embasada nos cânones positivistas, representados no campo da saúde pelo que se concebe como modelo biomédico. Tal paradigma, tendo como axiomas a neutralidade do pesquisador, a verdade como fim e a generalização fundada na replicabilidade e na experimentação, desafia o rigor metodológico e a qualidade dos resultados da pesquisa qualitativa. Essa situação torna-se ainda mais complexa pela existência de disputas a esse respeito entre os próprios pesquisadores qualitativos no campo da saúde. Somam-se a isso as desconfianças de pesquisadores das áreas das ciências humanas e sociais que, não raramente, avaliam as pesquisas qualitativas em saúde como produtos de qualidade inferior às desenvolvidas em seu domínio. Desse modo, a expansão dessa perspectiva de pesquisa ocorre em um terreno conflituoso, no qual a qualidade se converte em um tema crítico para sua legitimação.

As críticas à pesquisa qualitativa vindas dos pesquisadores inscritos na tradição biomédica baseiam-se na "seleção positivista"; ou seja, nos critérios convencionais que interrogam o interior de um paradigma a partir de outros fundamentos. O rigor, na perspectiva positivista, refere-se à correta aplicação do método escolhido, a partir do pressuposto cartesiano de que o método constitui o caminho para se chegar ao conhecimento verdadeiro (DESCAR-

TES, 1637)[1]. A pesquisa qualitativa no campo da saúde se configurou com a contribuição da discussão epistemológica, teórica, política, ética e metodológica das ciências sociais e humanas. Assim, nas disciplinas da área da saúde foram empregados os métodos de pesquisa e os desenvolvimentos teóricos provenientes dessas ciências para enriquecer a pesquisa dos fenômenos da saúde; por isso, remete a uma perspectiva transdisciplinar[2].

A rejeição aos cânones positivistas para a avaliação das pesquisas qualitativas não significa subestimar o tema da qualidade. É preciso reconhecer também que uma parte significativa do que se empreende hoje como pesquisa qualitativa em saúde carece de qualidade, fato que se vincula às lacunas no conhecimento sobre epistemologia e teoria social, a uma formação nas disciplinas da saúde a partir da hegemonia do modelo biomédico, além do modo de produção adotado hoje na ciência, cujo ritmo produtivista dificulta a consolidação da perspectiva qualitativa (BOSI, 2012; 2015; CONCEIÇÃO et al., 2020). Assim, muitas são as pesquisas que contribuem muito pouco para o campo da saúde, deslegitimando assim a pesquisa qualitativa no campo da saúde e seu rigor. Portanto, a avaliação da qualidade do que estamos produzindo é uma questão de extrema importância, sem ignorar sua complexidade nem as disputas inter e intraperspectivas que a acompanham.

A contribuição da pesquisa qualitativa no campo da saúde ao conhecimento e à solução de problemas da realidade está ligada à qualidade, marcada pelas disputas entre os pesquisadores quanto à implementação do método e aos resultados da pesquisa. Essas controvérsias podem ser divididas em duas tendências. A primeira refere-se às diferenças de critérios para orientar o proceder do pesquisador e para avaliar os resultados da pesquisa. Essas diferenças são a expressão de uma ciência plural, produto de diferentes perspectivas epistemológicas, teóricas, políticas e éticas. A segunda tendência surge das críticas às pesquisas que aplicam as técnicas da pesquisa qualitativa sem

---

1. É claro que a aplicação do método não se refere apenas ao acompanhamento de uma série de procedimentos e ao uso de determinadas técnicas, mas a um proceder que o cientista personifica; em particular, a objetividade.
2. No capítulo 1, Camargo Júnior aprofundou esse tema. Então não nos estenderemos sobre o mesmo.

o uso das categorias teóricas provenientes das disciplinas sociais e humanas para a análise dos fenômenos. O mero emprego de uma técnica não significa um estudo qualitativo, e isso nem sempre está claro.

A discussão sobre a qualidade diz respeito à luta pela sua legitimidade e à possibilidade de estabelecer diálogos construtivos entre perspectivas divergentes, sem esquecer que a saúde e a ciência se configuram como campos, no sentido atribuído por Pierre Bourdieu (2003), percorridos por disputas não apenas em torno da legitimação de enunciados ou de metodologias, mas também das lutas pelo poder conferido pela autoridade científica, como capital simbólico que se desdobra em capital econômico.

Neste capítulo argumentamos que abordar a qualidade na pesquisa qualitativa no campo da saúde supõe pelo menos três desafios geradores de tensão entre si. O primeiro implica recuperar, manter e fortalecer a tradição e os desenvolvimentos epistemológicos, teóricos e metodológicos provenientes das disciplinas que deram origem aos métodos de pesquisa qualitativa. O segundo desafio opera na direção oposta, pois levar esses desenvolvimentos disciplinares para as disciplinas da área da saúde, com outros interesses e outras tradições epistemológicas, teóricas e metodológicas, traz mudanças e transformações. Essas transformações e mudanças geram tensões ao subverter os cânones dos métodos situados em suas disciplinas de origem. O percurso que vai dos paradigmas às técnicas é um desafio substancial, conforme será discutido no capítulo 3 deste livro.

Esses conflitos tornam-se ainda mais complexos com o terceiro desafio, pois a ação dos pesquisadores se dá em um campo científico plural, o qual se configura com agentes e instituições que lutam por posições hierarquizadas em decorrência da acumulação de capital simbólico e das disputas pela supremacia de diferentes discursos sobre a ciência e de teorias disciplinares (BOURDIEU, 2003; 2008), como já apontado. Dessa forma, a luta pela legitimidade das diferentes propostas e perspectivas está atravessada por relações de poder a partir das quais se definem os critérios para sua legitimação (FERNÁNDEZ & PUENTE, 2009). A imposição de critérios estreitos e rígidos para essa legitimação, baseados em posições epistemológicas e teóricas conservadoras e reducionistas, geram discriminação e marginalização em relação às propostas inovadoras de caráter transdisciplinar, que afetam seu desenvolvimento (LINCOLN, 2005) e também a contribuição para o campo da pesquisa qualitativa (BARBOUR, 2001). Ademais, muitos dos estudantes que se sentem atraídos por perspectivas alternativas e inovadoras preferem não se arriscar, diante das consequências da rejeição de suas pesquisas (LINCOLN, 2005), além da relativa escassez de oportunidades, dada a hegemonia do paradigma positivista nos programas de formação e em suas linhas de pesquisa. Essa situação de marginalização e de discriminação se configura também como uma condição de injustiça no campo da ciência que afeta os pesquisadores, e mesmo as comunidades de discurso[3], que defendem propostas epistemológicas teóricas e políticas alternativas e críticas (PEÑARANDA, 2013; WEBSTER et al., 2019).

Nesse contexto, como dissemos, a avaliação da qualidade da pesquisa qualitativa torna-se um fator-chave para seu desenvolvimento e legitimidade que deve se situar no marco desses três desafios e de um complexo debate como produto de tensões e lutas entre agentes com interesses e visões conflitantes. A análise que desenvolvemos neste capítulo sobre o complexo tema da qualidade das pesquisas qualitativas no campo da saúde e sua avaliação parte de uma reflexão epistemológica para abordar a pluralidade da ciência e suas consequências para a prática da pesquisa. Num segundo momento é apresentado como as diferenças e as tensões também são produto das diferentes teorias no interior das disciplinas sociais e humanas que compõem a polifonia de cada uma das tradições; por isso, não podem ser concebidas de forma homogênea. Essas divergências, tensões e lutas se expressam nas diferentes posições quanto à avaliação. O capítulo se encerra com uma proposta para a construção de acordos, com base em uma perspectiva de justiça cognitiva e na construção de um cenário público da ciência mais democrático que favoreça o florescimento de perspectivas alternativas de

---

3. Na interação de atores acadêmicos são produzidos diferentes discursos e processos de autodiferenciação e de autoprodução de comunidades discursivas no interior dos quais é gerada uma determinada compreensão da pesquisa (RUNGE; GARCÉS & MUÑOZ, 2015).

pesquisa de qualidade e, em particular, as pesquisas comprometidas com a justiça social e com o fortalecimento de uma perspectiva transdisciplinar.

A pesquisa qualitativa no cenário da ciência

Basta fazer uma análise muito básica para argumentar epistemologicamente a pluralidade da ciência, embasada em algumas das críticas à ciência de tradição positivista dominante no Ocidente a partir da Modernidade, e assim indicar o tipo de tensões e de disputas que foi sendo gerado ao longo da história das ciências, e que configuram os debates a respeito da avaliação da qualidade da pesquisa.

Com Platão (PLATÓN, 1988) inaugura-se a tradição de diferenciar o conhecimento científico do conhecimento popular com sua proposta de distinguir o conhecimento verdadeiro, denominado por ele de *epistéme*, do conhecimento popular ou opinião, ao qual chamou de *doxa*. Só o filósofo (ou cientista)[4] poderia atingir o verdadeiro conhecimento (as ideias) porque dispunha do saber, em especial, de um proceder específico (o que hoje seria chamado de "o método"), ao qual chamou de dialética.

A ideia de um método para alcançar o conhecimento verdadeiro foi retomada na Modernidade a partir de Descartes (1637). O surgimento das disciplinas sociais foi acompanhado das lutas para legitimá-las como científicas e, portanto, como produtoras de conhecimentos verdadeiros. Nesse sentido, Comte (1844) colocou a necessidade de fundar as ciências da sociedade, e particularmente a sociologia, a partir de uma forma de pensar "positiva" (à qual chamou de "filosofia positiva") que permitisse alcançar um conhecimento certo, preciso e útil, superando assim os estados teleológicos e metafísicos do conhecimento. Compilando os cânones das ciências naturais, ele propôs a unificação de todas as ciências a partir de um único método, que poderia ser denominado de "científico" e que hoje é conhecido como "positivismo". No século XX, surgiram novas tentativas de propor uma ciência unificada, entre as quais vale destacar o "positivismo lógico" colocado pelo

---

4. Na Grécia antiga não havia diferença entre ciência e filosofia, assim como entendida hoje.

círculo de Viena (MARDONES, 1994) e mais recentemente a ciência baseada na evidência (DENZIN & LINCOLN, 2005) e algumas tendências dos chamados métodos mistos.

No campo da saúde, a medicina e as demais disciplinas foram fortemente influenciadas pelos êxitos das pesquisas no campo da biologia. O pensamento biomédico afiançou o pensamento positivista, que se fortaleceu com o desenvolvimento da epidemiologia clássica. Assim, a tradição dominante de pesquisa no campo da saúde consolidou os critérios de qualidade fundamentados em uma perspectiva positivista; ou seja, na busca de um conhecimento verdadeiro, como reflexo da realidade (validade interna), generalizável, e, neste sentido, a partir do ideal da busca de leis universais (validade externa), replicável ou verificável (confiabilidade) a partir de um proceder neutro e objetivo do pesquisador. Um conhecimento que permite a previsão e o controle dos fenômenos em estudo.

Com Dilthey (cf. GADAMER, 2006; HABERMAS, 1990) iniciou-se um movimento reivindicatório por um estatuto científico diferente para as ciências sociais e humanas: abriu-se a crítica a uma ciência unitária. Segundo Dilthey e seus seguidores, os fenômenos sociais e humanos não seguem a lógica das leis das ciências naturais. Nesse sentido, as ciências do "espírito" se diferenciariam das ciências naturais em seus objetivos e em seu método. A explicação não seria então o seu propósito nem seguiriam o método científico positivista como propusera Comte, pois estariam dirigidas à compreensão e o fariam por meio da hermenêutica como método. Com a escola de Frankfurt e seus debates com o positivismo, e em particular com as obras de Horkheimer (cf. HORKHEIMER, 2003), os fenômenos sociais são concebidos como construções sociais nos quais participa a subjetividade do ser humano; com isso, os fatos perdem seu caráter fático. Por outro lado, não seria possível separar a ideologia e os interesses do conhecimento e, portanto, da ciência. Não existe uma ciência neutra; então, seria lícito propor uma ciência comprometida com a superação das injustiças, para além da busca do conhecimento, relacionando a crítica à sociedade com a emancipação. Sendo assim, Habermas (1990) concebe a existência de três "estilos" de fazer ciência segundo interesses ou propósitos diferentes: empírico-analítico (interesse técnico, orientado para a previsão e o controle dos fenômenos naturais), histórico-hermenêutico (interesse prático, orientado para a compreensão e a comunicação) e ciências críticas (interesse pela emancipação orientado para a superação da opressão).

Pegando o conceito de paradigma proposto por Kuhn, ainda não devidamente reconhecido no campo da pesquisa qualitativa em saúde, circulam diferentes taxonomias na ciência conforme será discutido no capítulo 4 deste livro. São reconhecidas diversas tradições teóricas que apresentam diferenças ontológicas, epistemológicas e metodológicas, quanto ao tipo de conhecimento produzido e à forma de acumulá-lo, aos valores, às posições éticas, às possibilidades de comensurabilidade entre eles e aos critérios de avaliação da qualidade, conforme analisado[5]. Com a emergência dessas tradições e de seus respectivos conceitos, considerou-se a existência de verdades ideográficas, confrontando não só a concepção de verdade como reflexo objetivo da realidade, como também o ideal de obter leis generalizáveis e universais correlativos aos cânones das ciências naturais. Sob a influência dos movimentos epistemológicos críticos do positivismo, já mencionados, inclusive da hermenêutica, nas ciências sociais e humanas, a ideia de verdade dá lugar a uma concepção de verdades (no plural) históricas e culturalmente situadas (DE-LA-CUESTA, 2015).

A partir da hermenêutica entende-se que a compreensão produzida pelo pesquisador é "uma" interpretação, mas não qualquer interpretação, pois deve ser defendida ou argumentada a partir do conceito de plausibilidade (CONNELLY & CLANDININ, 1995; WOLCOTT, apud SPARKES, 2001). Além disso, existem diferentes formas de entender essa argumentação ou mesmo de conceber as evidências (MORSE, 2006b). Seriam descobertas para o caso, não generalizáveis. Assim, as categorias teóricas construídas para a compreensão do caso em particular podem ser inferidas; ou seja, utilizadas para a compreensão do fenômeno em geral (GEERTZ, 1973). Com essas posições quanto à realidade e à ciência, o conceito de generalização também deixa de ter senti-

---

5. Cf. o capítulo 4 para uma discussão de paradigmas e pesquisa qualitativa.

do. Não se espera que outro pesquisador em outro momento histórico chegue às mesmas interpretações, pois as interpretações são históricas e produto dos referenciais teóricos, epistemológicos, políticos e morais de cada pesquisador; ou seja, de seus "prejulgamentos"[6] (GADAMER, 2006).

Para alguns, essa visão "subjetivista" não seria totalmente acertada porque a vida social seria impossível sem uma realidade socialmente compartilhada; por isso, Habermas (1987) expõe a ideia de verdades "intersubjetivas", verdades que se estabelecem no âmbito de um processo racional de debate segundo critérios negociados entre os sujeitos. Essa posição, no entanto, desafia os cânones do positivismo, caracterizando uma ruptura radical com esse paradigma.

Sob o olhar de Foucault (2005), a verdade adquire o caráter de discurso; por isso, a finalidade da ciência não seria chegar à verdade, e sim compreender as circunstâncias históricas, sociais, culturais e políticas que geram as diferentes verdades em momentos e em condições diferentes. A partir do Pós-modernismo a ciência deixou de ser entendida como narrativa privilegiada para a compreensão da realidade, pois, afinal, o estatuto da cientificidade corresponde a convenções entre cientistas (que estarão sempre em questionamento). Outros assuntos como a justiça, a moralidade do pesquisador e sua responsabilidade quanto às consequências dos resultados científicos adquirem mais importância do que a verdade (DENZIN & GIARDINA, 2008; LYOTARD, 2006; SANTOS, 2018; SMITH & HODKINSON, 2009).

Por outro lado, muitos filósofos questionaram a dicotomia sujeito-objeto (HUSSERL, 1952; MERLEAU-PONTY, 2006). Sujeito e objeto se coconstroem. Então, a ideia de que a um objeto corresponde apenas um método, proveniente das perspectivas positivistas, deixa de fazer sentido sob essa cosmovisão. Ademais, no campo da saúde, Edmundo Granda (2008), sanitarista equatoriano, com base nas teorias da termodinâmica, desenvolvidas por Prigogine, a respeito da irreversibilidade dos processos (a flecha do tempo), quando a matéria se manifesta longe do equilíbrio, concebe que "a matéria e

---

6. O prejulgamento em Heidegger é entendido como os referentes cognitivos prévios necessários para a construção de um sentido da realidade (GADAMER, 2006).

a natureza deixam de ser concebidas como máquinas para dar lugar a uma interpretação diferente em que estas também são consideradas sujeitos" (p. 71). A partir dessa cosmovisão, ele propõe a superação da dicotomia entre ciências naturais e ciências sociais e humanas, pois todas as ciências seriam hermenêuticas, aproximando-se assim da concepção de hermenêutica como filosofia (e não como método), proposta por Gadamer (2006). Assim, sob uma concepção de tempo irreversível, tampouco seria possível o ideal de replicação das ciências naturais.

Ora, essas tensões tornam-se ainda mais complexas se forem levadas ao terreno da justiça cognitiva, proposta por autores decoloniais e pós-modernos como Boaventura de Sousa Santos (2018). A distinção proposta desde Platão entre *epistéme* e *doxa* – ou seja, entre um conhecimento verdadeiro (o científico) e outro que não é (o conhecimento popular, a tradição e o conhecimento ancestral) – tem sido questionada por alguns cientistas sociais desde a década de 1960. Vale destacar as contribuições de Fals Borda (2001) no campo da sociologia e de Freire (1975) no campo da educação, no âmbito latino-americano, bem como de acadêmicos de países do Norte, alguns deles oriundos dos povos autóctones (DENZIN; LINCOLN & TUHIWAI, 2008). Esses pesquisadores têm mostrado a importância de reconhecer e de recuperar os conhecimentos populares e ancestrais, o que não significa fazê-lo ingenuamente, na medida em que são problematizados para a construção do pensamento crítico (FREIRE, 1975). Tem-se questionado a marginalização e a desqualificação de outras formas de construção de conhecimento diferentes das provenientes da ciência ocidental, o que Santos (2018) considera um desperdício gnosiológico. A proposta de ecologia de saberes promovida por Santos preconiza um diálogo entre diferentes formas de construir conhecimento, a partir de uma perspectiva decolonial (DENZIN et al., 2008). É importante notar que essa posição não deve ser tomada como uma desqualificação da ciência. A ciência é uma forma específica de discurso, sustentada em certos cânones, e ocupa hoje um lugar importante e político. O que se questiona é sua pretensão hegemônica e seus efeitos sobre a verdade. Assim, no campo da saúde, alguns pesquisadores têm proposto perspectivas de ciências que promovam a transdisciplinaridade "capaz de construir sínteses e operar trânsitos [...] entre os saberes da vida e os conhecimentos da ciência (ALMEIDA-FILHO, 2006: 142).

O significado da ciência, seus propósitos e os valores que a embasam configuram diferentes tendências e posições que estabelecem um cenário plural, que se torna mais complexo ao situar esses debates e conflitos no âmbito das disciplinas e seus métodos, tal como apresentado na próxima seção.

Um campo complexo e diverso no âmbito de lutas por legitimidade

Na medida em que a pesquisa qualitativa vem ganhando reconhecimento no campo da saúde, a preocupação com sua qualidade não é só por sua deslegitimação e sua marginalização, mas também pelo temor de um desenvolvimento reducionista desta, limitada ao uso de algumas técnicas "qualitativas" sob os mesmos cânones da pesquisa positivista (cf. GASTALDO, capítulo 3).

Mas o desenvolvimento da pesquisa qualitativa em geral, e no campo da saúde em particular, transcendeu a guerra dos paradigmas, como bem previu Guba (1990, apud DENZIN & GIARDINA, 2009), porque também é preciso considerar as tradições disciplinares e suas complexidades teóricas.

Desse ponto de vista, tomando-se o caso da etnografia como exemplo, observa-se como ela foi se modificando de acordo com as correntes teóricas da cultura e com as posições epistemológicas dos etnógrafos. Desse modo, etnógrafos que assumem diferentes posições sobre a cultura (evolucionistas, funcionalistas, cognitivistas, semiótico-hermenêuticas ou críticas), no âmbito de perspectivas epistemológicas díspares, não estão dispostos a aceitar critérios homogêneos para avaliar suas pesquisas (WOLCOTT, 2003).

Além disso, na realidade não existe uma tradição homogênea que se possa denominar etnografia no singular: existem muitas etnografias, com diferentes referenciais teóricos sobre a cultura, com propósitos e formas de realizar o trabalho de campo. Essas diferenças respondem também a diferentes concepções sobre a realidade, sobre a ciência e sobre o papel do pesquisador, o que faz com que a etnografia como método e seus resultados tenham significados diferentes. Isso se torna ainda mais complexo ao se analisar propostas que integram movimentos e correntes teóricas, em princípio contraditórias entre si, como os estudos culturais, que articulam marxismo, estruturalismo, pós-estruturalismo, pós-modernismo, psicanálise, feminismo e teoria pós-colonial (BARKER, 2003). Outro exemplo corresponde à pesquisa-ação etnográfica proposta por Averill (2006) ao integrar a etnografia crítica orientada para revelar a exclusão e a injustiça social, e a pesquisa-ação com participação dos atores sociais voltada à obtenção de resultados de pesquisa práticos para os participantes. Tais desenvolvimentos são problematizados nos capítulos 3 e 4 deste livro, nos quais, respectivamente, a congruência ontoepistemológica e as tradições epistemológicas e as relações paradigmas-teorias são analisadas. Na discussão sobre a qualidade, tais aspectos ganham relevância e constituem fragilidades frequentemente observadas em nossa prática, no campo da pesquisa qualitativa em saúde.

Por outro lado, propõe-se a superação da concepção positivista de método, entendida como uma série "inamovível" de passos, cuja aplicação rigorosa garante a obtenção de resultados verdadeiros e como instrumento para "controlar" os vieses do pesquisador. Então, o método[7] não seria concebido como um tema de atividades, de instrumentos ou passos; seria certo tipo de esforço intelectual (GEERTZ, 1973), uma atitude, um modo especial de consciência, uma maneira particular de questionar, um modo de se relacionar com o outro, condicionado pela teoria e pela abordagem epistemológica (OSORIO, 1998). Por isso, e diante do reconhecimento da pluralidade teórica e epistemológica por que atravessam os métodos, Wolcott (1999), analisando a etnografia, coloca a inexistência de uma ou de várias características, componentes, passos ou técnicas que definam sua essência, pois esta se encontra no etnógrafo que constrói uma "maneira de ver". Para ele, determinar o que não é uma etnografia seria mais fácil do que o contrário: resolver o que é.

---

7. A metodologia seria então o conjunto de atividades e de procedimentos que o pesquisador estabelece no âmbito de uma tradição particular.

O que acontece com a etnografia, em maior ou menor grau, também acontece com outros métodos de pesquisa qualitativa. Nesse sentido, é necessário reconhecer o caráter transdisciplinar da pesquisa qualitativa, na qual o pesquisador é um criador que reúne teorias e métodos de diferentes disciplinas e tradições para construir algo novo (BARBOUR, 2001; DENZIN & GIARDINA, 2008).

Diante desse cenário, cabe indagar: Como analisar a qualidade da pesquisa qualitativa em saúde, em um campo tão complexo e diverso, no âmbito de lutas e confrontações pela legitimidade, e que se coloca como um cenário de inovações e criatividade? É possível definir uma série de princípios gerais sobre a qualidade da pesquisa que reconheçam suas particularidades e as tensões que surgem neste campo?

A avaliação da qualidade da pesquisa qualitativa: tensões e conflitos

A pesquisa qualitativa em saúde, à medida que vai ganhando reconhecimento e ampliando sua influência, vai se tornando cada vez mais complexa, com múltiplas teorias e métodos provenientes das diferentes tradições filosóficas e em ciências sociais e humanas, bem como de diferentes posições epistemológicas que configuram novos discursos e rotas de pesquisa, aos quais se somam as inovações realizadas no campo da saúde. Nesse cenário dinâmico, a avaliação da pesquisa constitui um grande problema, o qual se reflete nas múltiplas publicações sobre o tema nos últimos 20 anos, tanto no campo das ciências sociais (BARBOUR, 2001; DENZIN & GIARDINA, 2008; DENZIN & LINCOLN, 2005; FALS-BORDA, 2001; FLICK, 2006; HAMMERSLEY, 2009; LINCOLN, 2005; REASON & BRADBURY, 2001; SMITH & HODKINSON, 2009; 2005; SPARKES, 2001; STEINKE, 2004) como no campo específico da saúde (ARIAS & GIRALDO, 2011; CALDERÓN, 2009; CASTILLO & VÁSQUEZ, 2003; DE-LA-CUESTA, 2015; MAYS & POPE, 2000; MORSE, 1999; 2003; 2006a; 2006b; STIGE; MALTERUD & MIDTGARDEN, 2009; WHITTEMORE; CHASE & MANDLE, 2001).

O problema da avaliação da qualidade torna-se ainda mais relevante se forem consideradas as tensões e as confrontações suscitadas pelas diferentes formas de entender a realidade, a pesquisa e cada um dos métodos. Além disso, o termo "qualidade" abre espaço para múltiplas concepções. O debate foi atiçado pelo auge da pesquisa baseada na evidência (MORSE, 2006b), com a qual se buscou estabelecer critérios universais para toda a pesquisa, gerando uma ampla rejeição nos pesquisadores qualitativos que veem nessas propostas uma nova tentativa, por parte dos círculos de poder, para homogeneizar os cânones de pesquisa a partir de uma posição positivista (DENZIN & GIARDINA, 2008; LINCOLN, 2005). Uma infinidade de diretrizes específicas também foi estabelecida para a avaliação da pesquisa qualitativa por diferentes tipos de instituições de ordem governamental e não governamental, especialmente nos países anglo-saxões (DENZIN & GIARDINA, 2008; SPARKES, 2001), mas estas receberam críticas importantes porque não respondem à pluralidade da pesquisa qualitativa; por isso, não geram consenso (DENZIN & GIARDINA, 2008; FLICK, 2006; EAKIN & MYKHALOVSKIY, 2003). Nesse sentido, Denzin e Giardina (2008) afirmam que "os critérios para avaliar a qualidade da pesquisa são pedagogias da prática: constituem aparatos institucionais morais, éticos e políticos que regulam e produzem uma forma particular de ciência, uma forma que pode não ser mais funcional em um mundo transdisciplinar, globalizado e pós-colonial" (p. 13). Além disso, consideram que a imposição de critérios que buscam manter alguns princípios homogêneos são uma afronta ao desenvolvimento da pesquisa qualitativa, pois limitam sua natureza criativa e crítica (DENZIN & GIARDINA, 2008; DENZIN & LINCOLN, 2005).

O estabelecimento de critérios e de diretrizes para a avaliação da pesquisa qualitativa tem sido um tema que tem gerado grandes debates como resultado de posições discordantes em relação à ciência em geral, e à pesquisa qualitativa em particular (BARBOUR, 2001). Essas posições podem ser analisadas por meio da proposta de Sparkes (2001), elaborada a partir das posições adotadas a respeito dos critérios convencionais de qualidade. Sparkes propõe a existência de quatro posições: replicação, paralela, diversificação e "deixar ir" (*letting go*). A posição de "replicação" corresponderia à posição dos pesquisadores que defendem a necessidade de manter um conjunto de critérios comuns para toda a pesquisa. Embora possam ser enunciados de maneiras diferentes, esses critérios "replicam" os critérios convencionais de qualidade do paradigma positivista.

Segundo Sparkes (2001), os pesquisadores que não aceitam os critérios convencionais de validade e de confiabilidade, por considerá-los incongruentes com os fundamentos teóricos e epistemológicos da pesquisa qualitativa, mas que mantêm a concepção de rigor na aplicação do método como garantia de resultados válidos e confiáveis, assumiriam posições em "paralelo", e assim acabam fazendo "adaptações" dos critérios empíricos positivistas. Sparkes considera que a proposta de Silverman (2005) – cujos critérios incluem o princípio de refutabilidade, o método de comparação constante, o tratamento compreensivo dos dados, a análise dos casos desviantes e o uso de tabulações adequadas – poderia ser situada nesta posição. Lincoln e Guba reconhecem que os critérios apresentados em sua proposta de pesquisa naturalista, de credibilidade (como expressão de validade interna), de transferibilidade (como expressão de aplicabilidade ou de validade externa), de dependência (como expressão de consistência ou de confiabilidade) e de "confirmabilidade" (como expressão de neutralidade ou de objetividade) são "critérios metodológicos" (LINCOLN & GUBA, 2000: 178).

Haveria uma terceira posição, de "diversificação", assumida pelos pesquisadores que rejeitam o conceito tradicional de validade porque, segundo eles, não haveria uma noção de verdade universalmente aceita. A verdade seria um fenômeno socialmente construído no âmbito de comunidades e de discursos particulares e sob condições socioculturais e históricas específicas: uma verdade situada. Seriam então verdades com características pragmáticas e de coerência, em vez de correspondência com a realidade (SPARKES, 2001). Por conseguinte, esses pesquisadores acreditam que a definição de critérios fixos para a avaliação da pesquisa qualitativa é impossível; por isso, defendem perspectivas plurais e abertas para a avaliação que possam responder às características particulares da pesquisa e do método, da situação sociocultural, histórica e política, bem como das posições epistemológicas e teóricas do pesquisador.

Desse ponto de vista, alguns pesquisadores situados em uma perspectiva participativa e crítica assumem a qualidade de suas pesquisas em relação com assuntos como sua efetividade para "empoderar" os participantes e gerar transformações duradouras nos sujeitos e em suas realidades. Por outro lado, levam em consideração o grau em que o próprio processo de pesquisa promove o desenvolvimento de relações democráticas entre os participantes. Além disso, consideram necessário avaliar a forma como o processo de pesquisa e os resultados fortalecem a identidade cultural, a participação e a organização comunitária (LINCOLN & GUBA, 2000; REASON & BRADBURY, 2001; SPARKES, 2001). Nesse sentido, Lincoln e Guba (2000) propõem três critérios: a equidade, no sentido de incluir todos os pontos de vista (as vozes), a autenticidade ontológica e educativa, que se refere à formação de uma consciência crítica nos participantes[8], e a autenticidade catalítica e tática, relacionada à maneira como o processo de pesquisa promove a ação social e política dos participantes e dos pesquisadores para responder às necessidades dos participantes e de suas comunidades.

Por outro lado, e a partir de uma perspectiva pós-moderna, são propostos critérios como os de validade paralógica e de validade icônica, apresentados por Lather (LINCOLN & GUBA, 2000; SPARKES, 2001). A validade paralógica se refere às consequências dos resultados da pesquisa para gerar tensões e contradições no conhecimento estabelecido, com o qual se ampliam seus limites; e a validade icônica no sentido de construir "simulacros" como cópias sem originais, que substituem a ideia tradicional de "representação" como cópias da realidade (FLICK, 2006).

Sparkes (2001) denomina esses critérios de "diversificação" porque não estão centrados nos aspectos metodológicos e respondem antes a uma preocupação pelos resultados e pelas consequências do processo de pesquisa, com particular interesse pelo pessoal e pelo interpessoal. Segundo esses pesquisadores, os critérios de qualidade devem considerar, entre outros, o ponto de vista a partir do qual os julgamentos são feitos, a participação da comunidade

---

8. Schwandt fala de inteligência crítica, com o desenvolvimento de uma consciência crítica na direção da pesquisa como produto do mesmo processo de pesquisa (LINCOLN & GUBA, 2000).

na avaliação da qualidade da pesquisa e a maneira como os privilégios são compartilhados durante o processo de pesquisa e em seus resultados (LINCOLN & GUBA, 2000).

A quarta posição seria composta por alguns pesquisadores que, como Wolcott, não aceitam o conceito de validade como um critério para avaliar a qualidade de sua pesquisa, pois não estão interessados em encontrar a resposta correta ou, em última instância, a verdade, e sim pretendem identificar elementos críticos e interpretações plausíveis (SPARKES, 2001). Outros, concordando com Lyotard (2006) em sua crítica à fundamentação empírica da ciência, uma vez que esta se sustenta em acordos situados história e culturalmente, direcionam o foco de suas preocupações para a dimensão moral do pesquisador, concebendo assim a qualidade da pesquisa em relação com conceitos de cuidado, de amor, de confiança e de respeito (DENZIN & GIARDINA, 2008). Nesse sentido, Schwandt propõe "deixar de lado a criteriologia", o estabelecimento de normas regulatórias para diferenciar o falso do verdadeiro, pois concebe a pesquisa social como uma forma de filosofia prática caracterizada pela estética, pela prudência e pelas considerações morais (LINCOLN & GUBA, 2000). Segundo Sparkes (2001), esses pesquisadores estariam "deixando pra lá" o conceito de validade.

O termo qualidade foi se contrapondo ao de rigor na medida em que foi reconhecendo uma abordagem para a avaliação da pesquisa qualitativa mais aberta e que transcende uma concepção reducionista centrada no "rigor", entendido como o acompanhamento preciso de um método "padronizado", que de certa forma enquadra o pesquisador e a avaliação (DENZIN & GIARDINA, 2008; FLICK, 2006; LINCOLN & GUBA, 2000). Não rigor segundo a perspectiva de congruência e reflexividade, conforme será discutido no capítulo 3 por Gastaldo.

Ora, a tensão entre contar com alguns critérios "relativamente" comuns (ou compatíveis) para a pesquisa em seu conjunto e a construção de critérios específicos para a pesquisa qualitativa encerra a contradição entre aqueles que pretendem a busca de um reconhecimento por parte da comunidade científica como um todo abrangente (HAMMERSLEY, 2009; MORSE, 1999;

2006; STEINKE, 2004) e aqueles que concebem a dissolução de uma suposta unidade da ciência como condição necessária para a construção de comunidades científicas alternativas (DENZIN & GIARDINA, 2008).

Como se nota, o debate se coloca como resultado de diferentes tensões. Uma delas corresponde ao confronto entre uma estrutura rígida e a quase total dissolução de critérios e de procedimentos. Essa tensão responde a diferentes pontos de partida relativos à qualidade, sobretudo a uma contraposição entre suportes epistemológicos e teleológicos, que incluem posições radicais em que a qualidade deixaria de existir como critério da avaliação. Mas, então, como a pesquisa poderia ser avaliada quando se trata de assuntos como o cuidado, o amor e a confiança? A dimensão axiológica também é uma dimensão de alta complexidade. Consideramos problemático abandonar a avaliação da qualidade, pois todos os processos no campo científico, de uma forma ou de outra, operam sob determinados critérios. Além disso, o posicionamento da pesquisa qualitativa no campo da saúde e sua legitimação está relacionado à qualidade da produção científica.

Voltando a Bourdieu (2003; 2008), pode-se dizer que o campo da ciência (e em particular a pesquisa qualitativa no campo da saúde) é constituído por diferentes agentes (pesquisadores e instituições) com diferentes interesses, e inclusive com diferentes concepções sobre o significado da ciência (sobre o jogo). A luta pela legitimidade seria também uma luta para transformar o sentido do jogo, uma luta para expandir as fronteiras do campo e obter inclusão. Existe outra maneira de pensar a situação atual da pesquisa no campo da saúde e, em particular, a da pesquisa qualitativa? Qual é o jogo? Sem ignorar a existência de lutas e de relações de poder em uma estrutura hierarquizada haveria também outras formas de relacionamento com as quais seria possível contar? A seção a seguir apresenta algumas propostas para a avaliação da pesquisa qualitativa que reúnem essas preocupações.

A avaliação da qualidade como intersecção de campos científicos

A análise da qualidade da pesquisa qualitativa requer situar-se, de maneira particular, no campo das disciplinas da saúde, pois desafia a lógica da pesquisa qualitativa vista a partir das ciências sociais e humanas. Nesse sentido, pode-se utilizar o conceito de intersecção de campos proposto por Bourdieu (2003: 117). As intersecções entre os campos são geradas quando há pontos de encontro sobre conceitos, experiências, práticas, relatos, sujeitos ou instituições. Constituem espaços de possibilidade para as emergências de novos conceitos, de relações teóricas e de práticas no campo (ECHEVERRI, apud ZEA, 2016).

Assim, a pesquisa qualitativa no campo da saúde seria uma consequência da intersecção entre os campos das disciplinas da saúde e das disciplinas sociais e humanas. Isso porque os campos são dinâmicos e suas fronteiras também são moldadas pelas forças e pelas lutas que se dão a partir das relações com outros campos (BOURDIEU, 2003; 2008). Assim, as lutas e as tensões de um campo também atravessam outros campos na medida em que seus conceitos e experiências são utilizados em suas lutas (ECHEVERRI, 2015).

A transformação nos campos é o resultado de dois tipos de força ou de processo, que atuam iterativamente: proliferação e reconceituação (ECHEVERRI, 2015; ECHEVERRI, apud ZEA, 2016). A proliferação refere-se à geração de novas concepções e práticas resultantes dos cruzamentos efetuados. A reconceituação tem a ver com o deslocamento de conceitos, de práticas e de experiências de um campo para outro, que tomam um novo sentido quando interagem com as lutas teóricas e políticas desse campo e, por conseguinte, adquirem um significado diferente daquele que tinham nos sistemas teóricos originais. Assim, a proliferação e a recontextualização de conceitos, de práticas e de experiências como produto dessas intersecções fazem parte da história da transformação do campo (ECHEVERRI, 2015; ECHEVERRI, apud ZEA, 2016). Assim, na intersecção com as ciências sociais e humanas, com seus desenvolvimentos, tensões e lutas teóricas, epistemológicas e metodológicas, as ciências da saúde se transformam.

Nesse sentido, a avaliação da qualidade na pesquisa qualitativa no campo da saúde demandaria uma perspectiva transdisciplinar, que reconheça a maneira como os debates, as lutas e as forças de poder se intersectam, tornando o panorama de pluralidade ainda mais complexo. Por serem processos situados, essas intersecções geram particularidades que dependem de múltiplos fatores. Nesse sentido, haveria diferentes "graus" e formas de intersecção de acordo com cada uma das disciplinas (da saúde e das ciências sociais e humanas), com os sujeitos[9] que participam e com a situação social e acadêmica das instituições. A partir dessa visão transdisciplinar, os agentes (pesquisadores e instituições) atuam em meio a dois tipos de tensão. Por um lado, uma tensão entre recuperar, manter e fortalecer os conceitos, as práticas e as experiências (no caso, de pesquisa) provenientes das ciências sociais e humanas, e transformá-las para "adaptá-las" ao cenário teórico, prático e institucional das ciências da saúde, o que implica conquistar um espaço político nas lutas pela legitimidade da pesquisa nesses campos. Por outro lado, a tensão entre a necessidade de assumir uma determinada posição dentro de um campo plural e o relacionamento entre diferentes agentes e comunidades de discurso em um cenário (ou campo) compartilhado. Exemplo disso é a necessidade de adequação – não sem prejuízo – aos formatos de publicação, ou de projetos de financiamento, orientados pelos cânones positivistas.

Assim, quando se coloca que a pesquisa no campo das ciências da saúde tem sido dominada por uma perspectiva biomédica embasada em uma concepção positivista de ciência e quando se analisa a pesquisa qualitativa em saúde como produto da intersecção com as ciências sociais e humanas, deve-se reconhecer que as lutas e as tensões ocorrem em dois planos: um, na própria dobra da intersecção, ou seja, na confrontação com a perspectiva biomédica dominante e, outro, levando em consideração as lutas e as tensões próprias da pesquisa qualitativa no interior das ciências sociais e humanas que tomam um sentido diferente no campo da saúde.

Em um cenário plural tão complexo e com tantas confrontações, nem o uso de critérios tradicionais provenientes da tradição positivista nem a criação de uma série de critérios alternativos, que se pretendem específicos para a pesquisa qualitativa, têm sido satisfatórios para avaliar sua qualidade (FLICK, 2006). Por essa razão, alguns pesquisadores como Stige et al. (2009)

---

9. Assim, os profissionais provenientes da área das ciências sociais e humanas vinculados ao estudo dos fenômenos da saúde tendem a se posicionar de maneira diferente da dos profissionais das ciências da saúde com formação em ciências sociais e humanas.

consideram impossível chegar a consensos ontológicos, epistemológicos e metodológicos sobre a prática e a avaliação da pesquisa qualitativa. No máximo podem ser construídos acordos sobre os temas ou as questões a serem discutidos.

Como proceder, então, para avaliar a qualidade da pesquisa qualitativa no campo da saúde, se a construção de consensos ontológicos, epistemológicos e metodológicos não é possível? Se a importância de garantir a qualidade da pesquisa é reconhecida e concebida não apenas como assunto epistemológico e teórico, mas também político e ético, como atuar em um campo plural?

Seria possível partir do reconhecimento da ciência como uma valiosa construção humana e a necessidade de fortalecê-la, apesar das diferentes concepções e críticas feitas a partir de diferentes frentes. Em segundo lugar, é necessário aceitar que o poder e a política não podem ser eliminados dos julgamentos sobre a qualidade da pesquisa, na medida em que estes ocorrem em um contexto social (SMITH & HODKINSON, 2005). Nesse sentido, a "validade" científica é também o resultado da "validade social e política" que transcende a autonomia do campo científico (JOO-HYOUNG, 2014).

Santos (2018) coloca que a justiça social é impossível sem a justiça cognitiva, pois a compreensão da complexidade do mundo social e humano requer a confluência de múltiplas formas de construir o conhecimento. Essa compreensão plural é fundamental para a transformação dos sujeitos e da realidade a partir de visões e de concepções diversas que permitam contrapor concepções sobre a ciência (sob um ideal de universalidade) impostas a partir de posições culturais e epistemológicas hegemônicas. A ciência ocidental positivista dominante impôs critérios rígidos que geraram um "epistemicídio", ao marginalizar (invisibilizar) outras formas de construção do conhecimento. Além disso, invisibiliza o próprio pesquisador ao defender uma neutralidade mítica, uma vez que a ciência é construção humana; portanto, atravessada por valores e interesses. Por conseguinte, a avaliação da qualidade da pesquisa qualitativa no campo da saúde transcende o terreno epistemológico para ser compreendida também como um assunto relacionado à justiça e à política.

Nesse sentido, os desenvolvimentos teóricos no campo da filosofia política são úteis para abordar a qualidade da pesquisa. E sob essa perspectiva, Rawls (1995), com sua teoria de "construtivismo político", propôs uma saída para a busca de acordos entre "doutrinas"[10] omnicompreensivas em que nenhuma delas conta com o consenso dos cidadãos. Essa saída se baseia em levar a discussão para o terreno da justiça, a partir do qual seria possível estabelecer princípios que norteiem as relações; no nosso caso, entre os pesquisadores e entre as comunidades de discurso. Portanto, os acordos se dariam transcendendo o próprio terreno doutrinário – ou seja, o epistemológico – para serem considerados a partir de uma perspectiva política da justiça. Corresponderia a um processo contínuo, incompleto e em constante mudança – afetado por interesses, pressões e forças de poder que precisam tramitar em um ambiente democrático – para a solução de injustiças concretas (SEN, 2010). Seriam acordos parciais, abertos e mutáveis, produto de cenários democráticos sustentados no diálogo e na negociação que permitam a superação de posições dogmáticas (SEN, 2010).

Desse modo, é possível a construção coletiva de um mundo científico (o campo) no qual possam ser acolhidos pesquisadores e comunidades de discurso que assumem valores diversos. Segundo Arendt (1998), a construção de um mundo compartilhado, que corresponde à esfera pública, é fundamental para garantir a individualidade (OSPINA & BOTERO, 2007). Pensar o campo científico como um cenário do público, a partir de uma perspectiva política, é fundamental para resolver a tensão entre o coletivo e o particular na avaliação da pesquisa qualitativa em saúde.

A construção de alguns princípios de justiça que garantam aos diferentes interlocutores (pesquisadores e comunidades de discurso) o direito de participar no campo científico, como espaço do público, requer cenários mais democráticos nos quais seja possível a liberdade de raciocínio, o debate e a deliberação para tramitar as diferenças, segundo um ideal de razão pública como um projeto coletivo (SÁNCHEZ, 2003). De acordo com

---

10. O termo doutrina usado por Rawls se refere a um âmbito geral que engloba as diferentes visões omnicompreensivas da realidade, em resposta a valores ou morais contrapostas.

Rawls (1995), a construção de uma esfera pública mais democrática, como expressão da ação política, seria fundamental para a transformação das posições antagônicas em relacionamentos mais construtivos e respeitosos entre cientistas e entre comunidades de discurso. Essa aspiração no campo da pesquisa qualitativa pode ser rastreada desde a década de 1990, quando Guba preconizou um diálogo entre paradigmas (GUBA, 1990a, apud DENZIN & GIARDINA, 2009). Denzin e Giardina (2009) consideram que caminhamos para um momento pós-paradigmático no qual as comunidades de discurso precisam parar a confrontação e desenvolver formas de comunicação que lhes permitam aprender umas com as outras (p. 32), o que requer um relacionamento mais democrático que implica o reconhecimento mútuo (p. 34). Dessa forma, será possível avançar na superação de situações de injustiça epistêmica, nas quais, a partir de posições de poder, impõem-se critérios de qualidade científica com os quais se efetua o "controle sobre a nomeação de professores, a permanência, a formação, o financiamento, o prestígio e a legitimação" (GUBA, 1990b: 374, apud DENZIN & GIARDINA, 2009: 34). Um campo científico, entendido como cenário público nessas condições, também é necessário para avançar no diálogo com outros saberes e formas de construção do conhecimento (ALMEIDA, 2006; SANTOS, 2018).

Nesse sentido, um cenário democrático e dialógico, baseado em princípios de justiça, torna-se necessário para a construção de acordos, em constante transformação, no âmbito de um processo contínuo de discussão, tanto entre comunidades de discurso como no interior de cada uma delas, em resposta às condições sociais, culturais e políticas mutáveis. Seriam acordos que, embora apoiem a construção de um projeto coletivo no cenário do público, e, portanto, em um âmbito político, garantam a igualdade de direitos que cada comunidade de discurso tem de compreender, realizar e avaliar a pesquisa, em resposta a princípios e procedimentos particulares para cada comunidade. Esses princípios são necessários na hora de considerar as listas de checagem e as propostas de critérios de avaliação de uma maneira flexível e aberta para a construção participativa de procedimentos de avaliação no âmbito institucional. Assim, é possível reunir valiosas contribuições de diferentes experiências de avaliação.

Desse modo, em um âmbito de confrontação e tensões, não sem dificuldade, vem surgindo uma perspectiva mais aberta à avaliação, na medida em que se aceita a condição plural da pesquisa qualitativa, o que significa a emergência de novos valores, de significados e de um novo vocabulário (SCHWANDT, 1996). Em um cenário mais democrático de avaliação, gera-se um espaço mais propício para o desenvolvimento de uma pesquisa comprometida com a justiça social e com o fortalecimento de uma perspectiva transdisciplinar. Por um lado, abre-se espaço para fortalecer o reconhecimento de valores alternativos de qualidade que levem em consideração as consequências morais e políticas socialmente construídas da pesquisa (DENZIN; LINCOLN & GIARDINA, 2006), tais como sua contribuição na superação de situações concretas de injustiças. Assim como a necessidade de considerar o ponto de vista a partir do qual são feitos os julgamentos, bem como a participação dos diferentes atores no processo de avaliação (LINCOLN & GUBA, 2000).

Além disso, deverão ser considerados critérios para avaliar a maneira como as teorias e os métodos provenientes das ciências sociais e humanas contribuem para o desenvolvimento de novas formas de analisar e de compreender os fenômenos no campo da saúde. A forma como o processo de pesquisa e os seus resultados contribuem para a transformação das disciplinas do campo da saúde poderão ser levados em conta, o que implica considerá-los na hora de avaliar a qualidade dos desenvolvimentos teóricos e metodológicos produzidos (WEBSTER et al., 2019). Desse modo, seria abordada a avaliação do processo de intersecção entre campos e a tensão entre manter as raízes teóricas e disciplinares dos métodos qualitativos e a transformação destas em consequência de sua aplicação no campo da saúde.

Por outro lado, a avaliação da qualidade da pesquisa qualitativa no campo da saúde, embasada em princípios de justiça, exige reconhecer o avaliador como um sujeito moral com valores de ordem epistemológica, cultural e social. Nesse sentido, a avaliação também deve ser entendida como um ato moral, razão pela qual Schwandt propõe uma abordagem moral da avaliação, entendida como uma série de princípios orientadores embasados em um ideal moral da democracia, que facilitem o encontro dialógico, mediado por um processo de reflexão crítica do avaliador sobre seus próprios valores.

Então, a figura do avaliador torna-se predominante. Por isso, a responsabilidade moral, política e ética do avaliador é central para fortalecer a qualidade da pesquisa qualitativa no campo da saúde. O avaliador deverá conjugar o âmbito da construção coletiva do campo com as particularidades das opções epistemológicas, políticas, éticas e metodológicas assumidas pelo pesquisador. Por conseguinte, o avaliador terá de ter um conhecimento profundo das opções colocadas pelo pesquisador, além de possuir uma visão geral da pesquisa qualitativa no campo da saúde como projeto de construção coletiva.

Nesse sentido, é fundamental que o avaliador reflita sobre sua posição de poder ao realizar uma avaliação. Por isso, Stige et al. (2009: 1.513) colocam que "os papéis do pesquisador e do avaliador não são, é claro, iguais, mas uma agenda que promova um processo dialógico na avaliação poderia convidar os avaliadores a se colocarem [na posição de poder que exercem], e requer, portanto, sua reflexividade".

Por fim, essa abertura para uma avaliação mais dialógica e democrática entre avaliadores e pesquisadores qualitativos no campo da saúde também implica uma maior exigência para quem projeta e executa as pesquisas. Estes precisam colocar sua pesquisa em um cenário plural e explicar o significado do debate teórico e epistemológico sobre o método no âmbito da intersecção entre as disciplinas sociais e humanas e as do campo da saúde. Implica um esforço maior para explicitar as posições epistemológicas, teóricas, políticas e éticas assumidas e, por conseguinte, apresentar e embasar a maneira como se refletem no método, sobretudo em relação aos seus propósitos, aos seus procedimentos (a metodologia) e aos resultados. Desse modo, o pesquisador, por um lado, expressa a coerência epistemológica, teórica, política e ética do método e, por outro, fornece os parâmetros a partir dos quais espera ser avaliado.

Assim, a qualidade da pesquisa qualitativa no campo da saúde também será o resultado de melhores processos de formação, os quais requerem uma sólida fundamentação nas bases epistemológicas, políticas e éticas da ciência em geral e, em particular, nas contribuições das ciências sociais e humanas para a compreensão dos fenômenos da saúde e para a construção de visões alternativas de pesquisa à ciência positivista e biomédica dominante. Uma formação que transcenda o ensino de conteúdos teóricos, necessários, mas não suficientes, pois se requer uma formação que articule a teoria com a prática no âmbito de processos reflexivos que conduzam à transformação dos pesquisadores como sujeitos morais, políticos e acadêmicos.

Referências

ALMEIDA, N. (2006). "Complejidad y Transdisciplinariedad en el Campo de la Salud Colectiva: Evaluación de Conceptos y Aplicaciones". In: *Salud Colectiva*, 2 (2), p. 123-146.

_____ (2000). *La ciencia tímida*. Buenos Aires: Lugar.

ARENDT, H. (1998). *La condición humana*. Barcelona: Paidós.

ARIAS, M.M. & GIRALDO, C. (2011). "El rigor científico en la investigación cualitativa". In: *Investigación y Educación en Enfermería*, 29 (3), p. 500-514.

AVERILL, J. (2006). "Getting started: Initiating critical ethnography and community-based action research in a program of rural health studies". In: *Journal of Gerontological Nursing*, 5 (2), p. 17-27.

BARBOUR, R. (2001). "Checklists for improving rigour in qualitative research: A case of the tail wagging the dog?" In: *British Medical Journal*, 322, p. 1.115-1.117.

BARKER, C. (2003). *Cultural studies*: Theory and practice. 2. ed. Londres: Sage.

BOSI, M.L.M. (2015). "Formar pesquisadores qualitativos em saúde sob o regime produtivista: compartilhando inquietações". In: *Rev. Fac. Nac. Salud Pública*, 33, supl. 1, p. 30-37.

_____ (2012). "Pesquisa qualitativa em saúde coletiva: panorama e desafios". In: *Ciência & Saúde Coletiva*, 17 (3), p. 575-586.

BOURDIEU, P. (2008). "Entrevista a Pierre Bourdieu – La lógica de los campos: habitus y capital". In: BOURDIEU, P. & WACQUANT, L. (eds.). *Una invitación a la sociología reflexiva*. Buenos Aires: Siglo XXI, p. 147-173.

_____ (2003). *El oficio de científico* – Ciencia de la ciencia y reflexividad. Barcelona: Anagrama.

BREILH, J. (2003). *Epidemiología crítica* – Ciencia emancipadora e interculturalidad. Buenos Aires: Lugar.

CALDERÓN, C. (2009). "Evaluación de la calidad de la investigación cualitativa en salud: criterios, proceso y escritura". In: *Forum*: Qualitative Social Research, 10 (2). Retirado de http://nbn-resolving.de/urn:nbn:de:0114-fqs0902178

CAMPOS, G.W.S. (2009). *Método paideia*: análisis y cogestión de colectivos. Buenos Aires: Lugar.

CASTILLO, E. & VÁSQUEZ, M.L. (2003). "El rigor metodológico en la investigación cualitativa". In: *Colombia Médica*, 34 (3), p. 164-167.

COMTE, A. (1844). *Discurso sobre el espíritu positivo*. Retirado de http://biblio3.url.edu.gt/Libros/comte/discurso.pdf

CONCEIÇÃO, M.I.G.; GASTALDO, D.; FRAGA, A.B.; BOSI, M.L.M.; ANDRADE, J.T. & LAGO, R.R. (2020). "Educando pesquisadores qualitativos em saúde no Brasil: perspectivas discentes e docentes". In: *Physis*, vol. 30, n. 4, 2020. Retirado de http://www.scielo.br/scielo.php?script=sci_arttext&pid=S0103733120200004006098lng=en&nrm=iso – http://dx.doi.org/10.1590/s0103-73312020300412

CONNELLY, M. & CLANDININ, D.J. (1995). "Relatos de experiencia e investigación narrativa". In: LARROSA, J.; ARNAUS, R.; FERRER, V.; PÉREZ DE LARA, N.; CONNELLY, M. & CANDININ, D.J. (eds.). *Déjame que te cuente* – Ensayos sobre narrativa y educación. Barcelona: Laertes, p. 11-59.

DE-LA-CUESTA, C. (2015). "La calidad de la investigación cualitativa: de evaluarla a lograrla". In: *Texto Contexto Enfermagem*, 24 (3), p. 883-890.

DENZIN, N. & GIARDINA, M. (2009). "Introduction: Qualitative inquiry and social justice – Toward a politics of hope". In: DENZIN, N. & GIARDINA, M. (eds.). *Qualitative inquiry and social justice*. Walnut Creek: Left Coast Press, p. 11-50.

_____ (2008). "Introduction: The elephant in the living room, or advancing the conversation about the politics of evidence". In: DENZIN, N. & GIARDINA, M. (eds.). *Qualitative inquiry and the politics of evidence*. Walnut Creek: Left Coast Press, p. 9-51.

DENZIN, N. & LINCOLN, Y. (2005). "Preface". In: DENZIN, N. & LINCOLN, Y. (eds.). *The Sage handbook of qualitative research*. 3. ed. Thousand Oaks: Sage, p. IX-XIX.

DENZIN, N.; LINCOLN, Y. & GIARDINA, M. (2006). "Disciplining qualitative research". In: *International Journal of Qualitative Studies in Education*, 19 (6), p. 769-782.

DENZIN, N.; LINCOLN, Y. & TUHIWAI, L. (2008). *Handbook of Critical and Indigenous Methodologies*. Thousand Oaks, CA: Sage.

DESCARTES, R. (1637). *Discurso del método*. Retirado de https://guiadetesis. files.wordpress.com/2012/07/rene-descartes-discurso-del-mc3a9todo.pdf

EAKIN, J. & MYKHALOVSKIY, E. (2003). "Reframing the evaluation of qualitative health research: reflections on a review of appraisal guidelines in the health sciences". In: *Journal of Evaluation in Clinical Practice*, 9 (2), p. 187-194.

ECHEVERRI, J. (2015). "Desplazamiento y efectos en la formación de un campo conceptual y narrativo de la pedagogía en Colombia (1989-2010)". In: *Paradigmas y conceptos en educación pedagógica*. Bogotá: [s.l.], p. 149-200.

FALS-BORDA, O. (2001). "Participatory (action) research in social theory: Origins and challenges". In: *Handbook of action research*. Londres: Sage, p. 27-37.

FERNÁNDEZ, J. & PUENTE, A. (2009). "La noción de campo en Kurt Lewin y Pierre Bourdieu: un análisis comparativo". In: *Revista Española de Investigaciones Sociológicas*, 127, p. 33-53.

FLICK, U. (2006). "Quality criteria in qualitative research". In: FLICK, U. (ed.). *An introduction to qualitative research*. 3. ed. Londres: Sage, p. 367-383.

FOUCAULT, M. (2005). *Las palabras y las cosas*. 32. ed. México D.F.: Siglo XXI.

FREIRE, P. (1975). *Pedagogía del oprimido*. México D.F.: Siglo XXI.

GADAMER, H. (2006). *Verdad y método*. Salamanca: Sígueme.

GEERTZ, C. (1973). *La interpretación de las culturas*. Barcelona: Gedisa.

GRANDA, E. (2008). "El saber en salud pública en un ámbito de pérdida de antropocentrismo y ante una visión de equilibrio ecológico". In: *Rev. Fac. Nac. Salud Pública*, 26 (ed. esp.), p. 65-90.

HABERMAS, J. (1990). *Conocimiento e interés*. Madri: Taurus.

_____ (1987). *Teoría de la acción comunicativa*. Madri: Taurus.

HAMMERSLEY, M. (2009). "Challenging relativism – The problem of assessment criteria". In: *Qualitative Inquiry*, 15 (1), p. 3-29.

HORKHEIMER, M. (2003). *Teoría crítica*. Buenos Aires: Amorrortu.

HUSSERL, E. (1952). *A filosofia como ciência do rigor*. Coimbra: s.e.

JOO-HYOUNG, J. (2014). "Bourdieu's Theory of the Scientific Field and Its Limits Regarding Scientific Validity". In: *Investigación en Ciencias Sociales*, 22 (2), p. 94-124.

LINCOLN, Y. (2005). "Institutional review boards and methodological conservatism – The challenge to and from phenomenological paradigms". In:

DENZIN, N. & LINCOLN, Y. (eds.). *The Sage handbook of qualitative research*. 3. ed. Thousand Oaks: Sage, p. 165-181.

LINCOLN, Y. & GUBA, E. (2000). "Paradigmatic controversies, contradictions, and emerging confluences". In: DENZIN, N. & LINCOLN, Y. (eds.). *Handbook of qualitative research*. 2. ed. Thousand Oaks, CA: Sage, p. 163-188.

LYOTARD, J.-F. (2006). *La condición postmoderna*: informe sobre el saber. Madri: Cátedra.

MARDONES, J.M. (1994). "Filosofía de Las Ciencias Humanas y Sociales – Nota Histórica de una Polémica Incesante". In: MARDONES, J.M. & URSUA, N. (eds.). *Filosofía de las Ciencias Humanas y Sociales* – Materiales para una fundamentación científica. 5. ed. México: Fontamara, p. 158-174. Retirado de https://doctoradohumanidades.files.wordpress.com/2015/04/mardones-y-ursua-filosofc3ada-de-las-ciencias-humanas-y-sociales.pdf

MAYS, N. & POPE, C. (2000). "Qualitative research in health care – Assessing quality in qualitative research. In: *British Medical Journal*, 320, p. 50-52.

MERCADO, F.; ROBLES, L. & JIMENEZ, B. (2018). "Participatory Health Research in Latin America". In: RIGHT, M.T. & KONGATS, K. (eds.). *Participatory Health Research* – Voices from Around the World. Zurique: Springer, p. 139-163.

MERLEAU-PONTY, M. (2006). *Fenomenologia da percepção*. São Paulo: Martins Fontes.

MORSE, J. (2006a). "Reconceptualizing Qualitative Evidence". In: *Qualitative Health Research*, 16 (3), p. 415-422.

_____ (2006b). "The politics of evidence". In: *Qualitative Health Research*, 16 (3), p. 395-404.

_____ (2003). "A Review Committee's Guide for Evaluating Qualitative Proposals". In: *Qualitative Health Research*, 13 (6), p. 833-851.

_____ (1999). "Myth #93: Reliability and validity are not relevant to qualitative inquiry". In: *Qualitative Health Research*, 9 (6), p. 717-718.

OSORIO, F. (1998). "El Método Fenomenológico: aplicación de la epoché al sentido absoluto de la conciencia". In: *Cinta Moebio*, 3, p. 50-63. Retirado de www.moebio.uchile.cl/03/frprin03.htm

OSPINA, C.A. & BOTERO, P. (2007). "Estética, narrativa y construcción de lo público". In: *Revista Latinoamericana de Ciencias Sociales* – Niñez y Juventud, 5 (2), p. 811-840.

PEÑARANDA, F. (2013). "The Evaluation of Qualitative Research". In: *Qualitative Inquiry*, 19 (3), p. 209-218. Retirado de https://doi.org/10.1177/1077800412466225

PLATÓN (1988). *Diálogos IV* – La república. Madri: Gredos.

RAWLS, J. (1995). *Liberalismo político*. México D.F.: Fondo de Cultura Económica.

REASON, P. & BRADBURY, H. (2001). "Introduction: Inquiry and participation in search of a world worthy of human aspiration". In: REASON, P. & BRADBURY, H. (eds.). *Handbook of action research*. Londres: Sage, p. 1-14.

SÁNCHEZ, C. (2003). *Hannah Arendt*. Madri: Centro de Estudios Políticos y Constitucionales.

SANTOS, B.S. (2018). "Introducción a las epistemologías del Sur". In: MENESES, M.P. & BIDASECA, K. (eds.). *Epistemologías del Sur*. Buenos Aires: Consejo Latinoamericano de Ciencias Sociales, p. 25-61.

SCHWANDT, T. (2000). "Three epistemological stances for qualitative inquiry". In: DENZIN, N. & LINCOLN, Y. (eds.). *Handbook of qualitative research*. 2. ed. Londres: Sage, p. 189-214.

_____ (1996). "Farewell to criteriology". In: *Qualitative Inquiry*, 2 (1).

SEN, A. (2010). *La idea de la justicia*. Bogotá: Santillana.

SILVERMAN, D. (2005). *Doing qualitative research*. Londres: Sage.

SMITH, J. & HODKINSON, P. (2009). "Challenging neorealism: A response to Hammersley". In: *Qualitative Inquiry*, 15 (1), p. 30-39.

_____ (2005). "Relativism, criteria, and politics". In: DENZIN, N. & LINCOLN, Y. (eds.). *The Sage handbook of qualitative research*. 3. ed. Thousand Oaks, CA: Sage, p. 915-932.

SPARKES, C. (2001). "Myth 94: Qualitative health researchers will agree about validity". In: *Qualitative Health Research*, 11 (4), p. 538-552.

STEINKE, I. (2004). "Qualitative criteria in qualitative research". In: FLICK, W.; VON-KARDORFF, E. & STEINKE, I. (eds.). *A companion to qualitative research*. Londres: Sage, p. 184-190.

STIGE, B.; MALTERUD, I.K. & MIDTGARDEN, T. (2009). "Toward an agenda for evaluation of qualitative research". *Qualitative Health Research*, 19 (10), p. 1.504-1.516.

WHITTEMORE, R.; CHASE, S. & MANDLE, C. (2001). "Validity in qualitative research". *Qualitative Health Research*, 11 (4), p. 522-537.

WOLCOTT, H. (2003). "En búsqueda de la esencia de la etnografía". In: *Investigación y Educación en Enfermería*, 21 (2), p. 122-138.

_____ (1999). *Ethnography* – A way of seeing. Thousand Oaks, CA: Sage.

ZEA, L.E. (2016). *Una mirada histórico pedagógica a la intersección de los campos de la educación popular y la salud en Colombia* – Décadas de 1960, 1970, 1980. Medellín: Universidad de Antioquia.

3
Congruência epistemológica como critério fundamental de rigor na pesquisa qualitativa em saúde*

Denise Gastaldo

Este capítulo, como toda pesquisa qualitativa, está profundamente enraizado em um contexto e em um quadro teórico específicos; no meu caso, a realização e ensino de pesquisa qualitativa em ciências da saúde em países do norte e sul global e o trabalho dentro das tradições críticas, pós-estruturalista e pós-colonial da teoria social aplicada à saúde. Acredito que pensar o que constitui "qualidade" na pesquisa qualitativa depende da perspectiva dos pesquisadores[1] em termos disciplinares, de sua biografia, orientação teórica e filiação a visões específicas sobre os métodos e metodologias qualitativos (PEÑARANDA & BOSI, capítulo 2 desta obra; RAVENEK & RUDMAN, 2012). Uso, por exemplo, o termo "rigor", originário de uma concepção positivista da ciência, porque quero subvertê-lo e aumentar a aceitação da pesquisa qualitativa nas ciências da saúde, para que ela possa florescer e atingir seu pleno potencial como uma prática criativa, emergente e socialmente engajada de pesquisa. Em outras palavras, neste capítulo faço um uso político do termo "rigor", rejeitando a noção de "neutralidade social e política como condição de objetividade" (SANTOS, 2018: 6).

No Centro de Pesquisa Qualitativa Crítica em Saúde (Centre for Critical Qualitative Health Research de Toronto, também conhecido como

---

* Tradução de Marcus Penchel e revisão de Denise Gastaldo.
1. O plural no masculino e o singular no feminino serão utilizados neste capítulo para incluir a diversidade dos leitores e leitoras. Lamento não poder incluir termos de gênero não binários.

CQ), que dirigi até dezembro de 2018, temos o lema "Fazendo ciência de um modo diferente" ("Doing science differently") e me alinho pessoalmente com essa posição – no meu caso, "diferente" significa dar centralidade à axiologia e ao propósito de mudança social buscando equidade em saúde. Enquanto alguns cientistas sociais e da área de saúde que trabalham na interface dos dois campos têm problematizado e/ou descartado a ciência, abraçando perspectivas "pós" (inclusive concepções pós-científicas e pesquisa pós-qualitativa; cf. SEALE, 1999; ST. PIERRE, 2018), minha experiência acadêmica internacional me faz acreditar que devo problematizar a ciência, mas continuar sendo cientista para poder influenciar políticas e práticas na área da saúde (GASTALDO, 2012; 2018). Como exercício de reflexão, sugiro aos que realizam pesquisa qualitativa se perguntar se são cientistas e, em caso negativo, como definiriam a si mesmos e sua relação com a ciência.

No meu cotidiano como cientista, inspiro-me nas epistemologias do Sul para estabelecer limites para métodos e metodologias. Como Boaventura de Sousa Santos explica: "Diz um provérbio chinês que 'se o homem errado usa os meios certos, estes vão operar de forma errada'. Este provérbio contradiz as epistemologias do Norte. De acordo com as epistemologias do Norte, o método é praticamente tudo, enquanto a subjetividade de quem usa o método é praticamente nada; ou, pior ainda, a subjetividade é um obstáculo para o uso correto do método. As epistemologias do Sul são mais próximas do provérbio chinês, ainda que não desprezem as metodologias. Mas têm em mente todo o tempo que a construção social dos agentes em uma luta é um ato político que precede, excede e condiciona o uso das metodologias. Em outras palavras, as epistemologias do Sul resistem firmemente aos fetichismos metodológicos" (SANTOS, 2018: 136).

Trabalharei neste capítulo com uma definição de rigor que preserva seu princípio básico – a ideia de consistência – mas rejeita a origem vernacular latina da palavra "rigorem", que quer dizer rigidez (ou fetichismo metodológico ou metodolatria – CHAMBERLAIN, 2000; GASTALDO,

2012a). Ser rigorosa do meu ponto de vista disciplinar, teórico e metodológico quer dizer que sou crítica da ciência como abordagem que privilegia a produção de conhecimento segundo visões eurocêntricas que beneficiam econômica e socialmente o Norte global, mas ainda assim eu uso, adapto e crio métodos científicos com a intenção de produzir novo conhecimento para desafiar e criticar discursos dominantes excludentes e heranças coloniais excludentes. Assim, defino rigor como a prática consistente de examinar e documentar a fundamentação teórica, o propósito da pesquisa, as circunstâncias contextuais e as técnicas utilizadas para gerar e analisar dados, de modo que outros possam entender e criticar o processo e o conhecimento produzido. Esse compromisso reflexivo explícito não é rígido, mas consistente, guiado pelas premissas de pertencimento epistemológico da pesquisadora como, por exemplo, seu entendimento específico sobre o que considera ser ciência, qualidade, dados, informação e conhecimento.

Esse meu entendimento de rigor científico foi construído em diálogo mental ou real com autores anglo-americanos e brasileiros (muitos eu apenas li, mas nunca conheci) e de modo específico com colegas, pesquisadores e estudantes de pós-graduação ibero-americanos e canadenses em um contexto descrito por Norman Denzin (2008; 2009) como um "futuro fraturado" (sobre as nomenclaturas em pesquisa qualitativa, cf. BOSI, capítulo 4 desta obra). Por exemplo, Clive Seale (1999), numa perspectiva pós-moderna, influenciou meu pensamento com a noção de consciência metodológica: "A consciência metodológica envolve um compromisso de mostrar ao público do estudo o máximo possível sobre os procedimentos e evidências que levaram a conclusões específicas, permanecendo sempre aberto à possibilidade de que as conclusões podem ser revisadas à luz de novas evidências. O que não significa, porém, abandono da responsabilidade autoral em prol de uma mentalidade de que 'qualquer coisa vale'" (SEALE, 1999: X).

Ensinando estudantes de pós-graduação percebi, no entanto, a importância de nomear e descrever técnicas que eles pudessem utilizar de forma coerente em seus estudos para responder a critérios de rigor que figuram em avaliações roteirizadas (*checklists* utilizados pelas publicações científicas), tais como CASP (2019) e COREQ (2019). Também atentei para o fato de que alguns critérios têm lugar especial no imaginário qualitativo e nas listas. Considera-se triangulação, validação pelos participantes e saturação como a "santíssima trindade" do rigor em pesquisa qualitativa. Apesar da natureza objetivista dessas técnicas, uma tentativa de controlar a tendenciosidade ou viés da pesquisadora, uma justificativa para não usá-las é com frequência necessária, assim como o conhecimento de alternativas que sejam próprias das correntes críticas, interpretativistas ou pós-modernas.

Algumas estratégias dos cientistas da área da saúde para obter congruência epistemológica e o reconhecimento do rigor dos seus estudos por revisores incluem a capacidade de justificar a utilização de um único método em vez da triangulação de vários para a geração de dados (p. ex., várias entrevistas em profundidade com o mesmo participante em um estudo fenomenológico), descrever por que utilizar (ou não) a validação pelos participantes no contexto de uma metodologia específica (p. ex., o esclarecimento de pontos confusos durante uma entrevista é diferente da concordância dos participantes com a análise da pesquisadora) e ter outros conceitos para justificar a amostragem e decisões sobre quando parar a geração de dados (p. ex., utilizar o conceito de poder da informação; cf. MALTERUD et al., 2016; MARTÍNEZ-SALGADO, capítulo 6 desta obra).

Assim, minha abordagem flexível do rigor situa-se historicamente no "momento dos critérios de conexão", descrita por Ravenek e Rudman (2013) e discutida mais adiante. Isso significa examinar os fundamentos da investigação qualitativa para garantir que a pesquisadora faça o melhor uso possível das suas características centrais (critérios de rigor compartilhados), mas também tenha uma orientação teórico-metodológica explícita (critérios específicos de rigor). Assim, proponho que a congruência epistemológica[2] é o principal

---

2. Os termos "congruência, coerência e consistência teórica ou epistemológica" e "conexão teórico-metodológica" são geralmente usados como sinônimos, mas usarei sobretudo congruência epistemológica para falar do rigor em pesquisa qualitativa na área de saúde.

critério de rigor e, em pesquisa qualitativa de saúde, ele é caracterizado por uma localização teórica dupla que articula os fundamentos interpretivistas/construtivistas da investigação qualitativa (cf. BOSI, capítulo 4 desta obra) e uma teoria específica que permite uma contribuição significativa para o entendimento e, por vezes, a proposição de ações para a transformação social de situações relacionadas à saúde. Esse lugar epistemológico específico deve também permitir uma crítica metodológica robusta (EAKIN & MYKHALOVSKIY, 2003).

Por fim, este capítulo resume muitas conversas minhas com estudantes de pós-graduação ao longo dos anos, ao orientar estudos ou ensinar pesquisa qualitativa em ciências da saúde. Alguns pontos neste capítulo podem parecer básicos, mas os menciono intencionalmente para ajudar os novos pesquisadores a se envolver reflexivamente com a complexidade dessa forma de investigação. Afinal, qualquer um com pouco de experiência em pesquisa qualitativa em ciências da saúde já ouviu inúmeras vezes que "este é um estudo de entrevistas" (sem reconhecer que se trata de um estudo qualitativo), que "basta fazer três grupos focais e pronto" (como se a pesquisa qualitativa fosse simples) ou conhece revistas científicas que chamam a seção de metodologia de um artigo de "materiais e métodos". Mas, espero que este capítulo revele que não há nada de fácil em pesquisa qualitativa. O meu principal objetivo é mostrar alguns dos desafios para a criação de uma pesquisa epistemologicamente congruente e de qualidade e descrever potenciais estratégias de busca do rigor que são úteis para estudantes e jovens pesquisadores.

1 Os fundamentos da pesquisa qualitativa e sua história

A pesquisa qualitativa baseia-se no princípio da qualidade da informação (ao invés da quantidade). Essa forma de investigação pressupõe dados de alta qualidade e estratégias analíticas eficientes para que a pesquisadora crie uma nova compreensão do fenômeno, oferecendo uma sofisticada representação dos processos que constituem um fenômeno, um modelo explicativo ou um novo conceito. De um ponto de vista operacional, a pesquisa qualitativa pode ser definida como a capacidade de gerar e analisar dados de alta qualidade oferecendo uma interpretação original e teoricamente sustentada (sobre a presença criativa do pesquisador, cf. EAKIN & GLADSTONE, capítulo 7 desta obra).

A meu ver, para fazer isso de maneira consistente, três considerações são importantes para começar um estudo: (a) utilizar a pesquisa qualitativa para investigar *aspectos sociais da saúde, da doença e dos cuidados,* tais como normas culturais, relações de poder, interações sociais e significados; (b) entender a *história da pesquisa qualitativa* e de onde provêm as posturas metodológicas da investigadora; e (c) utilizar *teorias sociais* para pensar as dimensões sociais da saúde e da doença.

1.1 Estudar os aspectos sociais

> Os cuidados com a saúde e sua promoção são em larga medida moldados pela percepção das pessoas, as normas sociais e os padrões e práticas das organizações; todas essas questões são de natureza social e podem, portanto, ser estudadas qualitativamente (FACEY; GASTALDO & GLADSTONE, 2018, livro eletrônico.

A forma como concebemos a natureza do fenômeno estudado está no âmago da investigação qualitativa. Sabe-se que uma excelente contribuição dos pesquisadores qualitativos para as ciências da saúde é estudar questões relativas à saúde e doença partindo do ponto de vista das pessoas que vivem tal experiência. Por exemplo, as racionalidades biomédicas tendem a ser naturalizadas no sistema de saúde (p. ex., "todo mundo quer ser saudável"), excluindo outras racionalidades que explicam a não adesão a medidas preventivas (GASTALDO; HOLMES; ANTHONY & O'BYRNE, 2009). Assim, estudar um fenômeno a partir de uma perspectiva *êmica* representa potencialmente uma oportunidade de ampliar o entendimento e promover a crítica a um discurso dominante que comumente cria exclusão.

No entanto, o nosso entendimento da natureza social do fenômeno situa-se em perspectivas ontoepistemológicas das quais podemos não estar cientes, o que pode levar a formas bem diferentes de pesquisa. Por exemplo, dá-se uma ênfase excessiva ao conceito de experiência e ao método da entrevista na pesquisa qualitativa nas ciências da saúde, como se fosse fácil para os participantes da pesquisa explicar suas circunstâncias sociais, suas ações, ideias e sentimentos em relação a uma experiência específica (ALLEN & CLOYES, 2005). O mundo social é muitas vezes tido como dado e pedir às pessoas que falem sobre algo que para elas é prediscursivo (ou seja, sobre o que elas nunca pensaram a respeito ou não têm palavras para explicar o que sentem) não é a melhor forma de gerar riqueza de informação sobre os processos sociais (GAUNLETT & HOLZWARTH, 2006).

Outro aspecto a ser considerado é que as nossas concepções de subjetividade, linguagem, interações sociais e relações de poder são fundamentais na realização de entrevistas. Como explicam Allen e Cloyes (2005: 99), a fusão de experiência e conhecimento na pesquisa qualitativa "reforça ainda mais o conceito de subjetividade como acesso transparente a uma mente privada", uma visão positivista que pode chocar-se com os pressupostos ontoepistemológicos da pesquisadora (p. ex., que saber é poder, que há uma natureza política na participação em uma pesquisa ou que a entrevista é um desempenho). Para ilustrar a natureza social da pesquisa qualitativa e a importância de pensar sobre pressupostos ontoepistemológicos das técnicas, apresento na Tabela 1 algumas ideias propostas por Allen e Cloyes sobre experiência, linguagem e entrevistas.

Tabela 1 Citações selecionadas sobre como a experiência, a linguagem e as entrevistas são comumente concebidas na pesquisa qualitativa em saúde e a visão de David Allen e Kristin Cloyes (2005: 99-100)

Concepções usuais sobre experiência e linguagem	Metodologia e métodos de pesquisa
"Primeiro, usar a palavra experiência muda o foco de um fenômeno para um indivíduo. Segundo, o indivíduo é considerado como uma mente privada (MANSON, 2002). Isto é, declarações sobre a experiência são tomadas como relatos do que se passa na mente do indivíduo" (p. 99). "Portanto, o uso da experiência como evidência e a relação entre essa evidência e as conclusões do pesquisador reproduzem a mesma mudança não percebida entre indivíduos e eventos. Essa mudança [...] reflete um cartesianismo profundamente enraizado e em larga medida não problematizado" (p. 99). "(1) A linguagem é encarada como um espelho. Somos chamados a olhar 'através' da linguagem para captar o que está na mente dos participantes (RICHARD, 1996). Embora raramente explícita, nessa perspectiva a experiência é geralmente encarada como pré-linguística, como uma coisa que o sujeito 'interpreta' ou 'ex-pressa' (pressiona para fora) colocando-a sob a forma de linguagem; (2) os sujeitos são vistos como transparentes para si mesmos. Os pesquisadores tratam os participantes como se tivessem acesso direto e sempre preciso a suas próprias mentes e às experiências ali armazenadas (HOLLWAY & JEFFERSON, 2000). Essas visões estão ligadas ao (3) tratamento da entrevista como 'confissão'. Perspectivas confessionais incorporam noções tanto da linguagem como espelho quanto da autotransparência dos falantes" (p. 100).	"Tornar sacrossanta a experiência dos sujeitos e eliminar qualquer papel legítimo do pesquisador como intérprete e juiz coloca a pesquisa e o pesquisador firmemente no campo da revelação do conhecimento, em oposição à produção criativa. Um pesquisador mal usa habilidades científicas adquiridas para deixar os dados e os sujeitos 'falarem por si'" (p. 99). "Além disso, a maneira como as declarações em primeira pessoa são tratadas também revela um positivismo persistente: elas são tomadas como fatos incontestáveis. Essa incontestabilidade pode ser vista numa prática metodológica comum, que é o uso da 'validação por participantes' para validar a pesquisa. Nessa estratégia, várias formas textuais (transcrições, citações tiradas das transcrições, resumos, esboços de relatórios finais) são entregues aos sujeitos para ver se o pesquisador 'entendeu direito'. Geralmente não são adotadas quaisquer estratégias metodológicas para ver se os sujeitos 'entenderam direito'" (p. 99). "Ignorando-se os contextos históricos e sociais da entrevista como prática específica (e primordialmente ocidental), o que ocorre é que as entrevistas são implicitamente encaradas como meios naturais de dar a público mentes privadas" (p. 100). "Além disso, encaramos as entrevistas como complexos desempenhos sociais. As pessoas aprendem como ser entrevistadas e como entrevistar. [...] A entrevista de pesquisa pode ser encarada mais como uma estranha prática social, que requer várias apresentações formais, formulários de consentimento e ajustes à medida que o pesquisador e entrevistador vão descobrindo como fazer a conversa fluir (MISHLER, 1986)" (p. 100).

1.2 Fundamento histórico

Os cientistas sociais criaram a pesquisa qualitativa para estudar questões sociais no mundo real (investigação naturalista) há mais de 120 anos, desenvolvendo nesse processo metodologias e técnicas que desde então evoluíram e se tornaram em novas técnicas e abordagens metodológicas. Por exemplo, no capítulo 2, Peñaranda e Bosi mostram a evolução da etnografia, mas igualmente revelador é o desenvolvimento da teoria fundamentada entre as décadas de 1960 e 2000, fazendo alinhamentos tanto com a perspectiva positivista como com o construtivismo (CHARMAZ, 2009).

Em termos de rigor, Ravenek e Rudman (2013) propõem que houve quatro grandes períodos históricos na forma com que o rigor foi concebido em pesquisa qualitativa: critérios qualitativos como os quantitativos (1900-1970), critérios específicos por paradigma (1970-1990), avaliação individualizada (final da década de 1990 e início da seguinte) e critérios de conexão (dos anos de 2000 aos dias de hoje). Essas diferentes concepções de rigor de quatro períodos distintos coexistem atualmente, daí a necessidade de entender de onde provêm e como se relacionam as perspectivas ontoepistemológicas de cada pesquisadora. Se a validação por participantes e a auditoria se ligam ao primeiro período, a validade catalítica representa o quarto período, mas todas as três poderiam ser usadas no mesmo estudo, dependendo de como são definidas (RAVENEK & RUDMAN, 2013; ICPHR, 2013).

Atualmente, os critérios de conexão (critérios flexíveis para unificar trabalhos qualitativos que sejam também sensíveis a diversas abordagens teóricas e metodológicas) exigem exame detalhado da posição da pesquisadora do ponto de vista ontoepistemológico (RAVENEK & RUDMAN, 2013: 447). Vivemos um período estimulante, que dá à cientista a oportunidade de ser inovadora e desenvolver pesquisa qualitativa mas, simultaneamente desafiador, dada a variedade de abordagens e terminologias relacionadas ao rigor e o predomínio do movimento da prática baseada em evidências nas ciências da saúde, fazendo com que a avaliação sistemática se torne sinônimo de roteiros de avaliação (cf. EAKIN & MYKHALOVSKIY, 2003, para uma discussão sobre avaliação substantiva e roteirizada; cf. BOSI, no capítulo 4 desta obra, para uma discussão sobre terminologia).

1.3 Andaimes teóricos para sustentar o pensamento

Ainda que a teoria social dê apoio ao pensamento qualitativo acerca dos fenômenos sociais, os pesquisadores qualitativos da área de saúde encontram-se numa situação interdisciplinar peculiar entre as ciências da saúde e as ciências sociais que apresenta certos desafios específicos. Minha ex-professora e autora feminista, Dra. Guacira Lopes Louro, ensinou-me que se um estudo ou ensaio teórico é bom, ele se sustenta intelectualmente por si e os que leem o trabalho serão capazes de ver sua potência ontoepistemológica (GASTALDO, 2012). Como na construção de um edifício, essa maneira de pensar o rigor vê a metodologia como um andaime que pode ser removido ou minimizado porque a edificação intelectual se sustenta pela consistência, com todas as partes coerentemente conectadas. Essa é uma metáfora amplamente utilizada em ciências sociais que gera problemas para os que trabalham nas ciências da saúde (BERBARY & BOLES, 2014). Dado o predomínio do positivismo, os revisores de artigos submetidos às revistas científicas e os avaliadores de agências de financiamento usam roteiros de avaliação para definir se um trabalho acadêmico é rigoroso ou não. Por essa razão, os pesquisadores das ciências da saúde devem não apenas visar a congruência epistemológica, mas também demonstrar que a utilizaram, de modo que os andaimes empregados devem estar presentes nas seções de referencial teórico e metodologia.

Uma característica fundamental da pesquisa qualitativa é que ela é inseparável de suas origens nas ciências sociais (BRYMAN, 2004). No entanto, nas ciências da saúde, os estudos comumente carecem de uma orientação teórica explícita e são conduzidos com uma abordagem pragmática de "busca de soluções". Por exemplo, muitos pesquisadores qualitativos da área de saúde tendem a reduzir fenômenos sociais complexos a uma lista de fatores facilitadores ou barreiras (EAKIN, capítulo 10 desta obra), como se o mesmo fator não pudesse ser simultaneamente uma barreira e um facilitador, dependendo da intensidade. Embora seja amplamente aceito que "a teoria é parte integrante da prática da pesquisa qualitativa em saúde" (LIAMPUTTONG & EZZY, 2004: 13), persistem as divisões binárias e as teorias implícitas. Para ilustrar como os pesquisadores qualitativos "pensam com teoria", Meyer e Ward exemplificam no capítulo 5 como a teoria e a análise estão interligadas e Peter mostra no capítulo 9 como a teoria dá suporte ao pensamento ético na prática de pesquisa (JACKSON & MAZZEI, 2012).

Grosso modo, teoria é qualquer grupo de ideias que fornece um arcabouço explicativo para apoiar um projeto de pesquisa. É uma forma de ver que orienta a pesquisadora para uma determinada maneira de dar sentido ao projeto investigativo e ao conhecimento produzido. Na minha experiência, há quatro equívocos em ciências da saúde em relação à teoria. Primeiro, estudantes de pós-graduação que utilizam conceitos e modelos para orientar seus estudos muitas vezes têm grande dificuldade em identificar a origem dessas ideias em termos de correntes teóricas (p. ex., acesso aos serviços de saúde ou determinantes sociais da saúde). Segundo, alguns têm a ideia ingênua de que podem naturalmente entender as relações sociais sem necessidade de teoria social porque vivem na sociedade onde o estudo ocorre ou porque têm conhecimento clínico; isso equivale a dizer que, por ter sangue circulando no meu corpo, eu posso ser hematologista. Terceiro, alguns estudantes sentem-se intimidados pela extensão ou importância da obra de alguns autores (p. ex., Bourdieu, Foucault ou Freire) e limitam-se a utilizar seus resultados empíricos para corroborar o que os teóricos afirmaram – é o que eu chamo de abordagem "Foucault tinha razão". Por fim, muitos estudantes pensam que ao escolher explicitamente uma orientação teórica específica vão deixar de ver certas facetas do fenômeno que investigam; veem a teoria apenas como uma limitação do entendimento, não como uma forma de ter foco e uma possibilidade de aprofundamento.

Na realidade, uma teoria deve representar uma expansão do entendimento; ela representa uma série de conceitos sistematizados e inter-relacionados para melhorar a capacidade intelectual, mas também um limite – um limite desejável (cf. Tabela 2). Uma teoria é uma lente que permite aos pesquisadores destacar elementos de um fenômeno – por exemplo, no interacionismo simbólico: identidade deteriorada, condição de descrédito, estigma internalizado e apresentação ou mitigação de estigma (GOFFMAN, 1963; WEISS, 2008; SCAMBLER, 2009); ou no pós-estruturalismo: governamentalidade, biopoder, anátomo-política, biopolítica (FOUCAULT, 1981; GASTALDO, 1999; HOLMES & GASTALDO, 2002).

Através da teorização, conceitos são desenvolvidos para explicar um fenômeno, mas o entendimento de elementos-chave pode ser extrapolado para outros contextos. Por exemplo, o conceito de estigma foi criado por Goffman a partir do estudo de desvios de conduta criminalizados, mas tem sido útil para explicar a situação de muitos outros grupos, como pessoas com deficiências físicas, desempregados, fumantes e imigrantes. Pesquisadores que nomeiam suas teorias, que mostram conexões entre conceitos e definem para quais grupos e disciplinas estão contribuindo, criam uma localização intelectual própria, que chamo de "família epistemológica". Isso requer o reconhecimento por parte da pesquisadora de aqueles que a precedem e também de como a contribuição de seu estudo específico constitui um avanço no seu campo.

Na Tabela 2 apresento uma forma esquemática de pensar os níveis teóricos para orientar estudos qualitativos. Nem todos os sistemas teóricos se enquadram nesse modelo, mas muitos se encaixam e acho útil para os estudantes identificarem onde se situam, de conceitos a teorias.

Tabela 2 Hierarquia dos níveis teóricos em ciências sociais e da saúde

Níveis	Exemplos	Aplicação
Teoria, referencial teórico ou tradição teórica: Propõe uma forma sistemática de entender a sociedade, estruturas sociais, relações sociais e agência, no caso das ciências sociais. Também chamadas de teorias gerais ou abrangentes. Às vezes são uma combinação, como no caso do feminismo pós-estruturalista.	Marxismo, materialismo histórico, estruturalismo, teoria crítica, feminismo, teoria *queer* [do inglês "excêntrico, estranho, bizarro, incomum"; modalidade da teoria crítica que vê a identidade sexual ou de gênero como construção social (N.T.)], estudos críticos de raça, pós-colonialismo, descolonização, pós-estruturalismo, pós-modernismo, pós-humanismo, novo materialismo, fenomenologia, interacionismo simbólico e construcionismo social.	**Aplicação A**: Conceitos: poder, raça, gênero, orientação sexual e classe social Quadro conceitual: Interseccionalidade Tradição teórica: Teoria crítica **Aplicação B**: Conceitos: poder, conhecimento, discurso, subjetividade. Quadro conceitual: Medicalização. Tradição teórica: Pós-estruturalismo
Modelos, quadros conceituais e teorias de médio alcance: Bem--conhecidas nas ciências da saúde, essas teorias têm um escopo bem definido. Algumas são intimamente ligadas aos dados empíricos, outras visam propor estratégias de intervenção. Os modelos tendem a sintetizar elementos constituintes de um fenômeno e estabelecer como eles se relacionam.	Interseccionalidade, medicalização, estigmatização, modelo ecológico da saúde e determinantes sociais da saúde.	**Aplicação C**: Conceitos: poder, hegemonia, alienação, classe trabalhadora. Nenhum quadro conceitual. Tradição teórica: Marxismo.
Conceito: "Ideia genérica abstraída de casos particulares" (*Dicionário Merriam Webster Online*) que se relaciona a uma teoria geral e/ou quadro conceitual ou que foi incorporada à linguagem vernacular (é preciso diferenciar esses usos).	Classe social, gênero, orientação sexual, poder, alienação, hegemonia, estigma, estereótipo, identidade, subjetividade, *habitus* [sistema de disposições, percepções e reações sociais incorporadas pelos indivíduos (N.T.)], empoderamento, desvio, sofrimento moral, fadiga de compaixão.	**Aplicação D**: Conceitos: identidade, estigma internalizado, mitigação do estigma. Quadro conceitual: Estigmatização. Nenhuma tradição teórica explícita.

M. Bosi, co-organizadora deste livro, contou-me que utiliza um caleidoscópio para ensinar seus alunos a pensar na influência da teoria em um estudo. Os pedacinhos de vidro colorido permanecem os mesmos, mas as imagens diferem devido ao reflexo de diferentes combinações das peças no espelho. A teoria faz o mesmo – por exemplo, um estudo sobre cuidados do-miciliares para idosos no Canadá poderia enfatizar, a partir de uma perspecti-va pós-colonial, as trajetórias de cuidadoras imigrantes em busca de emprego e suas condições de trabalho (o setor tem uma presença marcante de mulheres imigrantes racializadas) ou, sob uma perspectiva feminista, como relações pa-triarcais condicionam o trabalho de cuidadoras no âmbito doméstico ou ainda, sob uma perspectiva fenomenológica, o significado da prestação de cuidados a pessoas dependentes. A natureza dos cuidados de saúde, o trabalho realizado cotidianamente, as relações com os pacientes e suas famílias, os aspectos de-safiadores e a satisfação com o trabalho poderiam ser tópicos comuns explo-rados nos três estudos, mas desde as questões iniciais da pesquisa até a análise dos resultados, as diferentes perspectivas teóricas influenciariam a maneira de gerar e analisar os dados, utilizando-se conceitos diversos – como vidas trans-nacionais, gênero ou corporeidade – para focalizar o estudo.

2 Critérios compartilhados: compromisso com o pleno potencial da pesquisa qualitativa

Situar-se em relação à história e aos fundamentos ontoepistemológicos da pesquisa qualitativa é, na minha opinião, repito, de extrema importância para o sucesso do engajamento com esse tipo de abordagem de produção do conhecimento. O passo seguinte para criar um estudo de alta qualidade é ter certeza de que a pesquisadora entende e utiliza judiciosamente as caracte-rísticas centrais da pesquisa qualitativa. Apresento aqui, de forma sumária, algumas ideias sobre essas características para ilustrar o potencial e as limi-tações que as mesmas apresentam para os estudos na área da saúde. São elas as ideias de captar perspectivas *êmicas*, criar conhecimento contextualizado e utilizar uma metodologia emergente.

Já mencionei a ideia de que a pesquisa qualitativa produz perspectivas *êmicas*. Esse conceito desenvolvido por antropólogos deve ser considerado em seu contexto disciplinar e histórico. Nas ciências da saúde é frequente-mente entendido como "dar voz" aos usuários do sistema de saúde, a seus familiares e aos profissionais com menos poder no sistema, tais como cuidadores e auxiliares de enfermagem – uma perspectiva baseada na teoria crítica. No entanto, pensar que a perspectiva *êmica* deve ser dominante em toda pesquisa qualitativa poderia ser visto como um argumento positivista em defesa da neutralidade do pesquisador que é "apenas um transmissor" das vozes dos indivíduos que compartilham uma experiência. Eu sugiro, em vez disso, pensar como a metodologia cria condições para que os pesquisadores aprendam e a comunidade expresse como seus membros atuam no cotidiano (perspectiva *êmica*) e que os pesquisadores se engajem em uma análise profunda da sua concepção do fenômeno (perspectiva *ética*), compreendendo como as duas perspectivas estão presentes e influenciam a metodologia.

Se não nos limitarmos a achar que a principal contribuição da pesquisa qualitativa em ciências da saúde é entrevistar indivíduos em condição de vulnerabilidade ou atores sociais tradicionalmente invisíveis, poderemos perceber também que *êmico* é o entendimento da forma de pensar de um grupo social sobre um fenômeno, suas perspectivas de ação e os efeitos que essa maneira de pensar e fazer tem para o grupo em uma instituição ou sociedade, identificando, por exemplo, como ele constrói a atuação coletiva ou resiste às injustiças. Um enfoque individualista do *êmico* ou um enfoque positivista do *ético* (como uma tentativa de controlar a subjetividade dos pesquisadores) podem ser muito problemáticos para a pesquisa qualitativa crítica. Os pesquisadores têm que pensar como esses conceitos vão se articular de forma coerente em seus estudos, tendo em mente que uma perspectiva *êmica* ou *ética* pode não ser adequada para estudos embasados em teorias que não compartilham o princípio ontológico de que os indivíduos são autônomos para tomar decisões sobre suas relações sociais, como é o caso de teorias pós-modernas e pós-humanistas.

De um ponto de vista interpretativo e crítico, uma das principais forças da pesquisa qualitativa é produzir conhecimento contextual (tida também, de uma perspectiva positivista, como uma de suas principais limitações). Na pesquisa qualitativa, nenhuma interpretação pode ocorrer fora do contexto social, o que inclui formas históricas, culturais e "formas políticas e econômicas de organização social" (MYKHALOVSKIY et al., 2018: 4). A pesquisa qualitativa é naturalista por natureza – é feita em ambientes naturais onde vivem e trabalham pessoas e esses cenários moldam e dão sentido ao conhecimento produzido. Na área de saúde, porém, muitos estudos qualitativos abordam precariamente o seu contexto, uma vez que se baseiam em entrevistas individuais afastadas do contexto comunitário ou dos ambientes institucionais; ou seja, como alertam Mykhalovskiy e colegas (2018: 4), temos que estar atentos para o "localismo" descontextualizado e a "ficção do 'individual'" sem conexões com as tendências socioeconômicas e culturais do seu contexto na pesquisa em saúde pública.

O ambiente, porém, não é o contexto. Em um estudo de Zaforteza et al. (2015), insisti como coautora que descrevêssemos o local no título do artigo: "Transformando um ambiente clínico *conservador*: estratégias dos enfermeiros de UTI para melhorar os cuidados prestados às famílias de pacientes com doenças graves através da pesquisa ação participativa" (grifo meu). Achava que o leitor devia ser informado de que o estudo era em grande parte moldado pelo fato de se tratar de um ambiente conservador, refratário a mudanças. Mas o contexto do trabalho envolvia vários outros aspectos: incluía uma história de premiação do hospital e seu setor de tratamento intensivo, uma compreensão comum do que constitui uma unidade de tratamentos intensivos, a falta de consenso sobre se o trabalho dos profissionais deveria, ou não, incluir cuidados às necessidades das famílias (e não apenas aos pacientes), árduas condições de trabalho, relações de poder entre os grupos profissionais (p. ex., o predomínio dos médicos na tomada de decisões), mas também tensões entre subgrupos (p. ex., enfermeiras que defendiam mudanças em oposição a outras favoráveis às práticas tradicionais); alguns participantes do estudo estavam dispostos a mudar várias práticas e normas consolidadas, mas tendo que negociar com a maioria conservadora a agenda que propunham através de um processo dinâmico, em que as pessoas em parte mudavam e em parte mantinham suas perspectivas e práticas.

Creio que uma forma produtiva de pensar sobre o contexto é a noção de "contexto social consequente", proposta por Holstein e Gubrium (2007: 279). Eles explicam que os pesquisadores devem investigar "os caminhos pelos quais os *comos* e *o ques* (e também os *quandos* e *ondes*) da interação constituem reflexivamente aquilo que pode ser construído em termos situacionais como contexto social consequente". Isso significa que o pesquisador deve ser capaz de examinar aquilo que é dado como certo, as práticas e trocas cotidianas em uma cultura para entender o que é feito, quando, como e por quem, de modo a descrever o contexto que tem consequências para a compreensão do estudo. No entanto, dependendo da orientação teórica que guia o estudo, essa pode não ser a melhor maneira de analisar o contexto. Mykhalovskiy et al. (2018: 4) propõem uma noção de contexto como "concepção de rede social sempre dinâmica e em processo", o que levaria a ver as relações como formações em rede em vez de enfatizar os papéis desempenhados pelos atores sociais.

Uma terceira final da pesquisa qualitativa é ter uma metodologia emergente. Muito trabalho preparatório e pensamento crítico são necessários para desenvolver qualquer projeto de pesquisa, mas até os pesquisadores mais preparados precisarão ajustar ou revisar elementos de seus estudos qualitativos à medida que vão se deparando com nuanças e aspectos inesperados do fenômeno durante o trabalho de campo. Portanto, a noção de *design* emergente não é uma desculpa para metodologias mal pensadas. Ao contrário, significa flexibilidade para rever a questão de pesquisa, adaptar o roteiro de entrevistas ou voltar ao Comitê de Ética para mudar a estratégia de recrutamento. Charmaz (2006: 25) explica assim o conceito de metodologia emergente na teoria fundamentada:

> Nós, pesquisadores qualitativos, levamos uma grande vantagem sobre os colegas de abordagem quantitativa. Podemos adicionar novas peças ao quebra-cabeças da pesquisa ou acrescentar quebra-cabeças inteiramente novos – enquanto coletamos dados – e isso pode ocorrer mesmo numa fase adiantada da análise. A flexibilidade da pesquisa qualitativa permite que você siga as pistas que surjam.

Refinamentos da metodologia na fase de geração de dados ou em qualquer outro estágio do processo de pesquisa só podem ocorrer se o pesquisador está constantemente refletindo sobre o desenvolvimento da metodologia e examinando de forma crítica alternativas para melhorar o processo. Aprendi, por exemplo, a não perguntar aos participantes de meus estudos sobre sua saúde nem mencionar que fui enfermeira, pois isso leva a maioria deles a descrever suas experiências como usuários do sistema de saúde. Em uma ocasião, depois de um grupo de discussão com mulheres imigrantes em Toronto, tive que revisar o roteiro da discussão porque as narrativas das participantes sobre "saúde" eram sobre "doenças"; a ideia de "saúde" não as remetia aos determinantes sociais da saúde de mulheres imigrantes – tema do meu estudo. Percebi, no entanto, que falar sobre o bem-estar, pertencimento e o que faz as pessoas se sentirem felizes produzia muito mais dados sobre o que tecnicamente chamamos de promoção da saúde.

Todos os recursos comuns da pesquisa qualitativa, incluindo os aqui descritos – captar perspectivas *êmicas*, criar conhecimento contextualizado e metodologia emergente – têm que ser considerados em relação à orientação ontoepistemológica do estudo. No entanto, deixar de lado a maioria dessas características colocaria em questão se o estudo proposto pode ser visto de fato como pesquisa qualitativa, seja por excesso de estruturação e controle ou, no extremo oposto, pela falta de estrutura e de elementos que definem sua qualidade.

3 Visão tradicional de rigor: técnicas e procedimentos

Denzin e Lincoln (2011: 2) falam das "políticas de evidência" que hoje dominam o trabalho científico no Norte global e em parte do Sul, dado um contexto cada vez mais conservador, injusto e neoliberal na economia do conhecimento. Nas ciências da saúde, essa visão da evidência traduz-se na produção de conhecimento aplicável universalmente, nitidamente oposta à pesquisa qualitativa, que tem especificidade contextual e com frequência desafia regras estabelecidas e problematiza intervenções (KONTOS & GRIGOROVICH, 2018; WEBSTER et al., 2019). Na situação atual, acredito que alguns pesquisadores pragmaticamente adotam noções tradicionais de rigor para obter financiamento e conseguir publicar seus estudos num mundo positivista (EAKIN, 2016; KONTOS & GRIGOROVICH, 2018).

Ao longo dos anos, tenho ouvido de pesquisadores qualitativos envolvidos em trabalhos inspiradores coisas do tipo: "deixamos de lado o referencial teórico para conseguir financiamento", "apenas mencionamos um modelo conceitual, só isso", "dissemos 'saturação de categorias' para poder publicar", "não havia espaço suficiente para explicar a metodologia num artigo de três mil palavras", "a posicionalidade dos pesquisadores pode ser vista como subjetividade, por isso não mencionamos". Quer dizer, na atual economia do conhecimento os pesquisadores qualitativos também aderem à "política do rigor", por vezes minimizando suas estratégias de congruência ontoepistemológica, outras vezes usando conceitos frouxos como o de saturação, sem definir o que significam no seu estudo, mas alegando que conseguiram aplicá-los.

Voltando à "santíssima trindade" do rigor – técnicas que os pesquisadores têm geralmente que mencionar se quiserem ver seus trabalhos publicados em revistas clínicas ou de políticas públicas – é importante entender que o prestígio das técnicas varia nas ciências da saúde e que, como vimos, os cientistas da área as aceitam estrategicamente, contribuindo para a reificação do predomínio de certas estratégias e desprezando a congruência epistemológica como princípio fundamental do rigor e a artesania exigida pela pesquisa qualitativa de qualidade.

Os estudos científicos devem mostrar o processo de produção do conhecimento (metodologia), por que razão são confiáveis (confiabilidade), de que forma as conclusões se relacionam à qualidade dos dados (validade) e sua utilidade potencial (generalizabilidade/transferibilidade), mas as formas como isso é feito variam muito em pesquisa qualitativa (dada sua artesania), podendo ser essa uma das razões pelas quais os pesquisadores da área de saúde permanecem tão ligados às origens históricas da pesquisa qualitativa, numa tentativa essencialmente positivista de controlar viés e subjetividade. Modifiquei uma lista criada por Ravenek e Rudman (2013) para mostrar essas técnicas tradicionais.

Tabela 3 Técnicas tradicionais de rigor, de origem positivista, para geração e análise de dados (adaptado de RAVENEK & RUDMAN, 2013)

Geração de dados	Análise de dados
• Amostra ampla ou randômica/não intencional. • Triangulação de métodos (p. ex., análise de documento, entrevista e grupo de discussão num mesmo estudo). • Auditoria (descrição detalhada de etapas/ atividades do estudo). • Validação por participantes (para checar a precisão da informação). • Incluir casos negativos.	• Codificação das transcrições sem saber quem é o participante. • Triangulação de fontes (análise de dados por vários pesquisadores para obter consenso e auditorias externas). • Saturação de categorias de análise. • Validação por participantes (para checar se os resultados centrais da análise são representativos das questões levantadas). • Comparar casos negativos.

Em vez de uma abordagem flexível do rigor, essa lista resume técnicas concebidas como "estratégias universais", independentemente da orientação teórica e metodologia adotadas pela pesquisadora. Como exemplo, a seguinte citação revela que a triangulação está enraizada na noção positivista de evitar viés por meio da utilização de múltiplas fontes. "Combinando uma variedade de observadores, teorias, métodos e materiais empíricos, os pesquisadores esperam superar a fraqueza ou preconcepções intrínsecas e os problemas que advêm de estudos com um método único, um único observador e uma única teoria" (*Wikipedia*, 2019). O que a citação não explica é como decidir qual é o melhor ou único relato verdadeiro quando os princípios teóricos são incompatíveis, os observadores discordam sobre o que é observado ou os métodos geram dados que não podem ser coerentemente articulados. A qualidade aqui é vista como a confirmação de múltiplas fontes entre si, sem levar em conta possíveis tensões uma vez que só a perspectiva positivista é considerada científica.

Nos últimos vinte anos, a saturação tem sido questionada e foram propostas alternativas à posição de centralidade que ocupa. Saunders et al. (2018: 1.893) afirmam que a saturação "é comumente vista como indicativa de que, com base nos dados coletados ou analisados até aqui, a coleta ou análise ulteriores são desnecessárias". Mas esse uso *pro forma* é caracterizado pela inconsistência metodológica e a falta de clareza conceitual – ou seja, o que está saturado? Umas poucas categorias centrais ou toda a análise? Se mais participantes fossem incluídos, não haveria nenhuma novidade a relatar? Como alternativa, Malterud e colegas (2016) propuseram trabalhar com o conceito de *poder da informação* para estimar o tamanho das amostras para obter dados de qualidade que expliquem um fenômeno. Sugerem que cinco elementos devem ser considerados nesse processo: o objetivo do estudo, a especificidade da amostragem, o uso de uma teoria definida, a qualidade do diálogo (para entrevistas) e a estratégia de análise (para detalhes, cf. MARTÍNEZ-SALGADO, capítulo 6 desta obra).

Quanto à validação por participantes, dizer aos integrantes da pesquisa para "checar" se os temas da entrevista estão adequadamente representados na análise coloca vários desafios raramente abordados na literatura (BIRT et al., 2016). Por exemplo, se o participante oferece novas informações sobre os temas apresentados, elas deveriam ser consideradas novos dados ou ignoradas? Se o participante discorda da análise da pesquisadora ou prefere destacar outro aspecto, a pesquisadora deve mudar a análise ou relatar entre os resultados a preferência do participante? Se este contradiz alguma informação dada anteriormente, deve-se manter as duas ou ignorar uma delas? As respostas a estas questões dependem da perspectiva teórica adotada pelo pesquisador. Se a checagem for uma estratégia contínua de verificação, poderia ser incorporada durante a geração de dados, nos momentos em que o pesquisador verifica se entendeu os comentários dos participantes ou faz resumos para confirmar com os integrantes de uma comunidade se eles partilham determinado entendimento. Mais uma vez, clareza conceitual e a descrição de como essas técnicas são operadas têm o potencial de criar congruência teórica.

4 Orientação teórico-metodológica como critério específico de rigor

Comumente, a pesquisa qualitativa realizada nas ciências da saúde não tem uma metodologia em particular. Os pesquisadores chamam seus estudos de "pesquisa qualitativa". Caelli et al. (2003) e Kahlke et al. (2014) chamaram essa metodologia de "pesquisa qualitativa genérica". Para avaliar esses estudos, elas propõem alguns critérios específicos de rigor a ser considerados. "Há uma necessidade e um lugar para a pesquisa qualitativa genérica – a questão é como realizá-la bem" (CAELLI et al., 2003: 4).

Tabela 4 Critérios de rigor na pesquisa qualitativa genérica, segundo Caelli et al., 2003

• O posicionamento teórico do pesquisador. • A congruência entre metodologia e métodos. • As estratégias para estabelecer o rigor. • A lente analítica com que os dados são examinados.

Nessa abordagem abrangente e básica do rigor, as autoras propõem que uma posição teórica explícita, a congruência metodologia-métodos e estratégias explícitas de rigor na geração e análise de dados são necessárias como suporte para que um estudo qualitativo genérico seja de qualidade (CAELLI et al., 2003). Argumentam que "apesar de que alguns métodos têm origem em uma metodologia particular, como por exemplo fazer que os participantes validem resultados, tais métodos podem ser importados pela abordagem genérica sem invocar a metodologia original, mas só na medida em que forem congruentes com a questão e o propósito da pesquisa" (CAELLI et al., 2003: 13). Em outras palavras, estratégias de verificação bem consolidadas em outras metodologias podem ser utilizadas ou adaptadas para se encaixar no posicionamento teórico de um estudo com metodologia genérica. Tal flexibilidade contrasta com critérios muito específicos de algumas metodologias, como a metodologia participativa em saúde apresentada abaixo.

Tabela 5 Rigor em pesquisa participativa em saúde, segundo Wright e Brito (ICPHR, 2013: 20)

• Validade participativa: Em que medida os participantes da pesquisa podem ter uma participação ativa no processo da pesquisa. • Validade intersubjetiva: Em que medida os participantes consideram a pesquisa confiável e importante sob diversas perspectivas. • Validade contextual: Em que medida a pesquisa se relaciona à situação local. • Validade catalítica: Em que medida a pesquisa é útil no sentido de apresentar novas possibilidades para a ação social. • Validade ética: Em que medida a pesquisa dá resultado e provoca mudanças sólidas e justas para as pessoas. • Validade empática: Em que medida a pesquisa aumentou a empatia entre os participantes.

No caso da pesquisa participativa em saúde, a publicação de Wright e Brito (ICPHR, 2013) utiliza critérios como empatia entre os membros do grupo, possibilidades para a ação social e credibilidade do projeto de pesquisa entre os participantes e interessados, o que só faz sentido no contexto de um projeto coletivo que vise mudança social. Nessa metodologia informada por princípios da teoria crítica (FREIRE, 1970; FALS-BORDA & RAHMAN, 1991), técnicas de rigor tradicionais como validação por participantes e saturação perdem o sentido uma vez que o conhecimento passa a ser construído coletivamente por todos os envolvidos em um processo dialógico para aprender a superar inequidades em saúde e produzir conhecimento para apoiar os participantes e outros na luta contra formas de opressão compartilhadas.

5 Congruência epistemológica como critério central de rigor em pesquisa qualitativa de saúde

Argumentei neste capítulo que a congruência epistemológica requer conhecimento em profundidade de uma teoria específica (autores-chave, relação entre os conceitos etc.), compreensão histórica da pesquisa qualitativa, conexões claras entre teoria, metodologia e métodos e o seu uso consistente em todas as fases do estudo. Quando adota a congruência epistemológica como critério de rigor, a pesquisadora adere a uma família epistemológica e estabelece parâmetros para a crítica intraparadigmática a serem utilizados na avaliação do estudo. Como Bev Taylor (2013) explica de forma eloquente, "[...] congruência significa ligar e conectar ideias, de modo que haja um fluxo discernível e um ajuste entre as ideias que surgiram ao longo de toda a pesquisa, desde as questões de pesquisa, propósito e objetivos, passando pelos métodos e processos de coleta e análise de dados, até os *insights* e implicações do estudo, que mostram a aplicação e a progressão de ideias 'fiéis' aos princípios fundamentais de uma metodologia" (TAYLOR, 2013: 5).

Na minha visão de pesquisa qualitativa (de saúde), rigorosa e flexível, proponho que se trabalhe dentro do campo científico, entendendo como a pesquisa qualitativa se relacionou ao positivismo em diferentes momentos de sua história de 120 anos, mas que suas origens estão em outra perspectiva paradigmática (cf. BOSI, capítulo 4 desta obra). Nessa compreensão historicamente situada do que constitui qualidade, acredito que os pesquisadores se beneficiariam ao aderir às características fundamentais ou transparadigmáticas da pesquisa qualitativa (entre as quais, discuti aqui a orientação teórica explícita, o conhecimento contextualizado e a metodologia emergente) e aos critérios de uma teoria específica (i. é, articulação entre teoria, metodologia e método), como os exemplos de abordagens genéricas e participativas (RAVENECK & RUDMAN, 2013).

Nessa noção de rigor, a pesquisadora é considerada o instrumento-chave para a geração e análise de dados. Por isso, sua preparação e sua "presença criativa" no estudo são de fundamental importância para a qualidade da pesquisa (cf. EAKIN & GLADSTONE, capítulo 7 desta obra). Proponho uma descrição explícita da posicionalidade da pesquisadora, não como uma confissão, mas um relato reflexivo que ajude os leitores a entender como a metodologia foi criada e se desenvolveu. Implícita nessa visão de congruência epistemológica está uma estratégia fundamental a ser desenvolvida ao longo de todo o estudo: a reflexividade. Como diz Seale: "Não há alternativa à apresentação das evidências que levaram a determinadas conclusões, oferecendo o detalhamento mais completo possível dos contextos em que se dão os relatos da pesquisa. Em última análise, os autores devem confiar na capacidade dos leitores de fazer seus próprios julgamentos" (SEALE, 1999: 177).

Em resumo, proponho dois passos para ajudar os pesquisadores iniciantes a pensar de que forma lidar com o rigor em ciências da saúde: (a) praticá-lo e (b) demonstrá-lo de acordo com determinada perspectiva teórica (cf. Tabela 6).

Tabela 6 Passos para a congruência metodológica para a pesquisa qualitativa em saúde

Praticar o rigor	Demonstrar o rigor
• Deixar explícitas as perspectivas teóricas e/ou conceituais ao longo do estudo. • Situá-la(s) dentro de um paradigma da pesquisa para estabelecer os limites epistemológicos com outras perspectivas teóricas. • Entender os princípios fundamentais da teoria adotada (pressupostos ontoepistemológicos). • Identificar os conceitos centrais na sua compreensão do fenômeno. • Utilizar esses pressupostos e conceitos para guiar as decisões metodológicas. • Considerar como os seus métodos refletem a teoria adotada. • Pensar o papel da pesquisadora e quem são os participantes de forma metodologicamente congruente. • Explicitar as implicações éticas dessas perspectivas.	• Escrever no estilo da perspectiva teórica/conceitual adotada. • Contextualizar as dimensões histórica, social, política, cultural e econômica do fenômeno. • Descrever como os pressupostos teóricos deram forma à "história do estudo" (metodologia). • Explicar as decisões metodológicas mais importantes tomadas ao longo do estudo. • Ilustrar como se usou a teoria para problematizar ideias tidas como naturais na área do estudo. • Explicar o papel da teoria na análise dos dados (abordagens dedutiva, indutiva e abdutiva). • Teorizar os resultados da pesquisa para que sejam transferíveis a outros contextos.

Num cenário acadêmico em constante mudança, os pesquisadores pós-humanistas e neomaterialistas estão se concentrando agora na ontologia e se afastando de um enfoque epistemológico, por isso a congruência epistemológica e o rigor não são de interesse para um grupo de pesquisadores qualitativos que desponta em outras disciplinas (ST. PIERRE, 2018). Já vários autores que são críticos das conexões entre ciência, capitalismo e neocolonialismo também criticam a "supremacia do método" que faz com que os pesquisadores pouco considerem os efeitos sociais da sua produção de saber (SANTOS, 2018). Como o acordo do que é considerado científico é produzido por grupos de estudiosos em momentos históricos específicos, minha proposta de produção de conhecimento nas ciências da saúde visa assegurar um espaço para a pesquisa qualitativa de qualidade, que pode ser defendida dentro da lógica dos paradigmas construtivista e crítico-social, rompendo com a tradição positivista, mas permitindo aos pesquisadores trabalhar dentro das ciências da saúde como cientistas que têm impacto em políticas públicas, programas, práticas clínicas e comunitárias.

AGRADECIMENTOS

Este capítulo é dedicado a todos os colegas que ensinaram pesquisa qualitativa em saúde comigo ou na mesma época que eu em outras disciplinas do currículo do Centro de Pesquisa Qualitativa Crítica em Saúde, na Faculdade de Enfermagem e na Escola de Saúde Pública da Universidade de Toronto (https://ccqhr.utoronto.ca/education/ e https://ccqhr.utoronto.ca/education/about-course-series/course-descriptions/). Ao longo dos anos, eles compartilharam comigo seus *insights* e leituras favoritas, súmulas de disciplinas e muita sabedoria. Por sua generosidade e apoio desde os primeiros anos (início da década de 2000), gostaria de agradecer a Jan Angus, Joan Eakin, Pat McKeever e Blake Poland. Mais recentemente, trabalhei com os seguintes colegas, a quem também quero reconhecer: Brenda Gladstone, Gail Teachman, Pia Kontos, Marcia Facey, Craig Dale, Anne Simmonds, Shiva Sadeghi, Shan Mohammed, Izumi Sakamoto, Margaret McNeil, Elise Paradis, Daniel Grace, Rupaleem Bhuyan e Clara Juando-Prats. Como diz o provérbio africano, "é preciso uma aldeia para criar uma criança" – e uma aldeia de acadêmicos e pesquisadores para criar uma professora de pesquisa qualitativa em saúde.

Referências

BERBARY, L.A. & BOLES, J.C. (2014). "Eight reflection points: Re-visiting Scaffolding for Improvisational Humanist Qualitative Inquiry". In: *Leisure Sciences*, 36 (5), p. 401-419.

BIRT, L.; SCOTT, S.; CAVERS, D.; CAMPBELL, C. & WALKER, F. (2016). "Member Checking: A Tool to Enhance Trustworthiness or Merely a Nod to Validation?" In: *Qualitative Health Research*, 26 (13), p. 1.802-1.811. Extraído de https://doi.org/10.1177/1049732316654870

CAELLI, K.; RAY, L. & MILL, J. (2003). "'Clear as Mud': Toward a greater clarity in generic qualitative research". In: *International Journal of Qualitative Methods*, 2 (2), p. 1-13. Extraído de http://www.ualberta.ca/~iiqm/backissues/2_2/pdf/caellietal.pdf (13 fev. 2019).

CHAMBERLAIN, K. (2000). "Methodolatry and qualitative health research". In: *Journal of Health Psychology*, 5 (3), p. 285-296. Doi: 10.1177/135910530000500306

CHARMAZ, K. (2009). "Shifting the grounds: Constructivist grounded theory methods". In: MORSE, J.M.; STERN, P.N.; CORBIN, J.; BOWERS, B.; CHARMAZ, K. & CLARKE, A.E. (eds.). *Developing grounded theory*: The second generation. Walnut Creek: Left Coast Press.

_____ (2006). *Constructing Grounded Theory*: A Practical Guide through Qualitative Analysis. Londres: Sage.

EAKIN, J. & MYKHALOVSKIY, E. (2003). "Reframing the evaluation of qualitative health research: Reflections on a review of appraisal guidelines in the health sciences". In: *Journal of Evaluation of Clinical Practice*, 9 (2), p. 187-194.

FACEY, M.; GLADSTONE, B. & GASTALDO, D. (2018). "Qualitative Health Research: An introduction" (cap. 1). In: CENTRE FOR CRITICAL QUALITATIVE HEALTH RESEARCH; FACEY, M.; GASTALDO, D.; GLADSTONE, B. & GAGNON, M. *Learning and Teaching Qualitative Health Research in Ontario*: A Resource Guide. Toronto: E-Campus. Extraído de http:// qualitativeresearchontario.openetext.utoronto.ca/ (10 abr. 2019).

FALS-BORDA, O. & RAHMAN, M. (eds.) (1991). *Action and Knowledge* – Breaking the Monopoly with Participatory Action Research. Nova York: Apex.

FOUCAULT, M. (1981). *The History of Sexuality* – 1: The Will to Knowledge. Londres: Penguin.

FREIRE, P. (1970). *Pedagogy of the Oppressed*. Nova York: Herder & Herder.

GASTALDO, D. (2018). *Theoretical congruence and rigour in qualitative research*. Centre for Critical Qualitative Health Research. Extraído de https:// youtu.be/BpgyxPx0RC8

_____ (2012a). "Ensinando pesquisa qualitativa em saúde no Canadá: Alguns avanços e novos desafios" [resposta ao artigo M. Bosi, Pesquisa qualitativa em saúde coletiva: panorama e desafios]. In: *Ciência & Saúde Coletiva*, 17 (3), p. 591-593.

_____ (2012b). "Pesquisador/a desconstruído/a e influente? – Desafios da articulação teoria-metodologia nos estudos pós-críticos. Prefácio a MEYER, D.E. & PARAÍSO, M.A. *Metodologias de pesquisas pós-críticas em educação*. Belo Horizonte: Mazza, p. 9-13.

_____ (1999). "Is health education good for you? – Re-thinking health education through the concept of bio-power". In: PETERSEN, A. & BUNTON, R. (eds.). *Foucault, Health and Medicine*. Londres: Routledge, p. 113-133.

GASTALDO, D.; HOLMES, D.; LOMBARDO, A. & O'BYRNE, P. (2009). "Unprotected sex among men who have sex with men in Canada: Exploring rationales and expanding HIV prevention". In: *Critical Public Health*, 19 (3), p. 399-416.

GAUNTLETT, D. & HOLZWARTH, P. (2006). "Creative and visual methods for exploring identities". In: *Visual Studies*, 21 (1), p. 82-91.

GOFFMAN, E. (1963). *Stigma* – Notes on the management of spoiled identity. Londres: Penguin.

HOLMES, D., & GASTALDO, D. (2002). "Nursing as means of governmentality". In: *Journal of Advanced Nursing*, 38 (6), p. 557-565.

HOLSTEIN, J. & GUBRIUM, J. (2007). "Context: working it up, down and across" (cap. 19). In: SEALE, C.; GOBO, G.; GUBRIUM, J.F. & SILVERMAN, D. (eds.). *Qualitative Research Practice*. Thousand Oaks: Sage.

ICPHR; WRIGHT, M. & BRITO, I. (2013). *What is participatory health research?* Berlim: International Collaboration for Participatory Health Research. Extraído de http://www.icphr.org/uploads/2/0/3/9/20399575/ichpr_position_paper_1_definition_-_version_may_2013.pdf

JACKSON, A.Y. & MAZZEI, L.A. (2012). *Thinking with Theory in Qualitative Research*. Nova York: Routledge.

KAHLKE, R. (2014). "Generic qualitative approaches: Pitfalls and benefits of methodological mixology". In: *International Journal of Qualitative Methods*, 13, p. 37-52. Extraído de https://ejournals.library.ualberta.ca/index.php/IJQM/article/view/19590/16141

MALTERUD, K.; SIERSMA, V.D. & GUASSORA, A.D. (2016). "Sample Size in Qualitative Interview Studies: Guided by Information Power". *Qualitative Health Research*, 26 (13), p. 1.753-1.760. Doi: 10.1177/1049732315617444

MYKHALOVSKIY, E.; FROHLICH, K.L.; POLAND, B.; DI RUGGIERO, E.; ROCK, M.J. & COMER, L. (2018). "Critical social science with public health: Agonism, critique and engagement". In: *Critical Public Health*. Extraído de https://doi-org.myaccess.library.utoronto.ca/10.1080/09581596.2018.1474174

SANTOS, B.S. (2018). *The end of the cognitive empire*. Durham: Duke University Press.

SAUNDERS et al. (2018). "Saturation in qualitative research: exploring its conceptualization and operationalization". In: *Quality and Quantity*, 52 (4), p. 1.893-1.907. Extraído de https://www.ncbi.nlm.nih.gov/pmc/articles/PMC5993836/

SCAMBLER, G. (2009). "Health-related stigma". In: *Sociology of Health & Illness*, 31 (3), p. 441-455. Extraído de https://doi.org/10.1111/j.1467-9566.2009.01161.x

SEALE, C. (1999). *The quality of qualitative research*. Londres: Sage.

ST. PIERRE, E.A. (2018). "Writing post-qualitative inquiry". *Qualitative Inquiry*, 24 (9), p. 603-608.

WEBSTER, F.; GASTALDO, D.; DURANT, S.; EAKIN, J.; GLADSTONE, B.; PARSONS, J.; PETER, E. & SHAW, J. "Doing science differently: A framework for assessing the careers of qualitative scholars in the health sciences". In: *International Journal of Qualitative Methods*, 18, p. 1-7. Extraído de https://journals.sagepub.com/doi/pdf/10.1177/1609406919838676

WEISS, M.G. (2008). "Stigma and the Social Burden of Neglected Tropical Diseases". In: *Plos Neglected Tropical Diseases*, 2 (5), p. 237. Extraído de https://doi.org/10.1371/journal.pntd.0000237

WIKIPEDIA (2019). *Triangulation (social sciences)*. Extraído de https://en.wikipedia.org/wiki/Triangulation_(social_science) (14 mai. 2019).

ZAFORTEZA, C.; GASTALDO, D.; MIRÓ, M.; BOVER, A.; MORENO, C. & MIRÓ, R. (2015). "Transforming a conservative clinical setting: ICU nurses' strategies to improve care for the families of critically ill patients through participatory-action research". In: *Nursing Inquiry*, 22 (4), p. 336-347.

4
Paradigmas, tradições e terminologias: demarcações necessárias

Maria Lúcia Magalhães Bosi

Introdução

Este capítulo desdobra reflexões que venho desenvolvendo visando ao adensamento do enfoque qualitativo e, em particular, ao fortalecimento da formação de pesquisadores no campo da saúde. Para além de um esforço de examinar a literatura sobre essa temática e explorar fontes de dados como empiria, o exercício aqui se funda na minha práxis como docente-pesquisadora, nesse enfoque específico, ao longo de mais de três décadas e deriva de desconfortos que me acompanham há vários anos. Em termos mais específicos, a discussão focalizará um desafio, ainda não suficientemente considerado na literatura, concernente aos planos ontológico, epistemológico e metodológico do enfoque qualitativo. O tema abrange um conjunto de aspectos conceituais relativos à questão das nomenclaturas e taxonomias sobre paradigmas e tradições teóricas, desdobrando-se na profusão de terminologias utilizadas no âmbito da pesquisa qualitativa. Interessa-me, como problemática específica, o que denominarei *codificação* na pesquisa qualitativa, tendo em vista seus efeitos sobre os processos de legitimidade do enfoque, na qualidade da pesquisa e, sobretudo, na formação de pesquisadores nesse domínio.

Embora ciente dos riscos impostos pela exiguidade de espaço ante a complexidade do objeto, o que me impede de recuperar integralmente os fundamentos filosóficos e teóricos inerentes à discussão aqui desenvolvida, decidi-me a visitar alguns aspectos não equacionados no debate atual no campo. Nesse escopo, configura-se um espaço de fortes dissensos e, a meu ver, elementos de fragilização da pesquisa qualitativa. Compartilharei reflexões sobre o enfoque qualitativo, referido ao contexto científico interdisciplinar, mas focalizando especificidades do campo da saúde, no qual o problema se amplifica. Nesta análise, dou sequência a reflexões anteriores (BOSI, 2012), nas quais já sinalizava a necessidade deste exercício e a quase absoluta lacuna na literatura sobre o tema, ainda que o problema se encontre mencionado (BOSI, 2012; PRASAD, 2005; TESCH, 1995; PATTON, 2002; MALTERUD, 2016, MERCADO-MARTINEZ et al., 2002; CRESWELL, 2007). Em um dos textos em que me refiro mais incisivamente à temática das nomenclaturas e taxonomias e a urgência de análises sobre a questão (2012), lanço mão de uma metáfora que ora retomo:

> Ao adentrar nessa discussão, sinto-me transportada ao mito bíblico da Torre de Babel, narrativa bastante conhecida do Antigo Testamento[1]. Dentre os significados desse intrigante mito, um deles me chama poderosamente a atenção: a alusão à diversidade de idiomas que separa a humanidade e que soa como metáfora do que pretendo comentar neste tópico (p. 578).

Qualquer um de nós ao ingressar na pesquisa qualitativa – e mesmo aqueles que frequentam esse âmbito há algum tempo – provavelmente se sentirá como os discípulos de Noé que, ao subirem a torre de Babel, se viram em meio a uma *confusão de idiomas*. A isso farei referência, ao longo deste capítulo, como *efeito Babel*. É fato que o âmbito da pesquisa qualitativa é marcado pela interdisciplinaridade, nutrido por vários referenciais e por conceitos complexos e interconectados, oriundos de teorias densas, de vários alcances. Envolvem distintas tradições teóricas e respectivas técnicas, admitindo um pluralismo metodológico (FROST et al., 2010). Contudo, cabe igualmente reconhecer serem necessários investimentos e uma reflexão aprofundada sobre a codificação da linguagem usada nessa abordagem. Reflexões, mais do que nomenclaturas, haja vista a profusão e a diversidade que já se verificam concernentes a terminologias e taxonomias, sem uma contrapartida em análises mais consistentes sobre o tema, voltadas aos fundamentos dessas proposições.

---

1. Gn 11,1-9. In: *Bíblia Sagrada* – Nova tradução na linguagem de hoje. São Paulo: Paulinas, 2005.

Urge considerar os efeitos dessa lacuna sobre a interdisciplinaridade e sobre a congruência ontoepistemológica requerida pelo enfoque, conforme discutida no capítulo 3 deste livro. Mais do que isso, cabe analisar os desdobramentos na formação de pesquisadores qualitativos na saúde, face à expressiva dificuldade de iniciação nesse enfoque. Sabemos que um número crescente de pesquisadores no campo da saúde vem adotando em seus estudos o enfoque qualitativo, em compasso com a sua notável expansão nas últimas décadas. Contudo, muitos ainda o fazem sem uma compreensão densa das âncoras que sustentam suas abordagens, nos planos ontológico, epistemológico e metodológico.

Quanto a isso, cabe assinalar que, no campo da saúde, estudantes ingressos em formações em pesquisa qualitativa e mesmo os novos pesquisadores/docentes provêm de distintas formações na saúde e em outros campos, nos quais, *grosso modo*, o ensino do enfoque qualitativo é ausente ou muito rudimentar, notadamente quanto à teoria social ou às bases epistemológicas da investigação. Para os docentes dedicados à formação nesse enfoque, isso implica responder a uma série diversificada de demandas, não restritas àquelas de caráter instrumental. Outro aspecto decisivo é a formação e a bagagem epistemológica dos próprios docentes, ou seja, a "formação dos formadores", haja vista não contarmos, em especial na região ibero-americana, com formações estruturadas em pesquisa qualitativa em escala equivalente ao que ocorre com outras abordagens de pesquisa em saúde, como a clínica e a epidemiológica (BOSI, 2012; CHAPELA, 2018).

Longe de oferecer um modelo fechado ou uma solução definitiva para a complexa questão em tela, meu objetivo neste capítulo é desdobrar o que eu vinha até aqui apenas sinalizando em minhas publicações. Ousar uma construção, ainda que preliminar, e compartilhar a sistematização a que cheguei e adoto nos cursos que ministro. Almejo, sobretudo, deixar um consolidado para posteriores críticas e reconstruções, explicitando, na medida do possível, o itinerário reflexivo e analítico que me conduziu às indicações que aqui farei.

Sobre a pesquisa qualitativa em saúde

No que concerne ao que denomino *pesquisa qualitativa,* recupero uma acepção bem simples já tratada em publicações anteriores nas quais demarcamos qualidade/qualitativa na interface com a intersubjetividade (UCHIMURA & BOSI, 2004; BOSI & UCHIMURA, 2007; MERCADO-MARTÍNEZ & BOSI, 2010). Ainda que possa parecer dispensável, tal delimitação é ainda necessária no campo da saúde, face os mal-entendidos que o verbete qualidade (qualitativa) envolve, notadamente, por sua "multidimensionalidade intrínseca" (UCHIMURA & BOSI, 2004) levando a usos indevidos. A referida adjetivação [qualitativa], no âmbito da pesquisa científica, caracteriza aquelas cujos objetos exigem respostas não numéricas, pelo fato de tomarem como material a linguagem e processos de subjetivação em suas várias formas de expressão – ou seja, material qualitativo. Implicam *fundamentalmente* interpretação e, como veremos, um conjunto de axiomas que rompem com o realismo/positivismo como paradigma.

Quanto à *saúde,* contexto em que se move a construção deste livro, é preciso reconhecê-la, sobretudo, como um *campo,* conceito que encontra uma definição estratégica na teoria dos campos sociais transversal à obra de Pierre Bourdieu (1983; 1997), na qual *campo científico* corresponde a um *"espaço de luta concorrencial no qual o que está em jogo são os monopólios da autoridade científica [...] e da competência científica [...] socialmente outorgadas".* Esse aspecto **é** de particular importância na discussão sobre paradigmas e evidencia a importância do fortalecimento da tradição qualitativa.

> Devido à expansão do pensamento orientado pelo iluminismo, do método científico e das crenças positivistas inerentes aos métodos estatísticos, às vezes há necessidade de uma terapia quantitativa para entender as habilidades e vantagens da pesquisa qualitativa. Chamamos isso de terapia quantitativa porque é um processo de confrontar uma mentalidade fixa em torno da criação de conhecimento onde o positivismo relacionado a métodos quantitativos ocupou um espaço mental concreto (COLLINS, 2018: 6).

No campo científico não prevalece uma lógica imanente de evolução científica pela superação de enunciados, conforme certas leituras idealistas propugnam, ou seja, uma harmonia entre paradigmas efetivamente opostos. Em realidade, no que concerne à pesquisa qualitativa, o que se observa, notadamente no campo da saúde, é uma disputa acirrada em torno de reconhecimento e legitimidade desse enfoque, num campo ainda hegemonizado pelo paradigma positivista (conforme discutido por Eakin no capítulo 10 desta obra). Tal fenômeno ultrapassa disputas fundadas no princípio da argumentação mais consistente, produzindo, *grosso modo*, acumulação de capital simbólico desdobrado em capital econômico (BOURDIEU, 1983; 1997). O predomínio do paradigma positivista – quando não monopólio – em revistas, financiamentos, posições em esferas decisórias e outras formas de capital científico e simbólico, ou seja, mediante dispositivos que operam como mediadores na determinação do padrão-ouro em ciência, consoante a minuciosa análise da economia do campo exercitada por Bourdieu. *Campo* é, portanto, um conceito que devolve ao espaço científico sua dimensão política, revelando-se, assim, fortemente estratégico para entendermos sua "economia interna" e não pode ser abstraído em discussões epistemológicas sob uma perspectiva crítica.

Assim, se é fato que a pesquisa qualitativa vem crescendo como orientação no âmbito científico e no campo da saúde, isso não significa legitimidade ante outros modelos e, menos ainda, hegemonia desse enfoque. É preciso reiterar que apesar do crescimento e reconhecimento alcançados, o enfoque qualitativo ainda se depara com vários desafios para a afirmação plena do seu estatuto no campo científico ante o paradigma dominante, sendo talvez o campo da saúde o espaço mais desafiador. Além dos problemas de reconhecimento na disputa com o paradigma positivista, cabe assinalar igualmente a desqualificação dos pesquisadores qualitativos em saúde, ante seus pares das ciências humanas e sociais. Como se a pesquisa qualitativa em saúde não pudesse alcançar o estatuto de qualidade desse campo. Temos, assim, um duplo confronto que exige qualidade e rigor.

Muitos elementos já vêm sendo interrogados por diversos autores no debate dessa abordagem (e do estatuto das ciências humanas e sociais) ante o paradigma positivista, ao lado da crítica aos parâmetros avaliativos em ciência, na contemporaneidade (LUZ, 2005; ROCHA-E-SILVA, 2009; DENZIN, 2009; METZE, 2010, GASTALDO & BOSI, 2010; BOSI, 2015; CAMARGO JR., 2010; 2013). Igualmente se reconhece que a pesquisa qualitativa, em especial na saúde, demanda análises que possam fortalecê-la. Tomando como analogia a comunidade de pesquisadores qualitativos como uma "corporação profissional", parece também neste caso prevalecer o que Freidson (1970) – refletindo sobre profissionalização – localiza como núcleo da autonomia e reconhecimento de um grupo: a base cognitiva que sustenta sua práxis ante as demais corporações com que disputa hegemonia, cujas, densidade, congruência, legitimidade interna e amplitude importam. Nesse sentido, ganha realce o que analiso neste capítulo concernente à codificação, à sistematização da base epistemológica da pesquisa qualitativa em saúde que inclui: o que se concebe como *paradigmas;* nomenclaturas ou terminologias utilizadas; taxonomias adotadas; fundamentação do que abordaremos como *tradições,* dentre outros temas.

Na literatura especializada e nos vários espaços nos quais se apresenta a práxis da pesquisa qualitativa, observo muita dispersão, imprecisões, fragilidades e, sobretudo, dissensos quanto a esses tópicos. E as bases das proposições, conforme veremos, carecem de rigor em pontos centrais, desdobrando-se numa multiplicidade de rótulos e nomenclaturas, muitas vezes, sem a correspondente sustentação teórica e epistemológica. Cabe ainda realçar que muitos termos circulam na literatura inglesa sem serem empregados ou sequer reconhecidos nos textos ibero-americanos. Ou seja, nomeia-se de forma distinta dependendo da região em que se inscreve o pesquisador ou autor. Esses aspectos somados compõem um elemento complexo e decisivo para a consolidação do enfoque qualitativo, reforçando questionamentos sobre sua legitimidade, sem mencionar os obstáculos dialógicos e pedagógicos que acarretam.

Evidentemente, como já assinalado, devemos reconhecer que a diversidade de disciplinas que sustentam a abordagem qualitativa impede a defesa de uma homogeneidade na linguagem do enfoque, neutralizando sua origem interdisciplinar. Mas é preciso também nos indagar:

- Qual a congruência entre a "pluralidade de idiomas" e a diversidade epistemológica e disciplinar?

- Que propostas de paradigmas norteiam a pesquisa qualitativa (em saúde)?

- O que se entende por *paradigmas* de pesquisa qualitativa?

- Quais seus fundamentos?

- Como vem se legitimando a nomenclatura no enfoque qualitativo?

- Qual o "grau" de consenso entre as várias proposições?

- Quais os efeitos na interdisciplinaridade pretendida por essa tradição?

- Que desdobramentos são observados na pedagogia relativa a esse enfoque?

Por fim: Justifica-se tal diversidade ou devemos investir em alternativas que possam facilitar o diálogo não apenas entre as disciplinas, mas dentro da comunidade qualitativa? Haveria ganhos se nos detivéssemos em localizar o que há de comum em lugar de multiplicar nomenclaturas, por vezes devidas a diferenças mínimas que não as justificam?

Acerca dos paradigmas em pesquisa qualitativa (PQ)

Uma rápida busca à bibliografia sobre pesquisa qualitativa revelará uma vastidão de propostas voltadas a taxonomias concernentes a *Paradigmas*. Assim é preciso, logo de início, salientar que uma demarcação clara dos diversos entendimentos sobre paradigmas em PQ é um exercício de grande complexidade. Isso se deve a quatro dificuldades centrais que cabe assinalar:

1) A primeira se refere à própria definição do termo *paradigma* cujo emprego se estende do senso comum a vários domínios e campos disciplinares. Também no âmbito da pesquisa qualitativa, como veremos, "este emprego generalizado do termo está longe de indicar uma unanimidade de apreensão do significante" (JANEIRA, 1972: 633).

2) Decorrente do que acabo de afirmar, não se observa precisão no emprego do termo/conceito. Isso tanto nos textos onde o mesmo é utilizado

quanto nos casos em que propostas de paradigmas figuram sob outras etiquetas: "posturas", "teorias do conhecimento", "enfoques"; "tipos de pesquisa", "tradições", "epistemologias"; "meta-tradições", "orientações metodológicas", "pressupostos filosóficos", dentre outros.

3) Na maioria dos casos, não se reconhece o *princípio organizador* das taxonomias, ou seja, a partir do que se decide que ali temos um *paradigma*, ou três, quatro. Observam-se fragilidades, a começar pelo uso quase de senso comum do termo, desdobrando-se na não sustentação das proposições de paradigmas de pesquisa qualitativa que diferem flagrantemente.

4) Finalmente, o que me parece mais relevante: mesmo quando os critérios são claros, não se distingue rigorosamente *paradigma* de *teoria*, ou metodologia, resultando em muitas imprecisões, pois se misturam os planos ontológico, epistemológico, metodológico, axiológico e teórico, dentre outros.

Sustento que a construção de taxonomias sobre paradigmas ou sobre qualquer objeto/ fenômeno exige rigor no emprego da conceituação do que se está classificando. De forma bem clara: se pretendo construir uma taxonomia de répteis, preciso antes definir o que concebo como réptil. E partir de elementos que podem discriminar répteis das demais espécies animais. O mesmo deve se dar em relação a *paradigmas* de pesquisa face os demais termos/conceitos. Isso me leva a iniciar a discussão de paradigmas em pesquisa qualitativa pela demarcação do conceito que me orienta, evidentemente, admitindo outras perspectivas que, eventualmente, poderiam levar a proposições diferentes, mas a ideia central é delimitar o conceito.

No senso comum, o termo *paradigma* se refere a "um exemplo que serve como modelo" (HOUAISS, 2009: 1.429). Por sinonímia: arquétipo; padrão; norma; regra; parâmetro; forma como vemos as coisas. Palavra em moda, difícil identificar um domínio em que não penetrou, sob um desses significados ou outros correlatos: paradigma de mercado; paradigma da qualidade; paradigma de educação; paradigma de bem-viver; paradigma consciencial, paradigma holístico... os usos se multiplicam, tendo como significado básico "modelo".

Já na literatura científica, *grosso modo*, atribui-se o conceito à obra polêmica *A estrutura das revoluções científicas* (1962) de autoria de Thomas Khun, importante historiador da ciência, considerada como ancoragem para o uso do termo como conceito ou noção em vários domínios, das ciências naturais às humanidades. Quanto a isso, é interessante assinalar que tanto as incorporações são imprecisas quanto o texto de referência de Kuhn na demarcação do conceito (SCHWANDT, 2015). Talvez a análise mais impactante do que ora sinalizo seja a de Masterman que em seu famoso texto *A natureza do paradigma* (1979) assinala 21 significados distintos de *paradigma* na obra de Khun. Não obstante, a grande maioria aponta apenas um deles, como se o sentido no texto fosse unívoco e coincidente com o uso de senso comum, em geral designando um conjunto básico de crenças que guiam a ação (CRESWELL, 1997; GUBA, 1990). Como se vê, definição pouco útil para embasar taxonomias.

O fato é que, ao adotar distintas acepções, sobretudo ao se aproximar do senso comum, a literatura se refere a elementos diversos, resultando, não raro, na fragilização do valor estratégico do conceito para fins de demarcações mais precisas. Quando um conceito se mostra impreciso, há consequências em sua operacionalização. Concordando com Moysés (2006: 21), "o uso da 'palavra' paradigma como vocábulo incorporado à língua não significa necessariamente aderência ao desenvolvimento histórico-teórico dado ao 'conceito' kuhniano de paradigma". Parece ser esse o caso de muitas das proposições no domínio da pesquisa qualitativa: No caso dos textos mais clássicos – *Handbooks* e manuais sobre pesquisa qualitativa (em saúde), nos quais constam propostas de *paradigmas* de pesquisa qualitativa, a obra de Khun sequer figura na bibliografia na quase totalidade deles e não se lhe atribui a origem do conceito. Paradigma é um termo "solto" nessas obras, que se confunde com outros e se constrói a partir de elementos diversos, pouco demarcados, dando origem a vários problemas, como veremos adiante.

Não obstante eu adotar o termo *paradigma*, reconhecendo a origem do conceito e também as imprecisões na obra de Kuhn, não me deterei às definições abstratas localizadas sobre esse termo. Faço-o, não devido às imprecisões assinaladas, mas por julgar tais definições insuficientes para nossos propósitos. Ainda assim, optei por não abandonar o termo *paradigma* na análise aqui desenvolvida, não somente pelo seu amplo emprego na literatura sobre pesquisa qualitativa, mas, sobretudo, por acreditar na sua utilidade para o que aqui intenciono, se exercitada outra ordem de demarcações.

Uma análise abrangente de paradigmas ou epistemologias na ciência extrapolaria os limites deste capítulo. Contudo, é importante sinalizar que na literatura figuram discussões sobre paradigmas científicos e paradigmas de pesquisa qualitativa e há dificuldades na transposição, observando-se inconsistências nessa passagem. De modo a analisar distintos esforços e taxonomias relativos a "paradigmas em pesquisa qualitativa", para não recair no problema da imprecisão, senti necessidade de uma conceituação de outra natureza. Aqui se aplica a observação de Otaviano Pereira (1995) "só a etimologia da palavra [...] não abre espaço para que possamos compreendê-la além do âmbito da pura abstração" (p. 8). O que entendo como um *paradigma*? Qual conceito será aqui operacionalizado na análise das taxonomias? Como retirá-lo da "pura abstração"?

Refletindo sobre como responder a essas questões, mais do que subscrever uma definição abstrata, dentre as várias disponíveis, tanto na obra de Kuhn como na literatura, interessa-me aqui identificar *o que caracteriza* um paradigma. Diferença sutil, mas importante. Aderindo ou não a uma definição precisa, acredito ser fundamental esclarecer quais elementos estão na base das propostas e justificá-los. Como analisar a coerência das taxonomias e proposições de "paradigmas em pesquisa (qualitativa)" sem um investimento que recomponha o que subjaz ao conceito e o estrutura?

Kuhn se refere a paradigma como algo que conjuga uma construção "sem precedentes para atrair um grupo duradouro de partidários" e "suas realizações suficientemente abertas [permitindo que] toda espécie de problemas fosse resolvida pelo grupo redefinido de praticantes de ciência" (2017: 72). Dentre os vários significados que circulam na literatura inspirando-se em Kuhn, figura como definição mais geral: "Conjunto de pressupostos inter-relacionados sobre o mundo social que fornece uma estrutura filosófica e conceitual para o estudo organizado desse mundo" (PONTEROTTO, 2005: 127). Conforme já indicado, a maioria dos autores incorpora essa abstração ao trasladar o conceito para o âmbito da pesquisa qualitativa. Portanto, para fins da análise aqui desenvolvida, optei por ultrapassar esse plano e explicitar o que caracteriza um paradigma voltando-me, como já aludido, para sua *constituição ou natureza*. Sobretudo, para distingui-lo de outros termos empregados na pesquisa qualitativa, notadamente, teoria, metodologia, método e técnica, não raro, empregados de forma imprecisa. Nesse sentido, me aproximo da definição de Malterud (2016) que não obstante reconhecer a contribuição de Khun, desliza de definições genéricas para outra mais "constitutiva":

> O conceito de paradigma, se tomado de forma mais precisa, é mais geral do que o que concebemos como teoria. **Paradigma se refere a princípios ou suposições mais gerais** concernentes à visão de mundo e ao conhecimento e não se aplica apenas a um [...] campo disciplinar. Paradigma **engloba ontologia, bem como epistemologia**. Ontologia refere-se à natureza do ser [ou fenômeno] ou como as coisas essencialmente são, enquanto epistemologia concerne à natureza do conhecimento [...]. Esses dois domínios são logicamente entrelaçados – como eu entendo o mundo determina a adequação do enfoque. A congruência entre ontologia e epistemologia é, portanto, essencial em pesquisa (p. 122, grifos meus).

Quero chamar a atenção para os dois elementos demarcados por Malterud no seguinte trecho do excerto acima: "Paradigma engloba ontologia, bem como epistemologia". Um paradigma guia o pesquisador nas direções filosóficas sobre a pesquisa que incidem na seleção das tradições teóricas, instrumentos, participantes e procedimentos usados no estudo. Um exemplo torna mais clara a definição: No paradigma positivista, a universalidade do método unifica a prática da ciência, mediante conhecimentos que excluem imprecisões e ambiguidades; os fatos são observáveis, preferencialmente por experimentos replicáveis; há separação pesquisador-objeto (objetividade); distinção entre fato e valor; ideia de ciência como verdade; enunciados generalizáveis (leis). Já no paradigma interpretativo (também denominado construtivista nos textos sobre pesquisa qualitativa) assumem-se "realidades" como construções; significados negociados entre os atores implicados; "presença criativa do pesquisador" (cf. a respeito EAKIN & GLADSTONE no capítulo 7 desta obra); impossibilidade da neutralidade que se converte em reflexividade; articulação com contexto social e "verdades" [no plural] como aproximações.

No Quadro 1 fica mais claro o contraste radical entre os dois paradigmas e a franca oposição em termos ontoepistemológicos:

Quadro 1 Caracterização ontoepistemológica dos paradigmas positivista e interpretativo

Paradigma positivista	Paradigma interpretativo
☐ Realidade em si	☐ Múltiplas realidades coconstruídas
☐ Neutralidade	☐ Reflexividade e "presença" do pesquisador
☐ Objetividade	☐ Intersubjetividade
☐ Fatos	☐ Fenômenos sociais
☐ Descontextualização	☐ Contextos sociais específicos
☐ Busca da "verdade"	☐ Verdades como aproximações/perspectivas

Fonte: Construção da autora

Tomo a já aludida definição de Malterud para argumentar que é nesses dois níveis (ontológico e epistemológico) que um paradigma é demarcado e se distingue, como veremos, de teoria e outros termos vinculados à pesquisa científica. A (in)distinção entre paradigma e teoria, como demonstrarei, traz consequências decisivas para taxonomias relativas a paradigmas. Essa é uma primeira diferenciação estratégica a ser explicitada para a análise aqui desenvolvida e as proposições dela decorrentes. Paradigma é um conceito situado em elevado grau de abstração – ontológico e epistemológico. Diferentes filosofias fornecem as bases do enfoque qualitativo, correspondendo ao que "teorias matemáticas e lógicas fornecem [...] para métodos estatísticos e epidemiológicos" (MALTERUD, 2016: 123).

Localizei muitos esforços no sentido de delimitar paradigmas em pesquisas qualitativas. Os exemplos são muitos, as propostas diversas. A maioria incluindo os planos ontológico e epistemológico característicos de um paradigma – tal como indicamos – *mas* articulados *e no mesmo nível* – com vários outros planos ou "itens" (GUBA & LINCOLN, 2005; MONTERO, 2002), por exemplo: teórico-metodológico, axiológico, político. Esses planos operam como critérios introduzindo uma série de dificuldades. Isso porque se misturam elementos que devem ser diferenciados, levando a que não se alcance clareza sobre o que é um paradigma, como o mesmo se distingue de teoria, acentuando o *efeito Babel*.

Um paradigma, usando o termo do modo como ora exercito e se aproxima de paradigma em ciência, não se define na conjunção de todos esses planos indiferenciadamente. Sua operacionalização em pesquisa, evidentemente, por ser uma prática social, sempre envolve valores, metodologias, técnicas. Mas não se pode, por exemplo, adotando o axiológico como critério de demarcação de um paradigma, postular *a priori* o princípio de que um paradigma positivista é menos ético do que o interpretativo. Ou que o positivismo está "a serviço da ordem social dominante" e o interpretativo (por extensão, a pesquisa qualitativa) é intrinsecamente "crítico" ou "emancipador", como muitas vezes se lê, ou se ouve dizer, equivocadamente, no campo da saúde, da educação, e outros. Esses atributos não pertencem ao paradigma, mas ao *corpus* teórico e, mais importante, sua operacionalização rigorosa em contextos concretos. Assim, como início de esforço, é necessário adotar pontos de partida comuns de modo a esclarecer as terminologias que iremos usar e organizar os modelos ou propostas. E, sobretudo, dentre a pluralidade de critérios, itens e dimensões, selecionar aqueles que efetivamente demarcam um *paradigma*.

Essas dificuldades me chamaram a atenção em praticamente todas as propostas que analisei, e inseri algumas como exemplos no Quadro 2. Cabe mencionar a existência de exceções em que os autores se ocupam de uma demarcação mais precisa do termo paradigma antes de propor taxonomias. Não por acaso, correspondem às propostas onde não se verifica multiplicação de paradigmas. Ocorreu-me, assim, que seria necessário problematizar a precisão do conceito.

Retomando o que destaquei há pouco, um paradigma se distingue de outro mediante rupturas nos planos ontológico e epistemológico. E como elementos discriminadores para a proposição de *paradigmas* de pesquisa (qualitativa), *ruptura* ou *manutenção* parecem-me noções centrais. Na mesma direção de análise, podemos nos referir a "revolução" ou "evolução" (JANEIRA, 1972); a emergência de um paradigma se referindo à primeira. Isso me levou a recuperar as noções de ruptura e corte epistemológicos, inspiradas em Gaston Bachelard, sobre as quais me deterei brevemente nos próximos parágrafos. Vale esclarecer que o raciocínio é analógico, ou seja, busco inspiração nessas noções de forma um tanto livre, para operar demarcações concernentes ao domínio que focalizo neste capítulo. Bachelard, todos sabemos, não estava refletindo sobre pesquisa qualitativa.

A epistemologia de Bachelard (1983) se constitui num complexo sistema de conceitos, amplamente analisados e assimilados na literatura (LOPES, 1996; BOLMAIN, 2013; JANEIRA, 1972; RODRIGUES & GRUBBA, 2012). Bachelard, vale lembrar, desenvolve sua filosofia voltando-se para as "Ciências Formais" e "Ciências Empírico-Formais" (MELO & ROCHA, 2014), permitindo, contudo, aproximações às ciências humanas e sociais, como pode ser visto pelo emprego de suas noções em várias disciplinas nesse domínio. A principal contribuição de Bachelard foi mostrar que o desenvolvimento da ciência não é um processo contínuo, mas marcado por rupturas. Recorro a Bachelard precisamente por essa concepção de descontinuidade introduzida na cultura científica, mediante noções como *ruptura* e *obstáculo* epistemológicos, articulados dialeticamente, uma vez que os obstáculos acabam por provocar uma ruptura com os paradigmas precedentes. Ela [ruptura] se articula com o conceito de revolução científica de Thomas Kuhn, uma vez que obstáculos epistemológicos levariam ao desenvolvimento científico. Tais obstáculos constituem problemas que os paradigmas científicos legitimados não são capazes de solucionar e movem a ciência a desenvolver um paradigma que seja capaz de explicar os fenômenos. Portanto, a emergência de um paradigma é um movimento revolucionário. Lanço mão também da noção de *corte epistemológico*, atribuída muitas vezes a Bachelar, mas em realidade introduzida por Althusser.

> Althusser incorpora os pressupostos de Bachelard [...] na construção de sua leitura científica do marxismo [...]. Frequentemente, afirma-se que esta noção de corte epistemológico foi desenvolvida por Bachelard, cabendo a Althusser sua tradução do campo das ciências físicas para o campo das ciências sociais. Contudo, trata-se de um termo criado por Althusser, ao reinterpretar a noção de ruptura em Bachelard (LOPES, 1996: 249).

É comum localizarmos a alusão a Khun e a Bachelard, em conexão, e esses dois autores são de grande auxílio para o que aqui pretendo desenvolver, no sentido de retirar *paradigma* do senso comum e encontrar uma base mais sólida para taxonomias. Contudo, a despeito de me aproximar de suas marcantes contribuições para uma concepção descontinuísta de ciência e de espistemologia, também reconheço as limitações da "representação internalista" (BOURDIEU, 2001: 37) subjacente a proposições como as de Kuhn acerca das transformações na ciência. Uma leitura histórico-crítica desvelará que a superação de paradigmas é um fenômeno que transborda o plano epistemológico, em sentido abstrato, resultando de relações de poder, conforme a teoria dos campos sociais de Bourdieu esclarece. Contudo, em *Science de la science et réflexivité*, o próprio Bourdieu (2001) reconhece as contribuições de Khun para sua teoria dos campos sociais.

Voltando à questão sob análise, e adotando as noções de ruptura e corte, podemos iluminar a demarcação que considero mais decisiva para a proposição de *paradigmas*. Lançarei mão da explanação de Janeira (1972) dada a clareza com que, inspirada em Bachelard, distingue ruptura e corte epistemológicos:

> [ruptura] Fenômeno de separação brusca que cria uma interrupção com o fenômeno anterior, de tal modo que se *gera entre eles uma separação-oposição* [...] a ruptura e o corte distinguem-se um do outro pelo seu grau de globalidade [...]. Desde que tenhamos presente o que separa a *revolução* da *evolução*, verificamos que aquela representa, com precisão, um estado consequente a uma ruptura, isto é, a um salto em qualidade. Finalmente, comparando-a com *corte*, note-se que a este se liga

uma ideia de cisão, que poderá ou não ser completa, sendo só neste último caso identificável à ruptura (p. 630, grifos meus).

Se examinarmos sob um prisma genealógico a emergência dos fundamentos do paradigma interpretativo, identificaremos, claramente, essa "cisão completa" com o paradigma positivista, instalando-se uma "separação-oposição" revolucionárias nos planos ontológico e epistemológico (Quadro 1). Evidencia-se, neste caso, se tratar, efetivamente, de dois paradigmas distintos na acepção rigorosa do termo. Ponterotto auxilia a sintetizar a questão:

> Ontologia diz respeito à natureza da realidade e do ser [...]. Qual é a forma e natureza da realidade, e o que pode ser conhecido sobre essa realidade? Os positivistas afirmam que existe apenas uma realidade verdadeira que é apreensível, identificável e mensurável [...] construtivistas-interpretativistas, por outro lado, acreditam que existem realidades múltiplas e construídas [...]. Realidade, de acordo com a posição construtivista, é subjetiva e influenciada pela situação, ou seja, a experiência e as percepções do indivíduo, o ambiente social e a interação entre os indivíduos e o pesquisador (2005: 127).

Antes de desdobrar essa ideia e passar ao exercício com as taxonomias e demais "paradigmas", examinarei, sinteticamente, outra distinção fundamental – paradigma e teoria.

Paradigmas ou teorias?

Da mesma forma que paradigma, o termo "teoria" é empregado no senso comum, não raro, para indicar uma ideia, uma especulação, um pensamento: "[...] fora dos círculos especializados teoria é um conhecimento especulativo, considerado independentemente de qualquer aplicação prática" (FUNDAÇÃO GETÚLIO VARGAS, 1987: 1.215) ou "1. Conjunto de regras ou leis mais ou menos sistematizadas, aplicadas a uma área específica" (HOUAISS, 2009: 1.830). Contudo, no campo científico, teoria tem um sentido preciso que se distingue de paradigma e se situa num domínio menos geral e abstrato. Encontram-se muitas definições na literatura, confluindo, preponderantemente, para um núcleo comum, conforme se constata nos excertos do Quadro 2.

Quadro 2 Conceitos de teoria segundo diversos autores

- "[...] um esquema ou sistema de ideias ou declarações mantidas como uma explicação ou descrição de um grupo de fatos ou fenômenos" (MALTERUD, 2016: 121).
- "Teorias científicas são abstrações representando aspectos do mundo empírico" (MEYER & WARD, 2014: 526).
- "Teoria: especulação ou vida contemplativa [...] opõe-se então a prática [...] a qualquer atividade não desinteressada [...] que não tenha a contemplação por objetivo" (ABBAGNANO, 2000: 951).
- "Teoria [...] significa a visão que conexiona fatos. É uma construção especulativa do espírito [...]. Opõe-se à prática, pois esta não é especulativa, não é conexionadora dos objetos em estudo" (SANTOS, 1966: 1.346).
- "O significado primário do vocábulo teoria é contemplação. Daí que se possa definir a teoria como uma visão inteligível ou uma contemplação racional.[...]" (MORA, 1978).

Observa-se o caráter abstrato de *teoria* nas definições acima, significado que prepondera na literatura científica, consoante sua origem como vocábulo. Sendo assim, preciso me posicionar ao lado de outras concepções que retiram teoria/teorização da pura abstração. Pereira, em um texto inteiramente dedicado à natureza da teoria (1995: 11), esclarece:

> Teoria não é um ato de abstração? Sim [...] O que acontece é que *teoria não é somente um ato de abstração* (ou contemplação abstrata). [...] o homem [é] protagonista de todo ato teórico. Não é só um ser que só possui cabeça, mas também tem corpo, coração... que manifesta paixões, desejos [...] e sobretudo possui braços e mãos para agir. [...] É por causa de tudo isso que teoriza. Não teoriza só porque pensa. Teoriza também porque sente, porque age. E seu ato teórico tem tanto a ver com seu desejo, sua paixão, sua ação do que com sua racionalidade (grifos meus).

Afiliando-me a esta segunda vertente, portanto, à articulação teoria-práxis, gostaria, voltando ao exercício, de acentuar a distinção entre paradigma e teoria de modo a fazer uma afirmação fundante da sistematização que apresentarei: As distintas teorias que orientam a extensa variedade de pesquisas qualitativas *não são paradigmas*, como boa parte dos textos considera. Elementos teóricos (teorias) resultam em lentes distintas, mas, no caso da pesquisa qualitativa, não obstante diferenças, compartilham uma base ontoepistemológica comum característica de um mesmo paradigma – o interpretativo (Quadro 1). Desse modo, tais lentes podem construir distintos objetos, perguntas completamente diferentes sobre o mesmo fenômeno, se diferenciarem axiologicamente, adotarem critérios diversos de rigor, enfatizarem dimensões distintas, dando origem ao que se conhece tradicionalmente como "métodos" – que no paradigma interpretativo inclui teoria, metodologia, técnicas e o próprio investigador. Retomarei esse aspecto adiante quando tratarmos das tradições teóricas.

O paradigma interpretativo fornece bases filosóficas e epistemológicas para *interpretações que lançam mão de diferentes teorias*. Tais teorias, que recebem variados nomes (teorias críticas; pós-estruturalistas; pós-modernas; feministas; fenomenológicas etc.), se inserem ou "especializam" o paradigma interpretativo do qual, como já dito, tomam uma base comum relativa à intersubjetividade, interpretação, contextualização e reflexividade.

Portanto, na relação paradigma-teorias, não se observa um movimento de *ruptura*, nos termos em que essa noção foi aqui definida como fenômeno entre paradigmas. Conforme assinalei, paradigma se situa num plano mais geral, mais abstrato, que teoria. Devido a isso, não estabelece movimento de ruptura com as mesmas. As teorias compartilham os planos ontológico e epistemológico dos paradigmas a que se vinculam (não havendo exclusividade nessa vinculação) e se diferenciam entre si não por uma "revolução" ou "ruptura" nesses planos criando, cada qual, um novo paradigma, mas fornecendo bases teórico-metodológicas distintas para a interpretação, e dando origem a *tradições*. Entre as várias tradições originadas poderíamos visualizar um movimento similar a um corte, como o argumento de Althusser em relação ao contraste marxismo estrutural/marxismo (cf. Figura 1). Acredito que este elemento, se assimilado e compreendido em sua natureza, evitaria a multiplicação de "paradigmas".

Diferenciados os conceitos de *paradigma* e *teoria* e apresentadas as noções de *ruptura* e *corte epistemológicos* adotadas como princípios demarcadores desses dois conceitos e das relações entre ambos, posso derivar um construto analítico na interface desses 4 elementos. Com esse artefato, ilustrarei minha argumentação mediante sua operacionalização em exemplos específicos, visando a desdobrá-la em uma proposição voltada a diminuir o *efeito Babel* e aportar uma sistematização que nos auxilie no ensino do enfoque.

Operacionalizando o construto

Paradigmas em pesquisa qualitativa

No Quadro 3, a seguir, figuram propostas localizadas na literatura de referência em pesquisa qualitativa, incluindo autores "clássicos", seja propondo taxonomias ou as utilizando em seus textos. Vale recuperar que numerosas propostas de paradigmas se apresentam sob outras etiquetas, mas correspondem a paradigmas, consoante os contextos de argumentação. Esse aspecto complica ainda mais a questão ao ampliar o leque de possibilidades. Contudo, de forma a conferir maior rigor ao exercício e contornar essa dificuldade adicional, inseri como exemplos no quadro a seguir somente taxonomias em que os/as autores/as empregam explicitamente o termo *paradigma* de pesquisa qualitativa.

Quadro 3 Paradigmas de pesquisa qualitativa segundo alguns autores

Autores					
Guba e Lincoln (1994)	Positivista	Pós-positivista	Crítico (*critical teoria* et al.)	Construtivista	
Benjamin e Miller (1999)	Positivista/ materialista	Construtivista/ interpretativo	Crítico/ ecológico		
Ponterotto (2005)	Positivista	Pós-positivista	Construtivista/ interpretativo	Crítico- -ideológico	
Guba e Lincoln (2005)	Positivista	Pós-positivista	Crítico (*critical teoria* et al.)	Construtivista	Participativo
Creswell (2007)	Pós- -positivista	Social construtivista	Crítico	Participativo	Pragmatismo
Malterud (2016)	Positivista	Interpretativo			

Um primeiro aspecto a sinalizar é a impressionante diversidade (de propostas e nomenclaturas) que já sobressai numa primeira leitura dessa pequena amostra retirada da literatura mais citada que poderia ser estendida com vários outros exemplos, sinalizando a dificuldade de se localizar no interior da abordagem qualitativa. Isso decorre, como já dito, das dificuldades já assinaladas, ou seja, resulta, sobretudo, do uso demasiado livre do termo paradigma. Ao que soma a indiscriminação dos planos a que se referem, sobretudo da indiferenciação paradigma-teoria. Na impossibilidade de analisar, neste capítulo, cada um dos exemplos de taxonomia incluídos no Quadro 3, tomarei apenas alguns como ilustração, começando pela proposta de Guba e Lincoln, na revisão introduzida em 2005.

Extraí essa taxonomia do texto clássico de Yvonna S. Lincoln & Egon G. Guba "Paradigmatic controversies, contradictions, and emerging confluences", capítulo sexto da 3ª edição da conhecida obra de Norman Denzin & Yvonna Lincoln: *The Sage Handbook of Qualitative Research* (2005). Proposta que, esclarecem os autores, sofre reformulação entre a 1ª (1994) e a 3ª edições (2005), uma vez que, nesta última, os autores absorvem contribuições de Heron e Reason (1997) que sustentam a inserção de um "quinto paradigma" – o participativo. Essa modificação introduzida na nova taxonomia por Guba e Lincoln (2005) não obstante ser considerada um aperfeiçoamento da versão de 1994 por esses dois autores, conforme veremos, não soluciona a dificuldade do modelo, na perspectiva em que o desenvolvo minha análise. Na verdade, a aprofunda.

Escolho este exemplo pela importância dos autores, evidenciada não somente pelo número de vezes em que essa proposição de Lincoln e Guba, como de resto sua obra, é citada como referência na comunidade qualitativa quando se citam paradigmas – mas porque inspiram muitas outras taxonomias de paradigmas de pesquisa qualitativa. Mesmo sendo uma proposta que explicita clara e detalhadamente 10 critérios ou "itens" (denominação empregada pelos autores) com que diferenciam os paradigmas, na Tabela 8.3 apresentada nas páginas 195/196 da obra de Denzin e Lincoln (2005), não me parece suficientemente argumentada ou convincente ante o que caracterizei como paradigma pelo fato de os planos/itens se nivelarem entre si. Além disso, os autores utilizam o termo paradigma sem alusão a uma definição que ultrapasse o senso comum, ainda que Heron e Reason (1997) reconheçam – não mais do que isso – a origem do termo em Kuhn, na primeira linha do texto que inspira a reformulação da taxonomia em 2005. Aqui retomo uma das questões com que abri este capítulo: O que significa *paradigma* para os autores? Em que se fundamentam ao propor taxonomias? Como se admite em suas construções que ali se tem outro ou um novo paradigma no contraste com os demais?

Retomando meu ponto de partida de que toda a pesquisa qualitativa, de um modo ou de outro, se inscreve no paradigma interpretativo fica mais simples visualizar uma possível sistematização que expresse congruência. Nessa perspectiva, uma pesquisa qualitativa será crítica ou participativa, não porque inaugura um terceiro ou quinto paradigma, conforme o quadro de Guba e Lincoln claramente postula, afastando-se o crítico do paradigma construtivista no seu modelo, considerados como paradigmas "alternativos". Mas será crítica porque lança mão de um arcabouço teórico no qual as relações de poder, estrutura de classes, conflitos de interesses, iniquidades são consideradas *no interior do paradigma de pesquisa* em que é empregado, *não importando se trabalhamos com números ou linguagens/discursos*. Ou seja, não importando o paradigma no qual a teoria opera. Lembrando que um estudo crítico na vertente quantitativa nunca poderá examinar a subjetividade, mas poderá apontar iniquidades, desigualdades entre classes, violência contra segmentos populacionais. O mesmo se pode dizer em relação às demais teorias (ou referenciais teórico-metodológicos) empregadas em interpretações. Portanto, o crítico *se define no plano teórico sem ruptura no ontoepistemológico*, expressando a distância paradigma-teoria já assinalada. Evidentemente, conforme já realçado, incorporando ou se filiando ao ontológico e ao epistemológico do paradigma no qual a teoria está sendo operacionalizada. No caso de pesquisas qualitativas, não implicando ruptura com o paradigma interpretativo de modo a criar "novos paradigmas" a cada nova teorização. A inovação e diferenciação se dão na tradição teórico-metodológica, consoante os conceitos construídos nos diversos campos disciplinares das ciências humanas e sociais – carreando vários elementos das teorias: ética e valores; metodologias; técnicas; propósitos, papel do investigador etc.

Desse modo, se dissermos que um trabalho é qualitativo, sua natureza (nível ontoepistemológico) não será dada pelo plano teórico crítico ou pós-estruturalista, mas pelo plano paradigmático, que é interpretativo. Essas duas correntes são algumas dentre várias tradições teóricas ou perspectivas interpretativas, mas *no interior de um mesmo paradigma*. Insistimos, o qualitativo, no plano paradigmático, afirma-se pelo interpretativo. A distinção entre as várias vertentes ou tradições teóricas, como analisaremos no tópico seguinte, se funda no plano teórico/metodológico e axiológico, além de outros aspectos associados. E não como paradigmas, constituindo, isso sim, distintas tradições.

Portanto, retomando as noções já trabalhadas, em relação às diversas tradições teórico-metodológicas, observaremos um movimento semelhante a um corte entre elas – superação com manutenção – e não uma ruptura, onde se afirmaria uma oposição, conforme se observa (Quadro 1) entre os paradigmas positivista/realista e interpretativo. Uma "revolução" retomando a expressão de Ana Janeira (1972).

Digno de nota é o fato de uma *teoria* (*Critical Theory* et al.) considerada como um *paradigma* na proposta de Lincoln e Guba, tanto poder trilhar o realismo crítico – se operacionalizada no interior do *paradigma* positivista, como gerar um *estudo crítico interpretativo* se segue no *paradigma* interpretativo. Não se coloca a noção de ruptura paradigmática – como o que vemos sugerido no Quadro 1 e se explicita na expressão "paradigmas alternativos" utilizada por Guba e Lincoln. Pode-se ter um estudo crítico quantitativo (no campo da saúde, os estudos da epidemiologia social e crítica constituem, talvez, o exemplo mais ilustrativo) que inclui, inclusive, o axiológico do crítico. Portanto, não ocorre ruptura porque não se efetiva essa operação nos planos da ontologia e epistemologia, mas da metodologia. Se o crítico fosse um terceiro ou quarto *paradigma*, como figura em Lincoln e Guba e na maioria das propostas, e não uma tradição (como argumentarei adiante), o realismo crítico seria uma impossibilidade, uma vez que teria ocorrido uma ruptura, estabelecendo oposições radicais, irreconciliáveis, usando o construto que ora proponho. Em termos lógicos, seguindo o que postulo, nessas circunstâncias, como se operacionalizaria um paradigma no interior de outro que lhe é oposto? Trata-se em realidade da relação entre um paradigma e várias teorias. Por isso, há tanta dificuldade de os pesquisadores se localizarem nesses esquemas que confundem paradigma e teoria.

Evidentemente, o nível ontoepistemológico delimita a seleção da teoria e o grau como a mesma pode trabalhar no interior de um paradigma (COLLINS & STOCKTON, 2018). As dimensões analíticas dependem diretamente dessas conexões, sendo algumas evidentemente não operacionalizáveis no interior de certos paradigmas, como seria o caso de um estudo fundado na tradição fenomenológica no escopo do paradigma positivista. Contudo, é plenamente possível uma leitura crítica num estudo orientado pelo referencial quantitativo, filiado ao paradigma positivista. Esses exemplos ilustram a distinção entre paradigma e teoria.

Ainda examinando a proposta de Lincoln e Guba, se olharmos, sob um prisma genealógico, a emergência dos fundamentos do paradigma interpretativo ou construtivista (4ª coluna), diferentemente do que observamos no contraste positivismo/pós-positivismo (1ª e 2ª colunas) identificaremos, claramente, os elementos indicativos de uma ruptura com o positivismo, conforme já antes examinado. O paradigma positivista sofre uma *interrupção brusca* e instala-se uma *separação-oposição* ante o interpretativo, nos planos ontológico e epistemológico que defendo como estruturais do que concebo como paradigma. Tomando, agora, da mesma proposta o contraste do positivismo com o pós-positivismo (1ª e 2ª colunas), inseridos em colunas distintas, nas palavras dos autores, como "paradigmas alternativos" (p. 191) e, portanto, distintos, entre si e com o interpretativo, indagamos: Por que o positivismo seria outro *paradigma* se não guarda autonomia ontoepistemológica em relação ao positivismo, conforme os próprios autores, curiosamente, sinalizam em outro espaço, citado no excerto a seguir? Noutras palavras, mesmo o pós-positivismo não estabelecendo uma ruptura radical com as matrizes do outro paradigma? Uma observação de Ponterotto (2005) sumariza o que argumentamos, não obstante esse autor também adotar o termo paradigma neste excerto:

> "Apesar de algumas diferenças importantes entre *os paradigmas positivista e pós-positivista*, as duas perspectivas *têm muito em comum*" (LINCOLN & GUBA, 2000; PONTEROTTO, 2002). Um objetivo para ambos é a explicação que leva à predição e

controle dos fenômenos. Ambas as perspectivas enfatizam as relações de causa e efeito dos fenômenos que podem ser estudados, identificados e generalizados, e ambos os paradigmas atribuem ao pesquisador uma posição objetiva e imparcial. Além disso, ambos os paradigmas operam de uma perspectiva nomotética [...]. O *positivismo e o pós-positivismo servem como base primária e âncora para pesquisa quantitativa* (p. 129) (grifos meus).

O mesmo movimento de não ruptura se observa entre o que Guba e Lincoln, diferente do que proponho, consideram paradigmas crítico e participativo e entre ambos e o interpretativismo/construtivismo. Nessa perspectiva, um estudo crítico-interpretativo não teria lugar. Portanto, não se sustenta, rigorosamente, essa proposta de cinco paradigmas, com base na perspectiva que adoto. O que se tem são tradições ou orientações apresentadas como paradigmas, o que dificulta admitir "rupturas"; e tradições que se distinguem entre si, mas se filiam ao mesmo paradigma.

Exercitemos, agora, com mais um exemplo, no caso, outra proposição fortemente presente na literatura ibero-americana, que restringe os paradigmas a três possibilidades: positivista, interpretativo e crítico: a proposta de Benjamin e Miller do Quadro 2 que se faz acompanhar por várias outras na literatura. Vale ressaltar que esta proposição é uma das mais difundidas e aceitas no campo da saúde e tem o mérito de "enxugar" bastante os demais modelos. Tal como a de Lincoln e Guba, na literatura sobre pesquisa qualitativa, esta proposição de três paradigmas sofre um processo de quase naturalização no campo da saúde. Isso se vincula, em parte, ao fato de se coadunar com uma orientação bastante difundida e que problematizamos em outros espaços, de três "correntes de pensamento" na saúde: Positivismo, Fenomenologia e Materialismo histórico-dialético (GARCÍA, 1983; MINAYO, 2003; 2010). Em realidade, essa concepção ao não admitir articulação do interpretativo/compreensivo com o crítico, opera como "obstáculo" à afirmação do enfoque qualitativo ante estudos que se fundam em macronarrativas, a nosso ver, pelo efeito de censura do marxismo à fenomenologia, que acaba se estendendo a boa parte das pesquisas qualitativas. Exceto àquelas fundadas nas teorias críticas. Isso se deve à leitura de uma ruptura entre o crítico e o interpretativo, separando-os em dois paradigmas como se vê no Quadro 2. E mais: por considerarem a fenomenologia um *corpus* filosófico e teórico homogêneo – "a" fenomenologia – quando deveria ser "as" fenomenologias (KARYNNE & BOSI, 2020). As taxonomias reproduzem essa leitura. Como, de resto, todas as taxonomias refletem o investimento epistemológico e teórico dos autores; derivam da leitura que os mesmos fazem das várias tradições teóricas e suas interfaces.

A análise já realizada sobre os contrastes entre os três modelos concebidos como paradigmas (positivismo, interpretativo e crítico) quando examinei a taxonomia de Guba e Lincoln que também os contempla esclarece minha posição, motivo pelo qual não repetirei o exercício.

Examinada a questão dos paradigmas, abordarei, na sequência, a complexidade, e também a confusão, concernentes à nomenclatura relativa às várias tradições, em parte, características da interdisciplinaridade da pesquisa qualitativa, mas também, como veremos, expressão de precariedades conceituais desse enfoque.

Tradições em pesquisa qualitativa

Não bastassem os problemas relativos ao que se concebe como paradigmas que buscamos esclarecer até aqui, propondo outro entendimento, é em relação à identificação das tradições no interior do paradigma interpretativo que o *efeito Babel* parece incidir ainda com mais força. Conforme já assinalado, isso deriva, sobretudo, mas não somente, da justaposição entre paradigma e teoria e se desdobra na impressionante expansão das nomenclaturas, ao lado de um precário investimento no processo de fundamentação das mesmas, recolocando-se o problema da sua legitimação. Na continuidade, passarei a focalizar o desafio conceitual referente às terminologias utilizadas pelos pesquisadores qualitativos para identificar/nomear suas orientações na comunidade qualitativa, suas linhas de pesquisa, projetos e publicações, realçando certos efeitos, em especial aqueles relativos ao campo pedagógico.

Quero compartilhar que para realizar esta análise foi preciso mergulhar num oceano de nomenclaturas, explorar uma vasta literatura, analisar o que os autores queriam dizer com cada termo, revelando-se um exercício demasiado complexo e denso. E cuja exposição não pude esgotar dados os limites de espaço, embora aqui se encontrem seus principais delineamentos. Menciono, de início, apenas alguns poucos exemplos do dissenso e imprecisão localizados nessa imersão para dar uma ideia da dificuldade da análise: Prasad (2005) nomeia "pós-positivismo" o enfoque qualitativo em seu conjunto enquanto esse termo designa um desdobramento do paradigma fundante de estudos quantitativos na maior parte dos autores conforme vemos no Quadro 3. O termo método (*method*) na literatura inglesa corresponde ao que na literatura ibero-americana significa técnica de pesquisa, mas acaba sendo entendido como método, também empregado de forma indiferenciada com metodologia. Mais que isso: tal indiferenciação leva a que se fundem "tradições" quando há inovação em técnicas sem correspondente investimento teórico-metodológico. Atualmente, a explosão de possibilidades "pós": pós-crítico, pós-humanismo, pós-materialismo, pós-moderno, novos materialismos, pós-qualitativo, pós--estruturalismo, pós-feminismo, pós-colonialismo... implica dificuldades adicionais. Demanda uma atenção especial no sentido de uma fundamentação que evite a redução de tradições a meros rótulos que distam de corresponder à diversidade e **à** explosão de experiências referidas por Denzin e Lincoln (2000) como traço das etapas mais recentes do desenvolvimento da pesquisa qualitativa. Um exame das relações entre crítico e pós-crítico, ou entre a tradição crítica e os estudos pós-coloniais ilustram possibilidades de convergências e refinamentos. O mesmo podendo ocorrer em relação às demais propostas "pós". Referenciando-se em Hassan (1987) e também em Best e Kellner (1991), Prasad (2005: 213) ilustra o que desejo indicar, para futuros desdobramentos:

> o *post* refere-se não apenas à ruptura e repúdio, mas também à *regeneração* e *reconstituição* de novas ideias e práticas sociais [...]. Nem o rompimento nem a reconstituição, entretanto, é um evento discreto, e o termo pós implica também *dependência* no passado, bem como alguma *continuidade* com ele (grifos da autora).

Conforme já assinalado, a diversidade disciplinar constitutiva do enfoque qualitativo impede advogar por uma codificação homogênea – como se verifica na estatística, por exemplo – que neutralizaria sua base interdisciplinar. Contudo, são preocupantes certas tendências que, no limite, levariam a admitir tantos rótulos ou tipos de pesquisa quantos investigadores existentes, resultando na multiplicação *ad infinitum* de vertentes e nomenclaturas particulares, como se estivéssemos sempre partindo do zero ou fundando escolas. Nessa direção Tesch (1995: 59) sinaliza: "alguns rótulos são idiossincráticos e usados por *apenas um* ou poucos autores", fato que considero muito preocupante para a legitimação do enfoque, daí o grifo no excerto da autora. Será mesmo justificável tal procedimento ou deveríamos investir na busca de outras alternativas que, além de recompor a base epistemológica do enfoque, viessem a facilitar o diálogo não apenas inter, mas intra enfoques na saúde?

Essa situação, ao que parece, não se revela exclusiva de certos campos como a saúde, conforme ilustra o pedido de "socorro" dirigido por uma aluna a Michael Patton, publicada na página 77 do seu famoso livro *Qualitative Research & Evaluation Methods* (2002). Esse exemplo demonstra quão difícil é, por vezes, se localizar no enfoque qualitativo. Alcançar um *conforto epistemológico*. Ante os diversos rótulos elencados pela aluna, na esperança de obter sua localização precisa, Patton responde ser o problema "um dilema bastante comum. As distinções [são], sem dúvida, difíceis e não há consenso sobre o que os termos e tradições significam" (2002: 77).

Para evidenciar a dificuldade a que estou me referindo, lanço mão de um material empírico com o qual ilustro meu raciocínio, no Quadro 4, a seguir. Construí a listagem somando o elenco de 46 rótulos citados por Tesch (1995) em seu livro *Qualitative Research: Analysis Types & Softwares Tools,* aos citados por Prasad (2005), raros esforços de sistematização que localizei na literatura. Acrescentei, sem a pretensão de ser exaustiva, termos retirados de anais de importantes Congressos Internacionais em Pesquisa Qualitativa e Pesquisa Qualitativa em Saúde, realizados em diferentes países/continentes, complementando-os com outros tantos localizados em resumos submetidos a congressos nos quais atuei como membro da comissão científica e em uma vasta literatura consultada. Esse consolidado figura no Quadro 4 constituindo quase uma centena de nomes, que optei por manter nos idiomas originais das fontes utilizadas:

Quadro 4 Lista de termos usados na identificação de pesquisas qualitativas

Action Research	Ethnography	Participant Observation
Abordagens deliberativas	Content Analysis	Critical Narrative Analysis
Análise de narrativas	Ethnography of Communication	Ethnodrama
Arts-based Research	Ethnomethodology	Participative Research
Autoetnografia	Ethnoscience	Participatory Action Research
Cartografia	Etnografia institucional	Participatory Inquiry
Case Study	Dramatism	Performance Ethnography
Círculos de cultura	Sociopoiética	Pesquisa avaliativa
Clinical Research	Etnografia performática	Pesquisa clínico-qualitativa
Cognitive Anthropology	Evaluating Inquiry	Pesquisa convergente-assistencial
Collaborative Inquiry	Experimental Psychology	Pesquisa virtual (web)
Content Analysis	Field Study	Phenomenolography
Conversation Analysis	Focus Group Research	Phenomenology
Critical Policy Research Methods	Foulcauldian Methodology	Pluralistic Narrative Analysis
Critical Theory	Grounded Theory	Pós-colonialismo
Delphi Study	Hermenêutica dialética	Pós-estruturalismo
Descriptive Research	Hermeneutics	Pós-feminismo
Dialogical Research	Heuristic Research	Pós-materialismo/New Materialism
Direct Research	História de vida	Pós-modernismo
Discurso do sujeito coletivo	Holistic Ethnography	Pós-qualitativo
Discourse Analysis	Imaginal Psychology	Qualitative Evaluation
Document Study	Indigenous Methodology	Radical Interacionism
Ecological Psychology	Intensive Research	Representações sociais
Educational Criticism	Interpretive Evaluation	Sociopoiética
Educational Ethnography	Interpretive Human Studies	Structural Ethnography
Emotionalism	Interpretive Interactionism	Symbolic Interactionism
Epistemologia feminista	Investigação narrativa	Transcendental Method
Epistemologia indigenista	Life History Study	Transcendental Realism
Epistemologia qualitativa	Métodos mistos	Transformative Phenomenology
Estudos críticos	Naturalistic Inquiry	Transformative Research
Estudos culturais	Oral History	Triangulação metodológica
	Panel research	

Fonte: Construção da autora.

Tesch adverte: O problema com essas listagens "não é somente ser(em) longa(s) demais, mas alguns termos se sobrepõem ou são sinônimos para outros, e nem todos os termos estão no mesmo nível conceitual" (p. 58). Alguns deles, como se observa, se referem a teorias ou filosofias que fornecem as bases do paradigma interpretativo, enquanto outros designam métodos de análise ou mesmo técnicas específicas a certas tradições. O fato é que são empregados ampla e livremente para identificar linhas e projetos de pesquisa e mesmo artigos, comumente apenas citando o nome da metodologia sem articulá-la no interior do texto. O caminho paradigma> teoria> metodologia> técnicas não parece ser tarefa fácil na comunidade qualitativa. Com frequência, constatam-se lacunas e contradições importantes, ameaçando a congruência epistemológica do estudo, tal como analisada no capítulo 3 deste livro e já aludida quando tratamos dos paradigmas.

> Parece não haver um consenso sobre como estas tradições estão relacionadas ou quais traços se aplicam em cada classificação. Além disso, a consulta a publicações em diferentes tradições qualitativas demonstra que a filiação a uma tradição particular não necessariamente demonstra compromisso teórico correspondente ou consistente (MALTERUD, 2016: 124).

Em publicação anterior (BOSI, 2012) chamei atenção para o contraste entre o que denominei rótulos e tradições (ou vertentes no interior de tradições). Pretendi assinalar a proliferação de um sem número de etiquetas (rótulos), sem um correspondente acréscimo em termos teórico-metodológicos. Na mesma direção, Malterud assinala:

> Uma pesquisa qualitativa pode ser denominada como hermenêutica, fenomenológica, ou mesmo ambos, sem qualquer vestígio dessas poderosas filosofias. O método fenomenológico hermenêutico é um conceito frequentemente usado em um sentido casual. Referir-se tão somente ao estudo dos fenômenos pela interpretação do texto é muito menos específico [e denso] do que o meticuloso sistema filosófico ou antropológico de abordagens apresentadas sob o mesmo rótulo por Ricoeur ou van Maanen (2016: 127).

Por vezes, nem mesmo a fundamentação é reconhecida, e, conforme constatei, são comuns duplicações, denominações arbitrárias, sem uma apreciação rigorosa. Alguns autores/pesquisadores reivindicam filiação com tradições densas e complexas, lidando com elas de modo superficial: "[...] referindo-se a grandes filosofias sem qualquer elaboração. Isso não é raro, mesmo em artigos publicados em periódicos de alto nível" (MALTE-RUD, 2016: 127).

Num contexto já bastante adverso para a pedagogia da pesquisa qualitativa, confundir *rótulos* com tradições fragiliza a totalidade do enfoque e seu potencial – consistindo no que denomino *pseudoescolas* (BOSI, 2012) – e se distingue do que ocorre na base bio-estatístico-matemática do paradigma positivista em saúde. Disso resulta a impressionante diversidade de nomenclaturas ilustrada no Quadro 4 que, vale reconhecer, em certos casos, também se vincula à economia no campo. Inventar uma *pseudoescola*, ou seja, um novo rótulo, usado, em certos casos, por um único pesquisador e seu grupo, como sinalizado por Tesch (1995), sem convencer sobre o que agrega de novo, ajuda na acumulação de capital simbólico, projetando a imagem do autor no campo. Contudo, fragiliza a totalidade do enfoque, confundindo alunos e pesquisadores, sobretudo os novatos, fragmentando a comunidade de pesquisadores que necessita se aproximar, dialogar.

Tal posicionamento quanto à expansão das nomenclaturas, fique claro, não conflita com a necessária inventividade. Com efeito, o caráter complexo dos objetos de que se ocupam as pesquisas qualitativas desafia as tradições atuais e convida a novas orientações e à formulação de teorizações, busca de novas técnicas de investigação, bem como triangulação metodológica. Quanto a isso, e concordando com o que figura na literatura (PATTON, 2002; DENZIN & LINCOLN, 2005; MORIN, 2002), há que preservar a flexibilidade permitindo a necessária adaptação e recriação de modelos. Mas a tarefa não pode se reduzir a (re)criar novos rótulos, mas vertentes inovadoras, ou seja, novas construções, devidamente fundamentadas, reconhecendo-se claramente as bases da inovação e a vinculação com as demais tradições existentes.

Portanto, a flexibilidade aqui defendida implica o entendimento profundo de que as identidades devem se vincular a tradições. Epistemologia, teorias e conceitos precisam ser identificados, de modo a que a opção possa ser adequadamente justificada e operacionalizada. Assim, recoloco uma das indagações com que abri este capítulo: Como no interior do enfoque qualitativo vem se legitimando novas vertentes e se consagrando nomenclaturas? Quais os efeitos desse processo no âmbito pedagógico? Se não raro constatamos uma dificuldade de se reconhecer no interior de um paradigma, mais difícil ainda é se instalar numa tradição. E o que significa uma *tradição*?

Termo que também aparece de forma imprecisa, tem uma definição em Prasad (2005) que nos parece congruente e útil para ajudar na sistematização aqui pretendida:

> [...] Uma tradição de pesquisa (HAMILTON, 1993; JACOB, 1987) encontra uma boa definição como sendo um conjunto de pressupostos, suposições, visões de mundo, orientações, procedimentos e práticas [e valores]. Uma tradição intelectual implica todo um caminho/modo de conduzir uma pesquisa e não apenas um conjunto de técnicas ou de suposições (p. 8).

Observe-se, contudo, que Prasad utiliza esse termo de modo distinto do que adoto aqui; ainda assim, achei oportuno referi-la. A autora emprega "metatradição" (que denomina tradição com "T") como sinônimo de paradigma. E o que ora denomino tradição se aproxima do que a autora nomeia sub-tradição. Mas a definição que acabo de mencionar significa aqui *tradições teóricas*, abrangendo desde a articulação com as filosofias que embasam o paradigma interpretativo (no caso de uma tradição em pesquisa qualitativa) até as técnicas e procedimentos e aspectos práticos da pesquisa. São como famílias de pesquisa, denominadas por certos autores como famílias epistemológicas, vinculadas aos vários campos disciplinares que sustentam a interdisciplinaridade da pesquisa qualitativa.

Portanto, tradição não é o mesmo que paradigma. Tampouco equivale a teoria. Tradição teórica vincula ambos. É algo que se afilia a um paradigma e desenvolve um percurso singular, justificando uma "etiqueta". Um paradigma tendo uma posição precedente não pertence a ou é exclusivo de uma única tradição. Várias tradições podem se inscrever num mesmo paradigma, sendo um exemplo a tradição crítica (e correspondentes teorias/metodologias) em relação ao paradigma interpretativo. Assim, várias teorias se inscrevem numa mesma tradição. Uma figura adaptada da sistematização realizada por Prasad (2005) ilustra algumas teorias filiadas à tradição crítica considerando o paradigma interpretativo:

Figura 1 Exemplos de tradições teóricas críticas no paradigma interpretativo

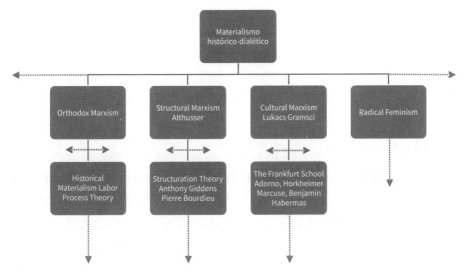

Na representação acima, as setas tracejadas indicam que tradições estão em constante processo de criação e mesmo superação no interior das comunidades de prática, e isso se dá pelo desenvolvimento teórico e pela problematização, característicos da prática científica. Além disso, dialogam e são influenciadas entre si. Movimento que se aproxima da noção de corte já examinada. Isso é desejável, uma vez que todos os paradigmas renovam suas teorias e métodos e podem mesmo, eventualmente, ser contestados com efetivas rupturas. Na pesquisa qualitativa tal movimento deve ser incentivado, adotando modelos abertos de pesquisa e procedimentos indutivos, mantendo a *reflexividade* como princípio orientador (RUSSELL & KELLY, 2002; MRUCK & BREUER, 2003).

Para concluir, ressalto que não pretendi um exercício analítico com a extensa lista do Quadro 3, comentando cada nomenclatura, comparando-as entre si, distinguindo rótulos de tradições, ou indicando uma sistematização mais demarcada tal como fizemos para paradigmas. Tal análise extrapolaria os limites deste capítulo, mas acredito que deva constituir um ponto na agenda da comunidade qualitativa. Meu propósito foi indicar os delineamentos preliminares para a compreensão do que é uma tradição teórica. E distingui-la de paradigma. A localização numa determinada tradição (ou na confluência de tradições) será facilitada, sobretudo, pela análise da pergunta ou objeto da pesquisa, dos valores e propósitos, cuja natureza se coadune com a teoria e os conceitos adequados. Com base nisso, se pode identificar qual(is) delas fornece(m) o arcabouço mais estratégico e refinado. Da mesma forma, poderemos identificar, analisando o Quadro 3, os rótulos que não sustentam uma tradição no sentido aqui definido.

Considerações finais

Neste capítulo procurei contribuir para o complexo tema do que aqui denominei *codificação* do enfoque qualitativo que engloba paradigmas, tradições e nomenclaturas. Demonstrei o dissenso e imprecisão que atravessa o uso de termos, a construção de taxonomias, a diversidade de tradições. Procurei assinalar a necessária discriminação mediante investimento conceitual voltado à linguagem com a qual nos comunicamos no âmbito da "comunidade qualitativa" de modo a consensuarmos alguns pontos de partida. Apontei ainda o que considero os principais entraves, notadamente, a dificuldade de diferenciação entre planos distintos do percurso que vai das filosofias que inspiram paradigmas, passando por tradições, desdobrando-se em metodologias que envolvem teorias e técnicas de pesquisa. Articulo a análise com a congruência ontoepistemológica, analisada no capítulo 3 deste livro, considerada critério essencial de qualidade na pesquisa qualitativa. Por fim, no próximo parágrafo, sintetizo claramente a minha posição derivada desse itinerário analítico-reflexivo.

O que proponho é que todas as pesquisas *qualitativas* (o grifo importa), de um modo ou de outro, se filiam a um único *paradigma* – o interpretativo, da forma como esse é aqui demarcado. Dependendo do arcabouço teórico-metodológico de que a interpretação lançar mão, a pesquisa não evidenciará novos e incontáveis paradigmas, mas sua filiação a uma *tradição*, ou seja, a uma trajetória que se filia a um paradigma, se constrói mediante uma teoria, metodologia e técnicas correlatas, congruentes entre si e adstritas, conforme assinalado, a um paradigma que lhes é comum, no caso da pesquisa qualitativa, o interpretativo.

Quero ainda sinalizar que as tradições não são caminhos exclusivos que não conversam entre si, outro problema que muitas vezes observamos no âmbito das ciências humanas e sociais. Inspirada pela epistemologia da complexidade (MORIN, 2002), reafirmo o que apontei em outros textos:

> a questão não consiste apenas na dificuldade de "enquadre" nesses tipos-ideais, mas, na própria separação, por vezes, demasiado estanque, entre as [tradições]. Esse aspecto nos motivou a sugerir [...] caracterizações de tipo *fuzzy*, ou seja, mais transicionais (BOSI, 2012: 579).

Tradições não são religiões que não se comunicam, ou disputam fiéis entre si. São caminhos que podem se articular em análises, consoante vias de triangulação metodológica, mediante a indispensável identificação de suas matrizes que nos dirão por onde estamos andando. Isso porque, na nossa experiência, *grosso modo*, as pesquisas se enquadram no *entre* dessas tipologias (tradições), ainda que nem sempre isso se mostre bem assimilado nos vários projetos, artigos, informes e outros materiais que vim ao longo do tempo analisando. Talvez o entendimento desses *lugares transicionais* viesse a diminuir a angústia, ou crise de identidade, de quem tenta se situar no interior desse enfoque, em especial, no campo da saúde.

Tais tradições devem buscar problematizações consistentes que não somente articulem os referidos quadros teóricos e seus conceitos, mas contribuam para sua crítica e enriquecimento com base em pesquisas realizadas na diversidade dos grupos e contextos sociais. A flexibilidade aqui defendida implica o entendimento profundo de que enfoques se vinculam a tradições epistemológicas, teorias e conceitos que precisam ser identificados, de modo a que a opção possa ser adequadamente justificada e operacionalizada. A tarefa não se reduz, portanto, a (re)criar novos rótulos mas construções, devidamente fundamentadas; reconhecer vínculos com as distintas tradições; evitar confundir o desenvolvimento de uma técnica com a criação de uma tradição teórico-metodológica.

Portanto, o que volto a postular é "ousadia com rigor" (BOSI, 2012). Ao defender o rigor, a despeito das críticas que poderei sofrer em um momento que clama por desconstruções, ampliações e inovações, faço-o assumindo uma clara posição: o projeto e o movimento da pesquisa qualitativa, especialmente quando referidos ao campo da saúde, dadas as disputas interparadigmáticas que nele se processam, não podem prescindir de uma reflexão acerca da qualidade do que vem sendo produzido e da solidez de suas bases. Nesse escopo, a questão da linguagem ou codificação no interior do enfoque me parece um aspecto crucial.

Referências

ABBAGNANO, N. *Dicionário de Filosofia*. 4. ed. São Paulo: Martins Fontes, 2000.

BACHELARD, G. *A formação do espírito científico*. Rio de Janeiro: Contraponto, 2001.

BENJAMIN, F. & MILLER, W.L. *Doing qualitative research*. 2. ed. Thousand Oaks: Sage, 1999.

BEST, S. & KELLNER, D. *Postmodern Theory*: Critical interrogations. Nova York: Guilford Press, 1991.

BOLMAIN, T. *Politique, savoir, subjectivation* – Recherche sur la question du sujet dans la philosophie politique française contemporaine. Extraído de https://popups.uliege.be/2031- 4981/index.php?id=1369#tocto2n6

BOSI, M.L.M. "Formar pesquisadores qualitativos em saúde sob o regime produtivista: Compartilhando inquietações". In: *Rev. Fac. Nac. Salud Pública*, 33 (supl 1): 2015, p. 30-37.

_____. "Pesquisa qualitativa em saúde coletiva: panorama e desafios". In: *Ciência & Saúde Coletiva*, 17 (3), 2012, p. 575-586.

BOSI, M.L.M. & GASTALDO, D. "Construindo pontes entre ciência, política e práticas em saúde coletiva". In: Rev. *Saúde. Pública*, 45 (6), 2011, p. 1.197-1.200.

BOSI, M.L.M. & UCHIMURA, K.Y. "Avaliação da qualidade ou avaliação qualitativa da atenção? – Elementos para uma demarcação conceitual. In: *Ver. Saúde Pública,* 41 (1), 2007, p. 150-153.

BOURDIEU, P. "O campo científico". In: ORTIZ, R. (org.). *Pierre Bourdieu*. São Paulo: Ática; 2003.

_____. *Science de la Science et reflexivité*. Paris: Raison d'Agir, 2001.

CAMARGO JR., K.R. "Produção científica: avaliação da qualidade ou ficção contábil?" *Cadernos de Saúde Pública*, vol. 29, 2013, p. 1.707-1.711 [impresso].

_____. "O rei está nu, mas segue impávido – Os abusos da bibliometria na avaliação da ciência". In: *Saúde & Transformação Social / Health & Social Change*, vol. 1, 2010, p. 3-8.

CHAPELA, M.C.M. (org.). *Formación en investigacion cualitativa en salud* – Abriendo caminos en Latinoamerica. México: Universidad Autónoma Metropolitana, 2018.

COLLINS, S.C. & STOCKTON, C.M. "The central role of Theory in Qualitative Research". In: *International Journal of Qualitative Methods*, vol. 17, 2018, p. 1-10.

CRESWELL, J.W. *Qualitative Inquiry & Research Design*: Choosing among five traditions. Londres: Sage, 2007.

DENZIN, N.K. "Apocalypse Now: overcoming resistances to qualitative inquiry". In: *International Review of Qualitative Research*, 2 (2), 2009, p. 331-343.

DENZIN, N.K. & LINCOLN, Y.S. *Handbook of Qualitative Research*. 2. ed. Califórnia: Sage, 2000.

FREIDSON, E. *Profession of Medicine*: A Study of the Sociology of Applied Knowledge. Chicago, IL: University of Chicago Press, 1970.

FROST, N. et al. (2010). "Pluralisms in qualitative research: the impact of different researchers and qualitative approaches on the analysis of qualitative data". In: *Qualitative Research*, 10 (4), p. 441-460.

GARCÍA, J.C. "Medicina e sociedade – As correntes de pensamento no campo da saúde". In: NUNES, E.D. (org.). *Medicina social*: aspectos históricos e teóricos. São Paulo: Global, 1983, p. 95-132.

GASTALDO, D. & BOSI, M.L.M. "¿Qué significa tener impacto? – Los efectos de las políticas de productividad científica en el área de salud" [Editorial]. In: *Enfermería Clínica*, 20 (3), 2010, p. 145-146.

GREEN, J. & THOROGOOD, N. *Qualitative research for health methods*. Thousand Oaks: Sage, 2009.

GUBA, E.G. "The alternative paradigm dialog". In: GUBA, E.G. (ed.). *The Paradigm dialog*. Newbury Park: Sage, 1990, p. 17-30.

GUBA, E.G. & LINCOLN, Y.S. "Paradigmatic controversies, contradictions, and emerging confluences". In: DENZIN, N.K. & LINCOLN, Y.S. *Handbook of Qualitative Research*. 3. ed. Califórnia: Sage, 2005.

HASSAN, I. *The Posmodern Turn*: Essays in posmodern history and culture. Colúmbia: Ohio University Press, 1987.

HERON, J. & REASON, P. "A Participatory Inquiry Paradigm". In: *Qualitative Inquiry*, 3 (3), 1997, p. 274-294.

HOUAISS, A. & VILLAR, M.S. *Dicionário Houaiss da Língua Portuguesa*. Rio de Janeiro: Objetiva, 2009.

JANEIRA, A.L. "Ruptura epistemológica, corte epistemológico e ciência". In: *Source*, vol. 9, n. 35/36, 1972, pp. 629-643. Extraído de http://www.jstor.org/stable/41008094 (26 out. 2018).

KHUN, T. *A estrutura das revoluções científicas*. São Paulo: Perspectiva, 1978.

LOPES, A.R.C. "Bachelard: o filósofo da desilusão". In: *Cad. Cat. Ens. Fis.*, vol. 13, n. 3, 1996, p. 248-273.

LUZ, M.T. "Prometeu acorrentado: análise sociológica da categoria produtividade e as condições atuais da vida acadêmica". In: *Physis*, 15 (1), 2005, p. 39-57.

MALTERUD, K. "Theory and interpretation in qualitative studies from general practice:Why and how?" In: *Scandinavian Journal of Public Health*, 44, 2016, p. 120-129.

MARTÍNEZ, F.J. & BOSI, M.L.M. "Pesquisa qualitativa: notas para um debate". In: BOSI, M.L.M. & MERCADO, F.J. (orgs.). *Pesquisa qualitativa de serviços de saúde*. 2. ed. Petrópolis: Vozes, 2010, p. 23-72.

MASTERMAN, M.A. "A natureza do paradigma". In: LAKATOS, I. & MUSGRABE, A. *A crítica ao desenvolvimento do conhecimento*. São Paulo: Cultrix, 1979.

MELO, A.K. & BOSI, M.L.M. (2020). *Fenomenologia(s) e saúde coletiva*. Fortaleza: Imprensa Universitária.

MERCADO, F.J.; LIZARDI, A. & VILLASENOR, M. "Investigación Cualitativa en Salud en América Latina – Una aproximación". In: MERCADO, F.J.; GASTALDO, D. & CALDERÓN, C. *Paradigmas y diseños de la investigación cualitativa em salud*. Guadalajara: Universidad de Guadalajara, 2002, p. 133-1.580.

METZE, K. "Bureaucrats, researchers, editors, and the impact factor – a vicious circle that is detrimental to science". In: *Clinics*, 65 (10), 2010, p. 937-940.

MEYER, S. & WARD, P. "'How to' use social theory within and throughout qualitative research in healthcare contexts". In: *Sociology* compass, 8/5, 2014, p. 525-530.

MINAYO, M.C.S. *O desafio do conhecimento*: pesquisa qualitativa em saúde. São Paulo: Hucitec, 2010.

MINAYO, M.C.S. et al. "Possibilidades e dificuldades nas relações entre ciências sociais e epidemiologia". In: *Ciênc. Saúde Coletiva*, 8 (1), 2003, p. 97-107.

MONTERO, M. "Sobre la noción de paradigma". In: MERCADO, F.; GASTALDO, D. & CALDERÓN, C. *Paradigmas Y diseños de la investigación em salud* – Una antología ibero-americana. Guadalajara: Universidad de Guadalajara, 2002, p. 233-248.

MORA, J.F. *Dicionário de Filosofia*. Lisboa: Dom Quixote, 1978.

MORIN, E. *A cabeça bem-feita*. 9. ed. Rio de Janeiro: Bertrand do Brasil, 2004.

_____. *A religação dos saberes* – O desafio do século XXI. 3. ed. Rio de Janeiro: Bertrand do Brasil, 2002.

MOYSES, S.J. Assim é se lhe parece! In: *Ciênc. Saúde Coletiva*, vol. 11, n. 1, 2006, p. 21-24.

MRUCK, K. & BREUER, F. *Subjectivity and Reflexivity in Qualitative Research-The FQS Issues* – Forum Qualitative Sozialforschung/Forum: Qualitative Social Research, North America, 04/05/2003. Retirado de http://www.qualitative

PATTON, M.Q. *Qualitative Research & Evaluation Methods*. 3. ed. Londres: Sage, 2002.

PEREIRA, O. *O que é teoria*. 10. ed. São Paulo: Brasiliense, 1995 [Coleção Primeiros Passos].

PONTEROTTO, J.G. "Qualitative Research in Counseling Psychology: A Primer on Research Paradigms and Philosophy of Science". In: *Journal of Counseling Psychology*, vol. 52, n. 2, 2005, p. 126-136.

PRASAD, P. *Crafting Qualitative Research*: working in the postpositivist traditions. Nova York: M.E. Sharpe, 2005.

ROCHA-E-SILVA, M. "O novo Qualis, que não tem nada a ver com a ciência do Brasil – Carta aberta ao presidente da Capes". In: *Clinics*, 64 (8), 2009, p. 721-724.

RODRIGUES, H.W. & SERRATINE, G.L. "Bachelard e os obstáculos epistemológicos à pesquisa científica do direito". In: *Sequência* – Estudos jurídicos e políticos, jul./2012, p. 307-334. Florianópolis.

RUSSEL, G. & KELLY, N. *Research as Interacting Dialogic Processes: Implications for Reflexivity* – Forum Qualitative Sozialforschung/Forum: Qualitative Social Research, North America, 03/09/2002. Retirado de http://www.qualitativeresearch.net/index.php/fqs/article/view/831

SANTOS, B.S. & MENESES, A.P. (orgs.). *Epistemologias do Sul*. São Paulo: Cortez, 2010.

SANTOS, M. *Dicionário de Filosofia e Ciências Culturais*. 4. ed. São Paulo: Matise, 1966.

SCHWANDT, T.A. *The sage dictionary of qualitative inquiry*. Califórnia: Sage, 2015.

TESCH, R. *Qualitative Research* – Analysis types & software tools. Nova York: The Falmer Press, 1995.

UCHIMURA, K.Y. & BOSI, M.L.M. Qualidade e subjetividade na avaliação de programas e serviços de saúde. In: *Cad. Saúde Pública*, 18 (6), 2002, p. 1.561-1.569.

5
"Modo de usar" teoria social do início ao fim em pesquisas qualitativas em saúde[*][1]

Samantha Meyer
Paul Ward

Introdução

O papel da teoria em pesquisa qualitativa em saúde é fundamental para que esta repercuta na prática e na política do setor. Traduzir na prática em saúde pesquisas não clínicas pode ser um desafio (cf. JIWA & WARD, 2009) e a teoria fornece um arcabouço para reforçar a qualidade da concepção e da análise. Frankfort-Nachmias e Nachmias (2008: 33) escrevem com propriedade:

> A teoria está ligada à prática; isto é, os cientistas aceitam uma teoria (e suas aplicações práticas) somente quando a metodologia para a sua utilização é lógica e explicitamente indicada. Uma teoria confiável fornece os fundamentos conceituais para o conhecimento confiável; as teorias nos ajudam a explicar e prever os fenômenos que nos interessam e, por conseguinte, a tomar decisões práticas inteligentes.

A centralidade da teoria em pesquisa qualitativa é amplamente reconhecida (MERTON, 1968; POPPER, 2002; MILES & HUBERMAN, 1984; 1994; MAY, 2001; SILUVERMAN, 2004; 2010; DENZIN, 1989; GLASER & STRAUSS, 1967; STRAUSS & CORBIN, 1990; 1998; ABEND, 2008; BHASKAR, 1975; BLUFF, 2005; COLEMAN, 1990; CORBIN & HOLT,

---

[*] Tradução de Marcus Penchel.

1. Publicado originalmente por *Sociology Compass*, 8 (5), 2014, p. 525-539. Os editores agradecem às doutoras Rebecca Kissane e Julie Kmec, editoras-chefe da *Sociology Compass*, pela autorização de republicar este capítulo.

2011; CRAIB, 1997; LAYDERY, 1998; SOMEKH & LEVIN, 2001; STUF-FLEBEAM & SHINKFIELD, 2007), mas é difícil explicar como a teoria é usada, o que faz os pesquisadores se sentirem obrigados a rotular (erroneamente) sua abordagem metodológica. O objetivo deste trabalho é descrever e demonstrar o uso da teoria social na concepção e análise da pesquisa qualitativa, dando assim aos estudantes e pesquisadores um ponto de referência. Partimos das ideias apresentadas em uma publicação anterior sobre como devem proceder os investigadores interessados na concepção e análise de uma pesquisa teoricamente embasada (MEYER & LUNNAY, 2013). Desde que o artigo foi publicado, muitos estudiosos do meio acadêmico e, particularmente, estudantes de pós-graduação, demonstraram interesse em como e em que pontos a teoria social desempenha um papel na pesquisa qualitativa em saúde. Aqui descrevemos passo a passo e de forma mais abrangente o papel da teoria no processo de pesquisa, desde a sua concepção até o desenvolvimento de projetos futuros de investigação. Há uma ampla gama de estudos na literatura discutindo os laços entre teoria e dados e, embora por vezes questionadas, abordagens inovadoras sobre a pesquisa qualitativa (WILES et al., 2011). Falta, porém, literatura que oriente sobre como conduzir e, posteriormente, descrever o uso da teoria em teses e publicações.

Começamos por discutir as muitas representações e definições diferentes de teoria evidenciadas por proeminente literatura sobre métodos de pesquisa em ciência social antes de passar em revista as duas abordagens dominantes no uso de um sistema teórico nesse campo de pesquisa: a abordagem direcionada pela teoria ("theory-driven") e a teoria fundamentada (também denominadas teoria antes ou teoria depois, cf. FRANK-FORT-NACHMIAS & NACHMIAS, 2008; verificação ou geração da teoria, cf. PUNCH, 2005). Além de rever referências-chave das duas abordagens, descrevemos e demonstramos uma abordagem pluralista da verificação e geração da teoria que toma emprestado elementos das duas abordagens e que, ao fazê-lo, trabalha para superar as principais críticas a ambas as abordagens. Aí retomaremos o nosso foco, que é demonstrar passo a passo como usar a teoria do início ao fim no processo de pesquisa.

O que é teoria?

A pesquisa sociológica mudou historicamente da geração filosófica de uma teoria para a pesquisa empírica que amplia ou gera uma teoria com base em evidências. Teoria e filosofia diferem pelo fato de que a filosofia se constrói a partir de juízos morais sem verificação empírica sobre como as coisas devem ser. As teorias científicas são abstrações que representam aspectos do mundo empírico; em vez de se ocuparem do que *deve* ser, procuram o "como" e o "por quê" dos fenômenos empíricos, sua explicação (FRANKFORT-NACHMIAS & NACHMIAS, 2008). Embasando-se nos pensadores filosóficos, a pesquisa empírica criou a oportunidade para a expansão e desenvolvimento teóricos.

Os cientistas sociais concordam que uma das funções mais importantes da pesquisa empírica é sua contribuição para o desenvolvimento e/ou refinamento da teoria, mas há menos concordância sobre o que seja teoria (FRANKFORT-NACHMIAS & NACHMIAS, 2008). De fato, há muitos tipos diferentes de teoria, cada um servindo a um propósito diferente (FRANK-FORT-NACHMIAS & NACHMIAS, 2008), de modo que o exercício de definir teoria é uma tarefa sem fim. Aqui referimo-nos especificamente à teoria social e, portanto, nos baseamos na maneira como se descreve a teoria em ciências sociais.

A teoria foi definida como interpretação que dá ordenamento e percepção do que é ou pode ser observado (DENZIN, 1989: 4). Também foi descrita em relação à sua estrutura e função:

> [Teoria é] conhecimento sistematicamente organizado aplicável a uma variedade relativamente ampla de circunstâncias, concebida para analisar, prever ou explicar a natureza ou comportamento de um conjunto específico de fenômenos, que poderia ser usado como base para a ação (VAN RYN & HEANET, 1992: 316).

Para o nosso propósito, baseamo-nos nos escritos de Frankfort-Nachmias e Nachmias (2008) que definem teoria como um sistema lógico-dedutivo consistindo de um conjunto de conceitos inter-relacionados dos quais podem ser derivadas dedutivamente proposições comprováveis. Contudo, devemos reconhecer o vasto debate nessa área, que aponta a necessidade de tornar explícitas as conexões entre o material construído no campo, a teorização feita na pesquisa e o *habitus* do próprio pesquisador. "Quando teoriza, você vai dos fundamentos às abstrações e sonda a experiência" (CHARMAZ, 2006: 135). Instamos os leitores a prestarem atenção em sua definição de teoria e à função que ela exerce em suas pesquisas. Os pesquisadores devem examinar reflexivamente sua visão sobre o que é teoria e o papel que ela desempenha em seu trabalho.

Mais importante do que definir teoria é uma discussão da maneira como é formada (teoria como processo) e de que modo funciona em pesquisa social. A característica central da teoria social é a de consistir em um conjunto de conceitos (DENZIN, 1989; MERTON, 1968) que formam um esquema ou estrutura conceitual. Alguns conceitos são descritivos, ao passo que outros são operativos e especificam relações empíricas entre outros elementos da teoria. Somente quando esses conceitos se inter-relacionam sob a forma de um esquema ou heurística é que a teoria começa a surgir. Conceitos são as variáveis a serem observadas – as variáveis entre as quais se buscam relações empíricas (MERTON, 1968). É neste ponto que a teoria pode ser usada para explicar o porquê, o quê e o como dos fenômenos (SOMEKH & LEWIN, 2001; PUNCH, 2005). Há elementos descritivos na teoria, mas ela leva a descrição a um nível mais elevado de abstração ao integrar temas/categorias em torno de um tema central pela proposição de relações (SOMEKH & LEWIN, 2001). A controvérsia, no entanto, é quanto ao lugar da teoria na pesquisa em ciências sociais.

O que é o "social" da teoria social?

Este não é o lugar para empreender uma investigação linguística e filosófica do termo "social", mas para traçar seu significado básico em sociologia e suas implicações para uma teoria social. A maneira como um pesquisador entende e define "social" vai em última análise impactar a concepção ou interpretação dos resultados ao se envolver em teoria social. As definições mais básicas de "social" sugerem que o termo envolve comunicação ou interação (LUHMANN, 1995; HABERMAS, 2001) e que não é um estado "natural" ou "dado" (FULLER, 2006), o que então o torna passível de mudança através de políticas públicas e da prática cotidiana. Durkheim, tentando dar uma base científica à sociologia, definiu o que chamou de "fatos sociais". Sem essa definição, argumentou, não poderia haver base acadêmica para a sociologia. Segundo sua definição, "fato social é qualquer forma de atuação, fixa ou não, capaz de exercer coerção externa sobre o indivíduo [...] é geral, da sociedade como um todo, mas tem existência própria, independentemente de suas manifestações individuais" (DURKHEIM, 1982: 59). Outros argumentaram que o social é indiretamente definido como uma entidade externa, fora das pessoas (HERRMANN, 2005), e que sociedade e comunidade são mais do que um simples conglomerado de indivíduos (BECK et al., 2001), com Elias (ELIAS, 2000) sugerindo que os indivíduos e a sociedade são na verdade dois aspectos diferentes do mesmo ser humano. Uma implicação desse argumento para a teoria social está na análise multinível ou hierárquica, que tenta examinar as influências separadas de variáveis de nível "individual" e "não individual", em geral no nível de áreas, bairros ou outras configurações ecológicas cujo pressuposto é delimitarem algo mais do que um mero agregado de indivíduos pesquisados. Nosso objetivo aqui não é criticar a análise multinível nem influenciar os pesquisadores a adotar uma definição de "social", mas meramente indicar que a maneira pela qual um pesquisador conceitualiza o que é "social" vai impactar seu envolvimento com a teoria social e os métodos de pesquisa.

O que todas essas diversas definições fazem é realçar a necessidade do que Wright Mills chamou de "imaginação sociológica" (WRIGHT MILLS, 1959), a necessidade de pensar de forma imaginativa para além do que podemos efetivamente observar e/ou medir para entender plenamente o "social". Obviamente isso pode causar consternação a muitos pesquisadores empíricos, para os quais a confiabilidade e a validade[2] da mensuração é fundamental. No entanto, no mundo social, não podemos "medir" cada dimensão da vida social – tais como o amor, o ódio, a qualidade de vida, o medo, a dor, a

---

2. Deve-se observar que a utilização de validade e confiabilidade por cientistas sociais não qualitativos é considerada inadequada ou irrelevante para a maneira como os pesquisadores qualitativos conduzem o seu trabalho (cf. KIRK & MILLER, 1986: 14). Além disso, discute-se na comunidade qualitativa a conceitualização e uso desses termos e mesmo se os pesquisadores qualitativos devem tentar gerar critérios para julgar a qualidade da pesquisa (SEALE, 1999).

paixão, o pesar e assim por diante – e por isso temos que desenvolver e analisar aproximações conceituais ou indicadores para elas. Isso está no cerne da necessidade da teoria social e dos problemas que lhe são inerentes – precisamos de meios para "medir" esses fenômenos sociais e assim desenvolver melhores entendimentos e explicações dos caminhos que sustentam os dados empíricos que encontramos em nossa pesquisa.

Abordagem direcionada pela teoria ou teoria fundamentada; pode haver as duas?

Tanto a teoria quanto os dados são componentes essenciais da pesquisa. A teoria move os dados da descrição para a explicação (PUNCH, 2000). A controvérsia é onde a teoria se encaixa no processo de pesquisa – antes ou depois dos dados? Há muitas abordagens diferentes em pesquisa qualitativa e o uso da teoria social deve ser adequado à questão levantada pela pesquisa (GREEN et al., 2007). Fazer conexões entre observação e teoria melhora a perspectiva de atingir as metas da pesquisa sociológica (compreensão, explicação e previsões acuradas de fenômenos sociais). Duas maneiras identificadas de fazer essas ligações são a abordagem direcionada pela teoria ou a teoria fundamentada ou teoria antes e teoria depois – cf. FRANKFORT-NACHMIAS & NACHMIAS, 2008 – ou geração de teoria e verificação de teoria, cf. PUNCH, 2005). As duas abordagens têm pontos fortes e têm sido igualmente objeto de crítica em larga escala.

Elas diferem quanto ao lugar da teoria. Na década de 1960, Glaser e Strauss escreveram sobre o papel da teoria como algo "fundamentado nos dados" e não pressuposto no início do projeto de pesquisa (GLASER & STRAUSS, 1967). Teoria fundamentada é uma abordagem indutiva que utiliza os dados para expor possibilidades teóricas ou categorias visando a desenvolver a teoria; ou seja, não há lugar para teoria na concepção ou durante a evolução da pesquisa (PUNCH, 2005). Já a abordagem direcionada pela teoria usa a teoria *a priori* para conceber a pesquisa como um meio de expandir, testar ou verificar a teoria. Isso envolve a lógica dedutiva: a dedução é usada para "testar" a teoria. Uma ou outra abordagem pode ser adequada para um projeto e, como vamos demonstrar mais para a frente, por vezes, ambas podem ser adequadas – depende do tópico, do contexto e das circunstâncias práticas da pesquisa e especialmente de quanta teorização e conhecimento já existam na área (PUNCH, 2005).

Críticos da teoria fundamentada tradicional argumentam que, apesar da ausência de um sistema teórico de início, o pesquisador pode ter uma perspectiva geral subjacente que influencia a questão da sua pesquisa (CORBIN & HOLT, 2011). Isso levou ao desenvolvimento da teoria fundamentada construtivista, que reconhece a dificuldade ou mesmo a impossibilidade de coletar dados na ausência total de ideias teóricas (CHARMAZ, 2006). Charmaz (2006: 10) argumenta que os pesquisadores constroem teorias como "[...] um retrato *interpretativo* do universo estudado, não como uma foto precisa desse universo." Os pesquisadores sociais não são observadores externos e distantes do fenômeno como cientistas naturais[3] nas Ilhas Galápagos, mas sim participantes ativos na interpretação dos dados e na construção da teoria, que trazem ao processo suas experiências, percepções e conhecimento. A teoria fundamentada tradicional sugeria que os pesquisadores entrassem "vazios" na pesquisa como *tabula rasa*, enquanto a teoria fundamentada construtivista defende entrar na pesquisa de "mente aberta" e não como um "quadro vazio". Miles e Huberman (1984) argumentam que a onipresença da teoria e a necessidade de um projeto de pesquisa rejeitam a noção de que a pesquisa de campo deve reduzir a concepção e a preestruturação ao mínimo, reforçando a ideia de uma mente aberta em vez de uma *tabula rasa*. Apesar de nem toda pesquisa qualitativa envolver a construção, refinamento e testagem de uma teoria (PUNCH, 2005), já se argumentou que a pesquisa guiada unicamente por problemas sociais (p. ex., os sem teto) deixa de perceber teorias implícitas na análise inicial (SILVERMAN, 1993).

A abordagem direcionada pela teoria também não escapa às críticas. Uma característica definidora da pesquisa que segue essa linha – o uso da teoria *a priori* (MONTGOMERY et al., 1989) – constitui uma de suas limita-

---

3. A noção de que as ciências naturais são objetivas tem sido questionada em discussões sobre "verdade" e "ciência" na literatura sociológica histórica (SHAPIN, 1994) e contemporânea (GIERYN, 1999).

ções para os críticos (MEYER & LUNNAY, 1986). Dada a natureza estruturada de uma pesquisa, o pesquisador não pode identificar logicamente os artefatos ou resultantes não intencionais dos dados empíricos – as experiências dos participantes são filtradas pela lente teórica (CORYN et al., 2010). Além disso, os pesquisadores com orientação teórica prévia são acusados de realizar pesquisa empírica com o único objetivo de testar a teoria, não pelos resultados empíricos produzidos (STUFFLEBEAM & SHINKFIELD, 2007). A pesquisa puramente dedutiva pode ignorar (quer intencionalmente ou não) o problema social e focar unicamente no desenvolvimento da teoria. Por um lado, isso não é necessariamente problemático na pesquisa teórica, mas há implicações morais e éticas se isso ocorre numa pesquisa que vise em última análise a ampliar o conhecimento empírico e informar políticas e práticas.

A questão pesquisada fornece, em última análise, uma base de integração da teoria, seja antes ou depois da coleta de dados. Se uma área investigada tem muitas teorias não verificadas, pode ser adequado um enfoque em pesquisa de verificação teórica. Mas se uma área carece de teorias adequadas, seria a hora de mudar o foco para a geração de teoria (PUNCH, 2005). Argumentamos, porém, que há circunstâncias em que as duas abordagens podem ser usadas num projeto de pesquisa, o que pode levar os pesquisadores a superar as lacunas que percebem em ambas e trabalhar para construir a partir de suas fortalezas relativas. Reconhecemos que é prática comum usar as duas perspectivas; mas permanece o problema de que os pesquisadores frequentemente acham um desafio explicar como as utilizam em conjunto e por vezes adotam o recurso de rotular suas pesquisas como sendo de um ou de outro tipo.

Neste trabalho descrevemos uma abordagem pluralista da verificação e geração de teoria, uma metodologia de integração para a pesquisa social teórica. Nossa visão de pesquisa envolve múltiplos modos de inferência interligados, o que permite ao pesquisador começar com uma teoria *a priori* a ser examinada, ao mesmo tempo em que deixa emergir dos dados uma teoria nova. É uma mescla de abordagens da análise que a nosso ver se complementam, embora de início possam parecer contraditórias. A concepção da pesquisa começa com a teoria apropriada. No caso de muitas pesquisas de saúde em ciências sociais, investigações teóricas precedentes ou o próprio trabalho do pesquisador fornecem a base para uma premissa que precisa ser examinada, refinada, ampliada ou reexaminada (GIBBS et al., 2007). Como argumenta Popper (2002: 158): "Acredito que nossas descobertas são guiadas pela teoria, nestes e na maioria dos casos, e não que as teorias resultem das descobertas 'devido à observação'; pois a própria observação tende a ser guiada pela teoria". Ao contrário dos grandes teóricos, segundo os quais a construção teórica jamais pode ser "testada" num sentido empírico, o papel das ciências sociais na prática é observar a evolução da teoria – investigando-a em diferentes contextos, expondo áreas em que a teoria pode ser mais acentuada, construindo a partir da teoria inicial e ampliando-a. No entanto, para lidar com a crítica sobre o "encaixe" dos dados na teoria, o pesquisador deve empregar métodos de análise guiados pela orientação teórica. A análise de dados é empreendida com uma forma de codificação que permite o surgimento de dados externos ao sistema teórico.

O objetivo deste capítulo é descrever e demonstrar o uso da teoria social na concepção e análise da pesquisa qualitativa. O restante do capítulo demonstra uma abordagem metodológica pluralista da verificação e geração de teoria. Demonstramos o papel da teoria tanto na concepção quanto na análise dos dados qualitativos e como a pesquisa empírica pode testar a teoria e deixar também que a teoria surja a partir dos dados.

"Como" integrar a teoria na concepção e análise da pesquisa

Seja na área de saúde ou de outras disciplinas aplicadas, é provável que a pesquisa sirva a dois propósitos – a expansão ou desenvolvimento da teoria e o aumento do conhecimento empírico com a finalidade específica de dar uma contribuição importante à política pública e à prática no setor, com isso causando um impacto positivo sobre os "objetos" da pesquisa sociológica – as pessoas e os processos sociais. Como já antes aludido, uma abordagem puramente dedutiva pode ser problemática, uma vez que ignora dados que escapem às premissas teóricas iniciais. Uma abordagem puramente indutiva, porém, pode estar cega aos estudos qualitativos que "já acumularam um corpo de conhecimento útil" (SILVERMAN, 1997: 2). A seguir, apresentamos passos relevantes para a concepção de uma pesquisa que começa com a teoria, mas permite a geração de nova teoria ao longo do processo.

• Passo 1. Investigar de forma sistemática a literatura na área de interesse teórico e empírico (p. ex. estigma da obesidade; confiança no sistema de saúde; resiliência e tabagismo) e identificar lacunas para a investigação empírica. Você pode também pensar em uma revisão sistemática como parte da sua pesquisa. Instituições de excelência como a Cochrane Collaboration (www.cochrane.org), a Campbell Collaboration (www.campbell collaboration.org) e o centro Eppi (www.eppi.ioe.ac.uk) fornecem instruções detalhadas sobre como proceder a revisões sistemáticas. Faça as seguintes perguntas: O que se sabe sobre esse assunto? Quais métodos foram utilizados anteriormente para investigações nessa área? Há demanda de mais pesquisa por realizar? Há alguma lacuna no contexto de pesquisas anteriores? A literatura existente pode fornecer uma direção de amostragem teórica para "lhe dar ideias de onde descobrir fenômenos importantes para o desenvolvimento da sua teoria" (SILVERMAN, 2010: 319). Uma das melhores maneiras de começar uma pesquisa é fazer uma análise crítica dos que o precederam. Como argumenta Silverman (2010: 96), a construção teórica em ciência social pode tirar proveito de diversos tipos de sensibilidade (histórica, política, contextual). Os diferentes caminhos para a investigação teórica não têm fim.

• Passo 2. Identificar as teorias sociais em sua área de pesquisa (tanto em potencial quanto as que foram usadas anteriormente). Pergunte o seguinte: Quem são os teóricos de destaque na área? Suas teorias foram verificadas empiricamente ou são abstratas demais para a aplicação prática?

• Passo 3. Analise criticamente a teoria ou teorias sociais do seu interesse. Isso implica identificar quaisquer lacunas empíricas em cada sistema, as críticas relevantes à sua aplicação prática na área de saúde que lhe interessa e a elaboração de crítica própria sobre a aplicação de cada teoria em áreas, contextos e cenários específicos. Por exemplo, uma pesquisa que realizamos sobre a confiança dos pacientes nos profissionais e no sistema de saúde começou com uma análise crítica das teorias sociais sobre a confiança (MEYER & WARD, 2008; MEYER et al., 2008; MEYER et al., 2012; MEYER & LUNNAY, 2013; MEYER & WARD, 2013). Verificou-se que as principais teorias referidas na literatura, as de Giddens e Luhmann, não tinham sido verificadas empiricamente. Além disso, críticas relevantes a essas teorias identificaram problemas na sua operacionalização em cenários reais (MEYER et al., 2008). Assim se abriu um caminho para a investigação empírica.

• Passo 4. Desenvolver uma estrutura conceitual para operacionalizar a teoria através de métodos de pesquisa apropriados.

Teoria é um conjunto de conceitos que em conjunto descrevem e explicam o fenômeno que se investiga. No entanto, esses conceitos estão num nível mais alto de abstração que os fatos específicos e a generalização empírica (os dados) sobre o fenômeno (PUNCH, 2000). A Figura 1 mostra o movimento da teoria abstrata à operacionalização.

Figura 1 Operacionalizando a teoria na pesquisa empírica

Teoria abstrata → **Conceitos** → **Concepção empírica de investigação dos fenômenos**

Decomponha a teoria em conceitos relevantes e dimensões em potencial desses conceitos. Por exemplo, na pesquisa acima mencionada, a confiança foi decomposta nos elementos identificados como precondições para a confiança: reflexividade, familiaridade, risco e tempo. Esses conceitos podem então ser investigados desenvolvendo-se perguntas relevantes (p. ex. para entrevistas/grupos de discussão, sobre áreas de observação). Uma identificação dos conceitos permitiu ver se a familiaridade, por exemplo, de fato é precondição da confiança em um contexto de "vida real". A Tabela 1 dá um exemplo de como usamos a teoria para fundamentar o desenvolvimento das perguntas para entrevista.

Tabela 1 Perguntas de entrevista e justificativa teórica

Perguntas de entrevista	Justificativa teórica
• Você já teve dúvidas sobre as recomendações de um serviço de saúde? • Já teve dúvidas sobre recomendações dietéticas de alguém que não o profissional de saúde que lhe dá atendimento?	Giddens e Luhmann – Reflexividade.
• Há quanto tempo esse profissional de saúde (o que for mencionado) o atende?	Luhmann – Familiaridade.
• Você acha que "confia" nesse profissional? (O que cuida da saúde da pessoa entrevistada.) • Por que sim/Por que não? • Em caso afirmativo, alguma vez você teve dúvida sobre qualquer recomendação desse profissional de saúde? • Caso negativo, quais os fatores que contribuem para a sua falta de confiança?	Luhmann e Giddens – Confiança no sistema *versus* confiança em um profissional específico. Conceitualização de confiança.
• Pode me dizer o que pensa sobre o que segue? - O sistema médico e o acesso aos serviços de saúde. - Um sistema duplo de saúde. - Tempo de espera para o atendimento. - Problemas/serviços caros. - Acesso aos serviços de saúde.	Reflexividade. Teoria dos sistemas, de Luhmann.
• Se você precisasse de atendimento de emergência, confiaria em um médico que nunca viu antes? • Se o seu médico local não pudesse atendê-lo/a, você procuraria outro?	Escolha – confiança X dependência.

Obs.: As perguntas acima são apenas exemplos para mostrar o papel da teoria na técnica empregada em campo. Não incluem perguntas especificamente destinadas a investigar lacunas empíricas.

• Passo 5. Planeje a pesquisa com o objetivo de investigar tanto problemas empíricos quanto teóricos. Quanto à teoria, os conceitos do Passo 4 precisam ser "pesquisáveis" e devem conduzir a métodos/técnicas apropriados. Por exemplo, na estratégia da nossa pesquisa, investigamos o papel do risco de confiar por meio de amostragem segundo o nível de risco na situação de um paciente (cf. MEYER et al., 2012). De modo similar, os problemas empíricos precisam ser utilizados na concepção do método de pesquisa. Este passo muitas vezes não é incluído na pesquisa direcionada pela teoria. Na nossa pesquisa sobre confiança revisamos a literatura e identificamos a necessidade de pesquisar se e de que maneira questões sociodemográficas impactam a confiança do paciente. Traçamos assim uma estratégia de amostragem especificamente para investigar renda, escolaridade, sexo, idade e local de residência. Os resultados foram analisados para comparar e contrastar com dados sociodemográficos.

Passo 6. Construção e análise de material de campo. A análise deve começar logo após o início da geração que deve então prosseguir até que o pesquisador sinta que não estão surgindo dados novos. Uma descrição da saturação de dados (ou seja, do esgotamento de dados novos) é apresentada de forma mais detalhada na discussão da análise de dados e este conceito é problematizado nesta obra, no capítulo de Carolina Martinez-Salgado que também aprofunda a discussão sobre amostragem.

Coleta de dados: O processo deve ser interativo e a análise deve compreender grande parte desse estágio. Baseamo-nos aqui no método de comparação constante discutido em relação à teoria fundamentada. É fundamental que a análise comece logo após a primeira entrevista e continue ao longo da coleta de dados. Esse método de análise sistematiza o processo para aumentar a rastreabilidade e a verificação (BOEIJE, 2002). Como Boeije (2002) descreve, a análise começa com a codificação dos dados iniciais coletados (uma entrevista, a transcrição das discussões de um grupo). O objetivo é interpretar uma entrevista, por exemplo, no contexto de toda a história do indivíduo (BOEIJE, 2002: 395). Esse processo continua ao longo de toda a coleta de dados, com cada peça adicional de informação sendo analisada isoladamente e comparada aos demais dados coletados. As comparações, no entanto, são orientadas pela questão da pesquisa (p. ex., diferenças de visão segundo o gênero, idade, diagnóstico médico). É de fundamental importância comparar de volta os dados coletados com a teoria e a pesquisa empírica (p. ex., suas questões de pesquisa estão permitindo investigar os problemas teóricos e empíricos?). Se a abordagem (p. ex., as perguntas de entrevista) não está permitindo alcançar seus objetivos, deve ser reexaminada. Bryman (2012) faz uma demonstração incomparável dos principais passos no processo de coleta e análise de dados (Figura 2).

Figura 2 O processo de coleta e análise de dados (adaptado de BRYMAN, 2012: 384)

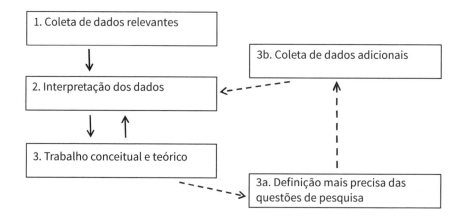

Um outro passo na geração de dados é a amostragem de casos extremos (DANERMARK et al., 1997). Durante o processo de coleta e subsequente análise de dados, deve-se procurar casos atípicos ou "aberrantes" que não se encaixam no quadro geral. Por exemplo, no nosso projeto de pesquisa de casos atípicos, verificamos que ter familiaridade com um médico influenciava a confiança do paciente no caso de um profissional de saúde específico. Para examinar o que ocorreria na ausência de familiaridade, investigamos a confiança dos pacientes em situações de emergência, nas quais provavelmente eles não conhecem o médico que os atende. Como precondição de confiança de acordo com a teoria social, fazer amostragem de pacientes expostos a situações de não familiaridade permitiu que examinássemos a confiança na ausência da precondição sugerida pela teoria.

Análise de dados: o processo da análise qualitativa de dados envolve muita organização de dados (com manuscritos, mapas mentais etc. ou usando programas como o Nvivo©). A análise qualitativa de dados é uma tarefa complexa e abstrata, muitas vezes criticada por detalhamento insuficiente, incoerência e ambiguidade. A teoria fornece um sistema estruturado para a explicação dessa análise e é parte integral da análise qualitativa de dados (GIBBS et al., 2007; GREEN et al., 2007). No entanto, um sistema teórico rígido de análise pode levar os pesquisadores a eliminar dados relevantes para a questão pesquisada. Embora sistemas teóricos sejam usados pelos pesquisadores para identificar de que maneira a teoria e a respectiva literatura dão ou não sentido aos dados que aparecem em uma pesquisa (MARSHALL & ROSSMAN, 2011), é bem provável que surjam dados que escapem à teoria ou à literatura, o que não deve ser desprezado ou encarado equivocadamente como um problema dos métodos, mas tratado como dados que podem levar a novas percepções – análises críticas da literatura ou expansão teórica. Este é um estágio difícil no processo, mas faz-se essencial uma abordagem correta para não incorrer em grandes dificuldades com examinadores ou colegas que avaliem o estudo. É necessário que os pesquisadores, portanto, levem a análise para além do quadro teórico. É nesse passo que nos valemos da teoria fundamentada e analisamos os dados para ver o que escapa ao arcabouço teórico.

A análise precisa ser abrangente e escrita de forma lógica para explicar um processo rigoroso. Sugerimos três fases para isso: (i) Precodificação; (ii) Categorização conceitual e temática; (iii) Categorização teórica. Esse processo de análise é o inverso da concepção de pesquisa mostrada na Figura 1 acima. A análise refaz de trás para frente o caminho que vai dos dados aos conceitos e destes à teoria. Mas, como há dados adicionais resultantes das lacunas empíricas verificadas, muitos dados escaparão à teoria e precisarão ser identificados, analisados e interpretados.

Precodificação

O processo de precodificação requer que o pesquisador codifique aspectos dos dados para além do marco teórico (LAYDER, 1998). Assim, os dados que não fazem parte da estrutura conceitual original derivada da teoria não são desprezados (o autor, 2013a). Inicialmente, a análise consiste em identificar as palavras usadas com mais frequência pelos participantes nas entrevistas. Isso envolve a codificação de palavras ou seções de texto nos dados ou observações de campo (p. ex., com cores ou anotações). É provável que centenas de códigos sejam feitos. O objetivo é estar aberto para o surgimento de dados "inesperados". Todos esses códigos não aparecerão necessariamente na redação dos dados, mas não devem ser excluídos, pois há uma relevância potencial para o(s) objetivo(s) da pesquisa.

Categorização conceitual e temática

O segundo estágio na análise é examinar os códigos originais sob uma perspectiva conceitual ou temática. Os códigos iniciais são agrupados em categorias separadas mais amplas, categorias conceituais originais e outros dados empíricos adicionais que escapam ao modelo conceitual. Todos os códigos que se supõe encaixar nas categorias conceituais originais são categorizados de acordo com as mesmas. Códigos que não se encaixem ao modelo conceitual adotado podem ser inseridos como uma categoria de "outros temas".

Categorização teórica

As categorias do segundo estágio precisam então se tornar mais significativas para os objetivos da pesquisa e também ser analisadas a fim de se identificar áreas para pesquisa empírica ulterior ou expansão teórica. É nesse estágio que as categorias conceituais são agrupadas em categorias ainda mais amplas. O exemplo abaixo (Tabela 2) ilustra o processo. Na pesquisa usada para isso, o sistema teórico inicial derivou das teorias de Giddens e Luhmann e os dados foram por isso organizados de acordo com esse modelo. No entanto, como nos passos 3 e 4 acima, verificaram-se lacunas teóricas e empíricas.

Os dados são organizados segundo se encaixem e como se encaixam nessas lacunas. Uma categoria final inclui todos os códigos iniciais que não se encaixam em nenhum lugar e exigem investigação empírica ulterior. Observe-se que muitas seções do texto vão se encaixar em mais de uma categoria conceitual ou teórica.

Tabela 2 Exemplo de processo de codificação[a]

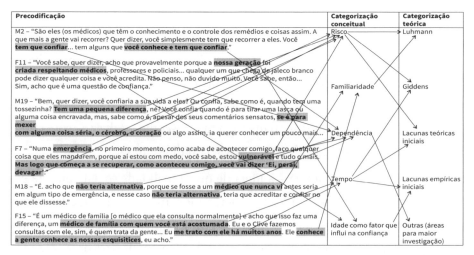

a Esta tabela tem apenas propósito ilustrativo. Mais informações sobre os dados apresentados estão disponíveis nas publicações dos autores.

O processo acima é facilitado por quatro formas de inferência: dedutiva, indutiva, abdutiva e retrodutiva. Ao contrário da indução e da dedução, a abdução e a retrodução são formas abrangentes de raciocínio raramente mencionadas na literatura sobre método e metodologia em ciências sociais (DANERMARK et al., 1997). Cumpre registrar que a utilização que fazemos das noções de inferência abdutiva e retrodutiva é um empréstimo tomado do realismo crítico. É lugar-comum os pesquisadores qualitativos se basearem nas tradições teóricas existentes para desenvolver o seu método (WILES et al., 2011), mas as tradições/filiações iniciais devem ser reconhecidas visto que elas formatam o uso do método. A inferência abdutiva é necessária para descobrir circunstâncias e estruturas não fornecidas em dados empíricos individuais, porque a abdução não é rigorosamente lógica como a dedução nem puramente uma generalização empírica como a indução (COLLINS, 1985). A abdução começa com um evento ou fenômeno empírico relacionado a uma teoria e leva a uma nova teoria/crença/hipótese sobre esse evento/fenômeno. A abdução envolve a descrição e compreensão do mundo segundo os pontos de vista dos participantes e daí deriva uma explicação científica ou descrição do mundo tal como é visto por eles (BRYMAN, 2012). Por exemplo, na nossa pesquisa sobre a confiança, perguntamos aos participantes sobre sua confiança em situações de emergência. E eles disseram que não tinham escolha senão confiar. De uma perspectiva conceitual, a ausência de escolha torna a confiança algo discutível. No entanto, aos olhos dos participantes pode haver confiança nessas situações. Nesse caso, o uso de raciocínio abdutivo exigiu que pensássemos para além dos dados empíricos e tentássemos entender o que, então, os participantes sentiam na falta de escolha – talvez as conceitualizações leiga e sociológica de confiança sejam diferentes.

A inferência retrodutiva é a ideia de que a realidade social consiste em estruturas e objetos interiormente relacionados, mas uma realidade tal que só podemos conhecer se formos além do empiricamente observável, formulando perguntas e desenvolvendo conceitos fundamentais para os fenômenos estudados. A retrodução é um meio para tentar esclarecer os prerrequisitos ou condições básicas das relações sociais, do raciocínio, do conhecimento e da ação das pessoas, sabendo a circunstância sem a qual uma coisa não pode existir (p. ex., a investigação da confiança ante a falta de escolha). Usando o exemplo mencionado, a inferência retrodutiva foi aplicada para investigar melhor a conceitualização de confiança. Perguntamos de um ponto de vista sociológico: "Pode haver confiança na ausência de escolha?" E: "Em caso negativo, que conceito alternativo os participantes descrevem?" A retrodução ocorre no final da análise e leva em conta as descobertas anteriores para criar um quadro mais abrangente da pesquisa. A dedução fornece uma premissa teórica inicial para a análise, ao passo que a indução permite a emergência de dados para além da marco teórico (Tabela 2, precodificação). A abdução requer que o pesquisador pense conceitualmente para formular perguntas sobre as relações entre os dados e a teoria (Tabela 2, categorização conceitual). A retrodução leva adiante a análise anterior para construir um quadro mais abrangente que seja significativo de um ponto de vista teórico (Tabela 2, categorização teórica).

As quatro formas de inferência permitem que os pesquisadores usem a teoria na concepção e análise da pesquisa. Uma descrição abrangente dessas formas de inferência e do "modo de usá-las" na concepção e análise da pesquisa qualitativa extrapola o escopo deste capítulo, mas já a publicamos em outro trabalho (MEYER & LUNNAY, 2013). A Figura 3 dá detalhes de como essas formas de inferência são usadas em conjunto.

Figura 3 Quadro aplicativo das quatro linhas de investigação: indução, dedução, abdução, retrodução

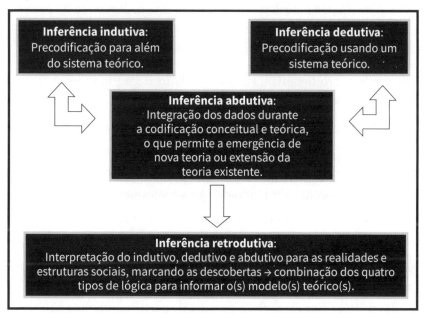

Como dissemos, a coleta e análise de dados deve continuar até que o pesquisador sinta que nenhum dado novo está surgindo ou que os temas estão saturados. Morse (1994: 147) argumenta que "a saturação é a chave para um trabalho qualitativo de excelência"[4], mas ao mesmo tempo que "não há diretrizes ou testes de adequação na literatura para estimar o tamanho da

---

4. Sobre a crítica ao conceito de saturação quando fora da teoria fundamentada, cf. o capítulo 6 desta obra, de Carolina Martínez-Salgado [N. das organizadoras].

amostragem necessária a fim de atingir a saturação" (MORSE, 1994: 147). É um estágio também difícil no processo de pesquisa e defender a saturação para os leitores é importante na pesquisa qualitativa de qualidade.

A saturação ocorre quando a informação analisada pelo pesquisador se torna repetitiva e as ideias emitidas pelos participantes já foram manifestadas anteriormente por outros e não resultam em novos temas (BEANLAND et al., 1999). Glaser e Strauss (1967: 65), expoentes da teoria fundamentada, definiram que saturação teórica é o ponto em que:

> [...] nenhum dado adicional está sendo encontrado para (o pesquisador) poder desenvolver propriedades da categoria. Como está vendo só exemplos semelhantes repetidamente, ele fica empiricamente convicto de que uma categoria está saturada [...]. Quando uma categoria é saturada, nada resta senão passar a novos grupos em busca de dados sobre outras categorias, tentando então igualmente saturá-las.

Aí reside outro benefício da teoria. Ela fornece um meio pelo qual se resguardar da "ansiedade epistêmica" (preocupação com a quantidade de dados a coletar) (NAGEL, 2010). A saturação teórica ocorre quando todas as principais variações dos fenômenos foram identificadas e há dados que se encaixam na teoria original e outros que potencialmente escapam a ela. Deve-se manter, porém, o cuidado de não simplesmente "buscar" descobertas que confirmem/refutem teorias e continuar com uma atitude aberta para permitir que dados externos à teoria possam emergir. Com essa finalidade, parte importante da diversificação de uma amostragem em pesquisa qualitativa de qualidade é buscar ativamente casos negativos (GIBBS et al., 2007). Isso pode envolver, por exemplo, a procura de participantes que não se encaixem no entendimento conceitual que se esteja desenvolvendo sobre os dados e a investigação da natureza e extensão dessas diferenças.

Passo 7. Redação da pesquisa[5]. Um fator difícil na redação de um estudo qualitativo, tanto quando se escreve para pesquisadores qualitativos (que exi-

---

5. Para uma análise mais aprofundada relativa à redação na pesquisa qualitativa, cf. o capítulo 8 desta obra, de Leticia Robles-Silva [N. das organizadoras].

gem bastante descrição) quanto pesquisadores não qualitativos (que às vezes podem não entender ou apreciar essa abordagem metodológica), é a parte da análise de dados. Green et al. (2007) têm um trabalho excepcional e acessível que discute as dificuldades no relato de dados qualitativos e a dificuldade do leitor de julgar a qualidade da pesquisa qualitativa (GREEN et al., 2007). De fato, as seções referentes a métodos nos artigos científicos são bem visadas e é difícil para um pesquisador apresentar informação "suficiente" em um espaço limitado. A linguagem e a terminologia são também problemáticas e, como observam Green et al., os termos usados nos estudos qualitativos (p. ex., imersão, codificação, temas) têm alcance amplo. Em poucas palavras, descrever uma forma de pensar é difícil. As palavras para tais descrições têm mesmo significados diversos e muitas vezes diferem segundo os fundamentos epistemológicos ou metodológicos e as disciplinas. No entanto, a teoria usada como uma estrutura (solta) de análise reforça o rigor analítico – "estudos que explicam temas ancorados em dados e em teorias produzem a evidência mais forte" (GREEN et al., 2007: 545).

Conclusão

O objetivo deste capítulo foi descrever e demonstrar o uso da teoria social na concepção e análise de pesquisa qualitativa, dando aos estudantes e pesquisadores um referencial. A utilidade da teoria social é que ajuda os pesquisadores a passar de dados abstratos a explicações significativas. É a explicação do fenômeno social que torna as descobertas transferíveis a outros cenários, fornecendo assim melhor evidência (GREEN et al., 2007: 549). Como dissemos, a utilização da teoria antes ou depois dos dados é em última análise determinada pela questão pesquisada. Há, porém, muitas questões de pesquisa que requerem a abordagem pluralista que descrevemos.

A chave para a pesquisa qualitativa de qualidade é conceber e analisar a investigação de forma adequada. A parte mais difícil, muitas vezes, é explicar aos que revisam ou examinam o estudo como isso foi feito, descrevendo o caminho adotado. Esperamos que os leitores considerem este texto acessível para o desenvolvimento de suas pesquisas e que ele tenha esclarecido um pouco mais a importância da teoria ao longo de todo o processo investigativo.

Referências

ABEND, G. (2008). "The Meaning Of 'Theory'". In: *Sociological Theory*, 26, p. 173-198.

BEANLAND, C.; SCHNEIDER, Z.; LOBIONDO-WOOD, G. & HABER, J. (1999). *Nursing Research*: Methods, Critical Appraisal And Utilisation. Sydney: Mosby.

BECK, W.; VAN DER MAESEN, L.; THOMESE, F. & WALKER, A.C. (eds.) (2001). *Social Quality*: A Vision For Europe. Haia: Kluwer Law.

BHASKAR, R. (1975). *A Realist Theory Of Science*. Boston: Brill Academic Publishers.

BLUFF, R. (2005). "Grounded Theory: The Methodology". In: HOLLOWAY, I. (ed.). *Qualitative Research in Health Care*. Berkshire: Open University Press, p. 147-167.

BOEIJE, H. (2002). "A Purposeful Approach to the Constant Comparative Method in the Analysis of Qualitative Interviews". In: *Quality & Quantity*, 36, p. 391-409.

BRYMAN, A. (2012). *Social Research Methods*. Oxford: Oxford University Press.

CHARMAZ, K. (2006). *Constructing Grounded Theory*: A Practical Guide Through Qualitative Analysis. Los Angeles: Sage.

COLEMAN, J.S. (1990). *Foundations of Social Theory*. Cambridge: Harvard University Press.

COLLINS, R. (1985). *Three Sociological Traditions*. Nova York: Oxford University Press.

CORBIN, J. & HOLT, N.L. (2011). "Grounded Theory". In: SOMEKH, B. & LEWIN, C. (eds.). *Theory and Methods in Social Research*. Londres: Sage, p. 113-120.

CORYN, C.L.S.; NOAKES, L.A.; WESTINE, C.D. & SCHROTER, D.C. (2010). "A Systematic Review of Theory-Driven Evaluation Practice From 1990-2009". In: *American Journal of Evaluation*, 32, p. 199-226.

CRAIB, I. (1997). *Classical Social Theory*: An Introduction to the Thought of Marx, Weber, Durkheim, and Simmel. Oxford: Oxford University Press.

DANERMARK, B.; EKSTRÖM, M.; JAKOBSEN, L. & KARLSSON, J.C. (1997). "Generalization, Scientific Inference and Models for an Explanatory Social Science". In: DANERMARK, B. (ed.). *Explaining Society*: Critical Realism in the Social Sciences. Ablingdon: Routledge, p. 73-114.

DENZIN, N. (1989). *The Research Act*: A Theoretical Introduction to Sociological Methods. Nova Jersey: Prentice-Hall.

DURKHEIM, É. (1982). *The Rules of Sociological Method*. Nova York: Free Press.

ELIAS, N. (2000). *The Civilising Process* – Sociogenetic and Psychogenetic Investigations. Oxford: Blackwell.

FRANKFORT-NACHMIAS, C. & NACHMIAS, D. (2008). *Research Methods in the Social Sciences*. Nova York: Worth.

FULLER, S. (2006). *The New Sociological Imagination*. Londres: Sage.

GIBBS, L.; KEALY, M.; WILLIS, K.; GREEN, J.; WELCH, N. & DALY, J. (2007). "What Have Sampling and Data Collection got to do With Good Qualitative Research?" In: *Australian and New Zealand Journal of Public Health*, 31, p. 540-544.

GIERYN, T.F. (1999). *Cultural Boundaries of Sciences*: Credibility on the Line. Chicago: The University of Chicago Press.

GLASER, B. & STRAUSS, A. (1967). *The Discovery of Grounded Theory*: Strategies for Qualitative Research. Nova York: Aldine.

GREEN, J.; WILLIS, K., HUGHES, E.; SMALL, R.; WELCH, N.; GIBBS, L. & DALY, J. (2007). "Generating Best Evidence From Qualitative Research: The Role Of Data Analysis". In: *Australian and New Zealand Journal of Public Health*, 31, p. 545-550.

HABERMAS, J. (2001). *On the Pragmatics of Social Interaction* – Preliminary Studies in the Theory of Communicative Action. Cambridge: Polity Press.

HERRMANN, P. (2005). "Empowerment: The Core of Social Quality". In: *European Journal of Social Quality*, 5, p. 289-300.

JIWA, M. & WARD, P.R. (2009). "Will the Need for Effective Communication Between Doctors Redefine Primary Care?" In: *Australasian Medical Journal*, 1 (4), p. 1-9.

KIRK, J. & MILLER, M.L. (1986). *Raliability and Validity in Qualitative Research*. Londres: Sage.

LAYDER, D. (1998). *Sociological Practice*: Linking Theory and Social Research. Londres: Sage.

LUHMANN, N. (1995). *Social Systems*. Stanford, CA: Stanford University Press.

MARSHALL, C. & ROSSMAN, G.B. (2011). *Designing Qualitative Research*. Londres: Sage.

MAY, T. (2001). *Social Research*: Issues, Methods and Process. Buckingham: Open University Press.

MERTON, R.K. (1968). *Social Theory and Social Structure*. Nova York: The Free Press.

MEYER, S.B. & LUNNAY, B. (2013). "The Application of Abductive and Retroductive Inference for the Design and Analysis of Theory-Driven Sociological Research". In: *Sociological Research Online*, 18 (1).

MEYER, S.B. & WARD, P.R. (2013). "Differentiating Between Trust and Dependence of Patients With Coronary Heart Disease: Furthering the Sociology of Trust". In: *Health Risk & Society*, 15(3), p. 279-293.

_____ (2008). "Do Your Patients Trust You?: A Sociological Understanding of the Implications of Patient Mistrust in Healthcare Professionals". In: *Australasian Medical Journal*, 1 (1), p. 1-12.

MEYER, S.B.; WARD, P.R.; COVENEY, J. & ROGERS, W. (2008). "Trust in the Health System: An Analysis and Extension of the Social Theories of Giddens and Luhmann". In: *Health Sociology Review*, 17 (2), p. 177-186.

MEYER, S.B.; WARD, P.R. & JIWA, M. (2012). "Does Prognosis and Socioeconomic Status Impact On Trust In Physicians? – Interviews With Patients With Coronary Disease in South Australia". In: *BMJ Open*, 2, p. 5. Doi: 10.1136/Bmjopen-2012-001389

MILES, M. & HUBERMAN, A.M. (1984). *An Expanded Sourcebook*: Qualitative Data Analysis. Londres: Sage.

MILES, M. & HUMBERMAN, A. (1994). *Qualitative Data Analysis*: An Expanded Sourcebook. Thousand Oaks, CA: Sage.

MONTGOMERY, C.A.; WERNERFELT, B. & BALAKRISHNAN, S. (1989). "Strategy Content and the Research Process: A Critique and Commentary". In: *Strategic Management Journal*, 10, p. 189-197.

MORSE, J. (1994). "Designing Funded Qualitative Research". In: DENZIN, N. & LINCOLN, Y. (eds.). *Handbook for Qualitative Research*. Thousand Oaks, CA: Sage, p. 220-235.

NAGEL, J. (2010). "Epistemic Anxiety And Adaptive Invariantism". In: *Philosophical Perspectives* 24, p. 407-435.

POPPER, K. (2002). *Conjectures and Refutations*. Londres: Routledge & Kegan Paul.

PUNCH, K.F. (2005). *Introduction to Social Research*. Londres: Sage.

_____ (2000). *Developing Effective Research Proposals*. Londres: Sage.

SEALE, C. (ed.) (1999). *The Quality of Qualitative Research*. Londres: Sage.

SHAPIN, S. (1994). *A Social History of Trust*: Civility and Science in Seventeenth-Century England. Chicago: The University Of Chicago Press.

SILVERMAN, D. (2010). *Doing Qualitative Research*. Londres: Sage.

_____ (2004). *Qualitative Research*: Theory Method and Practice. Londres: Sage.

_____ (1993). *Interpreting Qualitative Data*: Methods for Analysing Talk, Text and Interaction. Londres: Sage.

SILVERMAN, D. (ed.) (1997). *Qualitative Research*: Theory, Method and Practice. Londres: Sage.

SOMEKH, B. & LEWIN, C. (2001). *Theory and Methods in Social Research.* Londres: Sage.

STRAUSS, A. & CORBIN, J. (1998). *Basics of Qualitative Research*: Techniques and Procedures for Developing Grounded Theory. Thousand Oaks, CA: Sage.

_____ (1990). *Basic of Qualitative Research*: Grounded Theory Procedures and Techniques. Newbury Park, CA: Sage.

STUFFLEBEAM, D.L. & SHINKFIELD, A.J. (2007). *Evaluation Theory, Models & Applications.* São Francisco, CA: Jossey-Bass.

VAN RYN, M. & HEANEY, C.A. (1992). "What's the Use of Theory?" In: *Health Education & Behaviour*, 19, p. 315-330.

WILES, R.; CROW, G. & PAIN, H. (2011). "Innovation in Qualitative Research Methods: A Narrative Review". In: *Qualitative Research*, 11, p. 587-604.

WRIGHT MILLS, C. (1959). *The Sociological Imagination.* Oxford: Oxford University Press.

6
Amostra e transferibilidade: como escolher os participantes em pesquisas qualitativas em saúde?*

Carolina Martínez-Salgado

Introdução

A escolha dos participantes em uma pesquisa qualitativa é uma questão da maior importância, inseparável da concepção conjunta de todo o projeto. O que ou quem incluir? Quantos? Como? Onde? Quando? Por quê? A resposta a cada uma dessas perguntas traz muitas consequências sobre os resultados que o pesquisador conseguirá por meio de seu estudo e o que permanecerá na sombra. Dentro do vasto e heterogêneo campo da pesquisa qualitativa existe uma grande diversidade de posturas a esse respeito, desde as que se ocupam das dimensões mais práticas (RITCHIE & LEWIS, 2003), até as que se aprofundam nos fundamentos teóricos nos quais estas decisões imergem suas raízes (MINAYO, 2017; GUBA & LINCOLN, 1994; 2011); desde as que desejariam que o fiel cumprimento de certos critérios pudesse se converter na garantia de validade dos procedimentos (GENTLES & VILCHES, 2007; GIBBS et al., 2007), até as que problematizam cada um dos conceitos envolvidos na própria ideia de validade a partir de novas perspectivas epistemológicas (ST. PIERRE, 2013; LATTER, 2016). Por isso a conveniência de estabelecer um primeiro e fundamental ponto de referência para situar os postulados por mim expostos neste capítulo: a concepção de pesquisa qualitativa da qual eu parto.

---

* Tradução de Maria Idalina Ferreira.

Acompanhando Denzin e Lincoln (2011; 2017), entenderei aqui por pesquisa qualitativa o conjunto de práticas interpretativas e materiais por meio das quais os pesquisadores estudam as pessoas, as coisas, as relações e os significados que os sujeitos lhes dão no mundo em que transcorre suas vidas. Como destacam esses autores, a pesquisa qualitativa é uma atividade historicamente situada que coloca o observador e o que observa no mundo, e que ao converter o mundo em uma série de representações, o faz visível e pode chegar a transformá-lo. Uma atividade, aliás, que acontece no interior de um campo histórico complexo, no qual, com o passar do tempo, seu significado se modela e se remodela. Gostaria, no entanto, de circunscrever minha concepção de pesquisa qualitativa, como propõe Denzin (2017: xii), à atividade de indagação praticada por aqueles que buscam compreender o sentido das difíceis condições nas quais transcorre a vida cotidiana em nosso tempo.

Aqueles que se ocupam dessas tarefas no mundo acadêmico contemporâneo formam – segundo a descrição de Denzin e Lincoln (2011) – uma heterogênea coletividade na qual coexiste a mais ampla gama de perspectivas epistemológicas que podem ser situadas em algum ponto entre os dois polos que marcam, de um lado, as posturas positivistas e pós-positivistas e, de outro, as pós-estruturalistas que rompem radicalmente com a ilusão de certeza do pensamento científico moderno (ST. PIERRE, 2013; 2016; LATTER, 2016). Esta diversidade se expressa também no vasto repertório de tradições e estratégias de pesquisa às quais estes pesquisadores recorrem (estudos de caso, etnografias, fenomenologias, teoria fundamentada, estudos biográficos, históricos, participativos, clínicos, autoetnografias, entre tantos outros), os métodos e técnicas que empregam para obter e analisar seu material empírico, e a maneira como elaboram suas interpretações e apresentam as versões que constroem (DENZIN, 2017).

Considero necessário advertir também que o campo da pesquisa qualitativa ao qual me refiro se encontra em contínua transformação porque, como assinalam Denzin e Lincoln (2011; 2017), o mundo com que se defronta e de que se ocupa muda, porque suas propostas crescem em sofisticação teórica e metodológica, e porque a empreitada que envolve, além de ser um projeto de pesquisa, é "um projeto moral, alegórico e terapêutico" cuja tarefa não se limita ao mero registro das experiências das pessoas, mas que produz interpretações com consequências sobre a maneira como nós humanos criamos o mundo.

Pareceu-me importante explicitar tudo isso antes de entrar no tema de que me ocuparei aqui, pois quis partir do reconhecimento de que as versões geradas por esse heterógeno conjunto de pesquisadores se encontram atravessadas por fortes tensões e contradições derivadas do vasto leque de posturas epistemológicas não partilhadas. Creio que isso ajudará numa melhor compreensão das grandes diferenças que pode haver entre os postulados de algumas dessas visões e quem sabe também aliviará em alguma medida a confusão que se chega a experimentar quando se leem recomendações, nem sempre concordantes, sobre como proceder para decidir o que ou a quem, como e por que escolher o que incluímos e aqueles que convidamos para participar em nossos estudos.

O percurso que estamos a ponto de iniciar começa com a localização do problema da amostragem no campo da pesquisa qualitativa, continua com a exposição das características distintas dos desenhos intencionais ou propositivos e a lógica que os orienta, com uma sintética revisão do conceito de saturação e de alguns de seus questionamentos, seguindo-se uma breve apuração dos principais elementos a serem considerados para o desenho de uma amostragem em pesquisa qualitativa. Detenho-me primeiro em alguns dos mais conhecidos desenhos de amostragem aos quais se pode recorrer nesta modalidade de indagação; reviso a diferenciação que alguns autores fazem entre a amostragem teórica e a propositiva, e abordo um dos problemas de consistência epistemológica que podem ocorrer quando se confunde os princípios que regem nos territórios da amostragem probabilística e da não probabilística. Trato depois do problema da validade no campo da pesquisa qualitativa e de como os conceitos de transferibilidade e reflexividade figuram em sua construção dentro deste campo. Na parte final, faço uma breve consideração em torno da presença recente da pesquisa qualitativa no âmbito das ciências da saúde e concluo com um convite à reflexão sobre as implicações derivadas da posição epistemológica a partir da qual o pesquisador trabalha.

A amostragem em pesquisa qualitativa

Vamos traçar uma primeira grande subdivisão para separar esses dois grandes territórios habitados: o primeiro pelos desenhos de amostragem baseados na teoria da probabilidade, e o segundo pelos desenhos de amostragem que se orientam a partir de outras teorias. Isso para apontar que, dessas duas grandes famílias de desenhos amostrais, são os segundos os recomendados para se obter o tipo de conhecimento que buscamos por meio da pesquisa qualitativa (SANDELOWSKI & BARROSO, 2003; MARTÍNEZ, 2012; MINAYO, 2017).

Esses dois territórios – o dos desenhos probabilísticos e o dos não probabilísticos – são regidos por diferentes formas de raciocínio, cada uma delas com seus próprios fundamentos dos quais se depreendem diferentes princípios, critérios e objetivos. Se os imaginássemos como dois campos de jogo diferentes com suas próprias regras e objetivos, seria mais fácil compreender por que, quando se pretende aplicar a lógica e a dinâmica de um ao campo de jogo do outro, ocorrem incongruências intransponíveis, e por que se a intenção fosse avaliar a eficácia de uma dessas modalidades de amostragem com os critérios e princípios que regem a outra, haveria grandes confusões e seriam emitidos julgamentos errôneos (MARTÍNEZ, 2012). Mas vamos fazer uma rápida comparação para tentar mostrar essas diferenças de forma mais clara (Tabela 1).

Tabela 1 Comparação entre os desenhos de amostragem probabilística e os não probabilísticos

Características	Desenhos probabilísticos	Desenhos não probabilísticos
Fundamento teórico	Teoria da probabilidade.	Postura epistemológica, conhecimento teórico e experimental.
Propósito	Conhecer o valor de um parâmetro na população a partir de uma amostragem.	Compreender em profundidade significados subjetivos no contexto da cultura.
Forma de escolha	Aleatória.	Intencional.

Características	Desenhos probabilísticos	Desenhos não probabilísticos
Critérios para a escolha	Cada unidade tem uma probabilidade conhecida de ser escolhida.	Cada unidade é escolhida pela riqueza da informação que pode fornecer.
Viés	Distorce a medição, deve ser evitado	Fortalece o rigor na descoberta do que se busca.
Cálculo do tamanho da amostragem	É calculado em função da heterogeneidade (variância) da variável, dos níveis desejados de confiança e precisão.	Não é conhecido de antemão. Depende do poder da informação e da habilidade do pesquisador. A qualidade é mais importante do que a quantidade.
Generalizabilidade	Nomotética (validade externa no sentido estatístico).	Ideográfica. Refere-se ao conceito de transferibilidade.
Representatividade	Validade interna (no sentido estatístico).	Remete ao conceito de reflexividade.
O que é privilegiado	Objetividade.	Subjetividade.

Fonte: Elaboração própria.

Os desenhos de amostragem probabilísticos (como o aleatório irrestrito, o sistemático, o estratificado, o do conglomerado, o multietapas, entre muitos outros) têm uma racionalidade regida, precisamente, pela teoria da probabilidade (COCHRAN, 1977; RAJ, 1980; KISH, 1995). Seu propósito é obter a informação mais ampla possível sobre os valores do parâmetro de interesse na população da qual se extraiu a amostragem. Para que essa inferência seja possível é necessário uma escolha livre de vieses em que cada unidade do quadro amostral tenha uma probabilidade conhecida de ser escolhida, o que é garantido por meio de procedimentos aleatórios. O tamanho da amostra é calculado em função da heterogeneidade da distribuição esperada da variável em estudo na população, e dos níveis de confiança e de precisão desejados. A validação se dá pela chamada validade interna, que se refere à possibilidade de fazer inferências corretas para a população a partir das medições feitas na amostragem, e pela validade externa, que aponta para a possibilidade de generalizar os resultados obtidos nesta população para populações distintas; estas são o fundamento, respectivamente, da representatividade e da generalizabilidade conforme concebidas neste contexto teórico.

Por outro lado, os desenhos de amostragem não probabilísticos (como são o intencional ou propositivo, com toda sua diversidade de alternativas[1], e o teórico), buscam compreender em profundidade a situação em estudo e seus significados para quem a vive (MINAYO, 2017; BECKER, 1998; MILES & HUBERMAN, 1994). Sua racionalidade está, portanto, voltada para a busca das fontes que possam oferecer a maior riqueza de informação possível (CURTIS et al., 2000; PATTON, 2002; MALTERUD et al., 2016). O tamanho da amostra não é aqui o mais importante; este só será conhecido no final do estudo e não há regras fixas para sua determinação. Não obstante, há quem, na tentativa de justificar suas decisões a este respeito, costume recorrer ao critério da saturação, hoje questionado e sobre o qual voltarei mais à frente. O que existe, em contrapartida, são certas orientações gerais que podem ajudar a alcançar uma maior coerência entre a perspectiva teórica, os propósitos do estudo, o que é necessário para alcançá-los e os caminhos acessíveis para fazê-lo, que também retomarei em breve (BECKER, 1998; MILES & HUBERMAN, 1994; PATTON, 2002; CURTIS et al., 2003; MINAYO, 2017). É importante saber ainda que nesse campo a habilidade de observação e de análise do pesquisador é um dos elementos que entram em jogo para alcançar a profundidade buscada a partir de um pequeno número de casos (BECKER, 1998; PATTON, 2002). Quanto à validação, ela está estreitamente ligada aos conceitos de transferibilidade e reflexividade que, como comentarei mais adiante, constituem, a meu ver, uma verdadeira problematização dos próprios conceitos de representatividade e generalizabilidade em seu sentido mais convencional. A triangulação, aliás, é uma das estratégias recomendadas para fortalecer a validade, embora seja, como veremos, um conceito que também já foi questionado e ao qual hoje se dá mais de um significado.

Minha expectativa ao fazer esses contrastes é contribuir para a compreensão das diferentes lógicas que ordenam o raciocínio em cada um desses territórios, e talvez assim afastar as pretensões de desqualificar – e a tendência a menosprezar – os desenhos que operam fora da racionalidade da teoria da probabilidade. Com eles também quero traçar mais um ponto de refe-

---

1. Que serão tratadas com mais detalhes posteriormente.

rência para facilitar a compreensão da razão pela qual, mesmo que a amostragem probabilística seja aquela que goza da maior legitimidade no campo da pesquisa científica tradicional (cuja racionalidade a justifica)[2], não é esta a opção mais consistente para gerar o tipo de conhecimento que buscamos ao recorrer à pesquisa qualitativa[3], e isso é verdadeiro independentemente da postura epistemológica adotada. Mas que coerência haveria em recorrer aos procedimentos idealizados para abordar de maneira objetiva e livre de valores uma realidade considerada como estável e imutável, quando o que se pretende é conseguir se aprofundar na compreensão dessa problemática elusiva e ambígua, totalmente imersa na subjetividade que diz respeito aos significados que os humanos atribuem ao mundo e às suas próprias experiências no âmbito da cultura?

Contudo, ao longo de nosso percurso devemos ter em mente a heterogeneidade de posições às quais me referi, que inclui aqueles que encontram maior riqueza na pesquisa baseada nas artes, mas também aqueles que aderem à pesquisa de base científica; aqueles que estão politicamente comprometidos com a justiça social ou com as lutas emancipatórias dos grupos mais oprimidos da população, e que orientam seu trabalho a partir de novas posturas epistemológicas, mas também aqueles que chegaram aqui em busca de ferramentas para encontrar soluções imediatas para certas situações sem muita preocupação com sua postura epistemológica (DENZIN & LINCOLN, 2011); aqueles que advogarão pela construção de diretrizes claras e inequívocas para garantir a legitimidade da pesquisa, mas também aqueles que questionarão – a partir de sólidas bases filosóficas – a própria legitimidade da noção de amostragem dentro deste campo.

No mais, como no final das contas todos temos de nos deparar com a tarefa de decidir com o que ou com quem vamos trabalhar e para onde te-

---

2. Isso sem levar em conta que, em muitas ocasiões, também é a única a cujo conhecimento e manejo se considera importante esperar dos pesquisadores.

3. Ainda que não faltem autores neste campo, que não deixam de recorrer à amostragem aleatória como possibilidade complementar dentro, ou paralelamente, dos desenhos propositivos (como PATTON, 2002: 174, 179, ou TEDDLIE & YU, 2007, entre vários outros). Mas este é outro dos pontos a serem aprofundados adiante.

mos de nos dirigir nessa busca[4], esta incursão na terra dos desenhos não probabilísticos será proveitosa para coletar ali tudo o que possa resultar de valor para nosso trabalho. Ao longo do caminho, tentarei reconduzir as múltiplas recomendações que encontraremos aos seus fundamentos epistemológicos, com o intuito de ajudar a localizar nossas próprias posições e a assumir suas consequências.

Os desenhos de amostragem não probabilísticos

Este tipo de desenho costuma aparecer nos textos de pesquisa qualitativa sob a denominação de amostragem propositiva ou intencional[5]. E se apresenta nos seguintes termos[6]:

> A lógica e o poder da amostragem propositiva apoiam-se na seleção de *casos ricos em informação* para o estudo aprofundado. Os casos ricos em informações são aqueles a partir dos quais muito pode ser aprendido sobre assuntos de importância central para os propósitos da pesquisa, daí o termo amostragem *propositiva*. [...] O propósito da amostragem propositiva é selecionar casos ricos em informações cujo estudo permita iluminar a questão em estudo (PATTON, 2002: 169).

> A ideia por trás da pesquisa qualitativa é escolher de forma propositiva os participantes ou locais (ou documentos ou material visual) que melhor ajudem o pesquisador a compreender o problema e a questão de pesquisa. [...] Uma discussão sobre [como escolher] os participantes e o local [para realizar o estudo] pode incluir os seguintes quatro aspectos identificados por Miles e Huberman (1994): o ambiente (onde a pesquisa será realizada), os atores (que serão observados ou entrevistados), os eventos (quais atividades dos atores serão observadas ou sobre o que serão entrevistados) e o processo (a natureza evolutiva

---

4. E atrevo-me a incluir neste desafio também aqueles que se pronunciam por meio de modalidades de trabalho tão inovadoras como as autoetnográficas, as performáticas e outras mais das que vieram com a virada narrativa.

5. Embora, como veremos mais adiante, haja quem trace uma diferença, dentro deste grande conglomerado, entre a amostragem propositiva e a amostragem teórica.

6. Todas as traduções incluídas neste capítulo são da autora (CM).

dos eventos realizados pelos atores em seu ambiente que foram observados) (CRESWELL, 2003: 185).

No território em que essas modalidades de amostragem são aplicadas, como já dissemos, não existem normas fixas, e se existisse alguma seria como diz Patton (2002): "tudo depende". Depende do propósito do estudo, do que é necessário para alcançá-lo, do que está em jogo, da experiência e das capacidades do pesquisador, do que se mostra verossímil e, claro, também do que é possível. A preocupação com o tamanho da amostragem está aqui eclipsada pelas questões sobre o que, quem, onde e como. Deve-se recorrer, então, às mais criativas estratégias idealizadas pelos pesquisadores, de quem se espera um cuidado especial com a coerência argumentativa, solidamente ancorada em suas perguntas de pesquisa (BECKER, 1998; RITCHIE & LEWIS, 2003; PATTON, 2002; CURTIS et al., 2000; MILES & HUBERMAN, 1994). Porque ao final de cada ciclo, a versão que conseguirem construir será avaliada pelos leitores a partir de critérios que, como veremos, vão muito além do cumprimento formal de algumas regras inexistentes neste território, por isso a apresentação cuidadosa, pertinente, explícita e reflexiva de cada uma das decisões tomadas sobre onde se decidiu realizar o estudo e quem se decidiu incluir para participar do processo desempenhará um papel fundamental.

Cada indagação requer, então, sua própria e específica estratégia de amostragem, por cuja qualidade o pesquisador deve assumir total responsabilidade. Porém, mesmo na ausência de diretrizes fixas cujo acompanhamento pudesse garantir o sucesso da tarefa, vários dos autores que aqui revisamos coincidem em levantar algumas considerações derivadas da lógica que prevalece neste território, que podem ser bastante úteis para a construção desses desenhos. O central, conforme explicado por Curtis et al. (2000) referindo-se a uma das recomendações de Miles e Huberman (1994), é obter uma amostragem relevante para o quadro conceitual e para as perguntas que norteiam a pesquisa. Para conseguir isso, a escolha deve ser orientada de maneira conceitual ou a partir das teorias nas quais a pergunta de pesquisa se enquadra, ou da teoria em evolução que vai sendo derivada indutivamente dos dados à medida que a pesquisa avança. A teoria conduz assim à seleção dos casos, e o exame cuidadoso dos casos leva à elaboração de uma nova teoria ou à reformulação da já existente. A sintética formulação com a qual Teddlie e Yu (2007) descrevem esse princípio é: a estratégia de amostragem deve emergir logicamente das perguntas de pesquisa e das teorias que a orientam. Estes últimos autores apontam ainda que é importante ter o cuidado de não violar, em nenhum momento do estudo, os pressupostos que estão na base das técnicas de amostragem que se decidiu utilizar (referindo-se aos dois territórios que aqui delimitamos desde o início: os desenhos probabilísticos e os não probabilísticos).

Outra importante indicação, à qual já me referi, é a de incluir casos que proporcionem a maior riqueza de informação sobre o tema estudado. Recomenda-se, igualmente, elaborar desenhos que permitam a generalização teórica, analítica, das descobertas (o que hoje relacionamos com o conceito de transferibilidade, no qual me concentrarei mais adiante). Um requisito diferente dessas formas de amostragem é o profundo e genuíno compromisso ético, ponto que também retomarei para destacar que, como exemplifica o trabalho de Curtis et al. (2000), esta dimensão apresenta dificuldades muito maiores do que as apresentadas à primeira vista. Outra consideração a se levar em conta, que se impõe por si só, é aquela que se refere à viabilidade da empreitada. Mas deixei por último a sugestão que aponta para a conveniência de selecionar casos capazes de fornecer informação verossímil, que tornem possível a produção de descrições e explicações críveis, entendidas como aquelas que são verdadeiras na vida real, conforme proposto por Miles e Huberman (1994), ou que permitam o acesso a um conhecimento adequado do fenômeno em estudo, conforme formulado mais recentemente por Teddlie e Yu (2007). E a deixei para o fim porque, como bem exemplificado por um dos estudos incluídos no exercício de Curtis et al. (2000), o julgamento do que é "crível" e do que é "verdadeiro" é muito mais problemático do que geralmente se supõe. Hoje, os críticos do realismo ingênuo nos ajudaram a perceber que as descobertas da pesquisa têm implicações políticas (DENZIN & LINCOLN, 2011) e que não existe ciência livre de valores:

> [...] Os dados e a evidência nunca são moral ou eticamente neutros. [...] Quem tem o poder de controlar a definição de evidên-

cia, quem define o tipo de material que conta como evidência, quem determina quais métodos produzem as melhores formas de evidência, de quem são os critérios e os padrões usados para avaliar a qualidade da evidência? (DENZIN, 2013).

Sobre as diferentes perspectivas em torno do que é "verdadeiro" e do que é "crível" que a pesquisa qualitativa é capaz de revelar, voltarei adiante, ao falar da metáfora da cristalização.

Quanto ao resto, embora se saiba que o tamanho da amostra nos desenhos utilizados nesta modalidade de indagação só pode ser conhecido após a conclusão total do estudo, e embora fique claro que esse não deveria ser o ponto central da preocupação do pesquisador, o certo é que, normalmente, há certa exigência para que ele ofereça algum indício a esse respeito. É evidente que existe a possibilidade de prefigurar *a priori* algum tamanho; mas trata-se de algo imaginário, ditado pelas expectativas, pelo desejo ou, na melhor das hipóteses, pela experiência prévia do pesquisador. Todavia, ainda faltam a essa prefiguração vários ajustes que serão impostos pelo processo, como demonstram de forma vívida os exemplos apresentados no muito útil e engenhoso artigo de Curtis et al. (2000). E, no entanto, é bem provável que apenas os pesquisadores qualitativos mais experientes, ou aqueles que trabalham em ambientes institucionais mais familiarizados com esse tipo de indagação, consigam deixar de lado as preocupações relacionadas com o tamanho da amostra. Talvez por isso tantos deles – especialmente os menos informados – busquem ajuda no conceito de saturação, na esperança de que este possa vir em seu socorro. Mas o que significa saturação? Quais são seus fundamentos e princípios? E qual tem sido o seu destino no campo da pesquisa qualitativa?

O conceito de saturação e seus questionamentos

Hoje é um lugar-comum nesse campo [qualitativo] apontar que esse termo se refere ao ponto em que uma certa diversidade de ideias já foi ouvida e as entrevistas ou observações adicionais não trazem novos elementos. O preceito exige, como dizia Morse (1995), coletar novos "dados" até que ocorra a saturação. Porém, como essa mesma autora alertava já naqueles anos, devemos estar atentos à "falsa sensação de saturação" originada em enfoques restritos demais, em buscas mal-encaminhadas, ou mesmo na falta de perspicácia do pesquisador. O que ela sugeria era continuar com a incorporação de novas unidades de observação até que o pesquisador dispusesse dos elementos necessários para construir uma teoria completa e convincente sobre o assunto. Nessa obra, ela destacava, assim como outros autores o fizeram a partir de diferentes perspectivas, que o importante não é quantas vezes uma informação aparece, mas o que cada nova informação revela sobre o problema em estudo, pois por mais excepcional ou contraditório que pareça, não há informação que mereça ser desdenhada. A riqueza de um estudo deriva da cuidadosa atenção ao que se vai encontrando e, como bem sabem os pesquisadores mais experientes, muitas vezes são as peças singulares que dão acesso aos ângulos mais recônditos da problemática indagada.

No entanto, se o significado do conceito de saturação for cuidadosamente revisto, verificaremos que está longe de ser unívoco e que, em diferentes contextos teórico-metodológicos, pode assumir diferentes acepções. Por exemplo, uma foi aquela dada pelos etnógrafos do início do século XX, e outra diferente foi a formulada por Glaser e Strauss (1967) em sua versão original da Teoria Fundamentada. Neste último caso, os autores falavam de saturação teórica para se referir à inclusão de novas unidades em determinada categoria ou grupo em estudo até que este se saturasse, mas uma vez que isso acontecesse, seria necessário continuar buscando novas informações sobre outras categorias para tentar saturar cada uma[7]; com o passar do tempo, a própria Teoria Fundamentada mudou (GENTLES & VILCHES, 2017; CHARMAZ, 2006) e a forma como isso influenciou no conceito de saturação deveria ser revista.

Como se não bastasse, hoje não faltam questionamentos sobre o próprio conceito de saturação, com argumentos que vão dos níveis mais práticos aos mais conceituais. Cito como exemplo as críticas de Malterud et al. (2016) às

---

7. "Saturação significa que não mais se está encontrando informação adicional por meio da qual o sociólogo possa desenvolver propriedades da categoria" (GLASER & STRAUSS, 1967: 61).

inconsistências teóricas em sua utilização, cada vez mais desvinculada dos contextos interpretativos que lhe dariam sentido. As autoras sugerem que seria muito melhor recorrer à ideia de "poder de informação" para orientar a determinação do tamanho da amostragem, do que ao conceito malcompreendido e muito mal-aplicado de saturação. Minayo, por sua vez, faz todo um exame crítico do conceito e sua utilização no qual levanta uma crítica ainda mais séria porque, a meu ver, aponta, entre outras coisas, a banalização do exercício da pesquisa qualitativa, como quando indica aos autores que empregam a palavra saturação "como mero sinônimo do momento em que discursos previsíveis por meio de roteiros de entrevistas semiestruturadas se repetem", mostrando assim sua falta de compreensão e de abertura diante "da complexidade do campo e dos imponderáveis da vida social" (MINAYO, 2017: 9).

O que as críticas mais substanciais sublinham é que se, como dissemos, a indagação qualitativa se ocupa da experiência humana em toda a sua complexidade, partindo de práticas de rumo altamente incerto, não se poderia esperar a chegada de um momento em que um olhar atento e aberto deixasse de encontrar elementos novos e relevantes sobre o tópico em estudo. Para quem considera que a realidade em sua complexidade nunca pode ser totalmente capturada (DENZIN, 2010), não existe ponto de saturação. Resta-nos, então, continuar a indagação até o momento em que possamos formular algo importante, novo, relevante, convincente, problematizador em torno daquilo que estamos estudando, com a única certeza de que novos ângulos a descobrir continuarão a aparecer incessantemente.

De resto, se se considerar que uma boa amostragem neste território é aquela que responde aos requisitos apresentados pelo tema em estudo e pelas perguntas de pesquisa, ficará evidente que isso não dependerá de *quantos* são, mas do *que* ou *quem* são aqueles que devem ser incluídos, pois o que interessa aqui é como os potenciais participantes se posicionam em relação ao assunto que está sendo indagado, o que sabem a respeito, o que são capazes de comunicar e até onde estão dispostos a fazê-lo; e, como já dissemos, nada disso é estranho às habilidades perceptivas, à experiência e à capacidade analítica do pesquisador (MARSHALL, 1996; BECKER, 1998; PATTON,

2002; CURTIS et al., 2003; CROUCH & McKENZIE, 2006). Como conseguir, então, essa boa amostragem?

Elementos para o desenho de uma amostragem em pesquisa qualitativa

Duas decisões importantes que o pesquisador deve tomar ao desenhar uma estratégia de amostragem adequada para um estudo qualitativo são defendidas por Ritchie e Lewis (2003): o que ou quem incluir (o que normalmente é designado como unidades de observação ou de estudo)[8], e qual será a fonte, o local ou a população onde se deverá buscá-los (o que normalmente é chamado de quadro amostral, população-alvo, fontes de informação, população de estudo, população da qual se pegará a amostra etc.). Essas decisões devem ser regidas pelas perguntas de pesquisa. E como todo assunto estudado tende a sofrer mudanças ao longo do tempo, outro elemento importante a ser considerado será o que diz respeito às unidades temporais, de modo que também deverão ser tomadas decisões sobre os períodos ou as unidades de tempo em que a observação deverá ser dirigida.

Em relação às unidades de observação, estas podem ser muito diversas: pessoas individualmente ou então em grupos: díades (p. ex., mãe-filho, ou médico-paciente), grupos familiares (residentes na mesma casa ou em outra modalidade de relação), ou grupos integrados de diferentes formas. Mas essas unidades também podem ser áreas geográficas, instituições, programas, eventos, acontecimentos importantes, incidentes, documentos dos mais diversos tipos, imagens visuais, processos, cenários, casas, viagens etc. E em todos os casos, considerá-las dentro do contexto em que ocorre a situação tratada pela indagação é algo imprescindível. Além disso, as unidades de observação não precisam ser mutuamente excludentes, de modo que é possível considerar o exame de todos os tipos de combinações. Para facilitar a decisão

---

8. Uma nomenclatura, aliás, muito semelhante à utilizada no território da amostragem probabilística (unidades de análise, quadros amostrais etc.), a qual considero infeliz na medida em que leva a confusões como as que neste texto tento combater. No futuro, devemos nos esforçar para encontrar outras denominações mais adequadas para os conceitos aos quais desejamos nos referir.

de como escolhê-las, diz Patton (2002: 168), pode ser útil perguntar-se: Sobre o que eu gostaria de ser capaz de dizer algo no final do meu estudo?

Com relação às fontes de informação, de populações de estudo ou de quadros amostrais, deve-se começar especificando quais seriam necessárias. Então, conforme sugerido por Ritchie e Lewis (2003), será necessário averiguar se existe algum tipo de lista, de inventário ou de banco de dados, que as contenha e, caso contrário, explorar a possibilidade de gerá-lo. Porém, na maioria das vezes, no caso da amostragem intencional ou propositiva, não se dispõe de algo como quadros amostrais exaustivos ou delimitados da maneira como se exige para a amostragem probabilística. Em vez disso, o ponto de partida é uma ideia sobre o tipo de situação que se deseja estudar e, a partir dela, procura-se identificar os casos em que esta ocorre para selecionar aqueles que irão integrar a amostra, conforme exemplificado com toda a clareza e detalhe pelos três estudos relatados no exercício de Curtis et al. (2000). Em toda essa tarefa, a experiência e a criatividade do pesquisador são inestimáveis.

O que foi dito explica o porquê, neste território, a avaliação da qualidade de uma amostragem só pode ser feita no contexto do próprio estudo, em função do que o pesquisador se propôs, do que conseguiu compreender com os casos estudados e como foi capaz de comunicá-lo a seus leitores. Mas até agora tratamos apenas do que ou com quem, e onde buscá-lo. Para tentar mostrar o "como" recorrerei, na próxima seção, à obra amplamente conhecida e consultada de Miles e Huberman (1994) na qual se alude em um dos fragmentos reproduzidos em uma seção anterior, em que os autores apresentam uma espécie de inventário de estratégias que giram precisamente em torno dessa pergunta[9]. Ao fazê-lo, sugiro examiná-la como uma amostra de possibilidades para ilustrar a modalidade de raciocínio que conduz à construção desses desenhos. O que quero alertar é que essa lista não deve ser considerada como limitante, muito menos como exaustiva, visto que as alternativas de desenho são tantas quanto a capacidade dos pesquisadores

---

9. Lista reproduzida, aliás, por diversos outros autores em seus próprios textos (CRESWELL, 1998; PATTON, 2002, entre outros).

em gerá-las, sempre na confluência entre os requisitos de suas pesquisas, sua criatividade, sua engenhosidade e sua própria experiência, como se constata ao revisar os diversos textos que tratam do assunto (BECKER, 1998; CURTIS et al., 2000; RITCHIE & LEWIS, 2003, entre muitos outros).

Ao longo deste exercício recorrerei à versão oferecida por Patton (2002: 169-181) em seu texto não menos conhecido e consultado, ao qual acrescentarei alguns exemplos originados de minha própria experiência. Mais um aviso antes de entrar nesta revisão: embora cada um desses desenhos tenha um nome, uma designação própria, o mais recomendável é não se contentar somente com essa enunciação e, em vez disso, explicitar com a maior clareza possível as razões por trás da elaboração de cada desenho e da maneira exata como tudo aconteceu durante o trabalho de campo, por motivos dos quais falarei mais adiante quando abordarmos a questão da validade. Portanto, vamos revisar este catálogo de alguns dos possíveis "comos".

Em busca de casos ricos em informações

Existem situações nas quais a riqueza de informação pode ser encontrada na seleção de casos que representam situações extremas, fora do comum no que se refere ao assunto estudado. Um dos exemplos oferecidos por Patton é o de uma famosa pesquisa sobre violência doméstica em que se entrevistou mulheres agredidas que chegaram a matar. Exemplos menos dramáticos seriam aqueles de certas instituições que obtêm sucessos excepcionais, ou então fracassos notáveis na aplicação de algum programa; ou os melhores alunos de um curso, ou então aqueles que abandonaram definitivamente os estudos. Esta modalidade de desenho é conhecida como *amostragem de casos extremos*. Outra alternativa, embora com uma lógica semelhante à anterior, é a que dá menos ênfase ao extremo da situação, quando o pesquisador considera que se concentrar no extraordinário pode obscurecer a percepção do que se deseja estudar. O exemplo aqui seria a escolha de bons alunos, ou então de maus alunos, mas não os extraordinários, nem aqueles que fracassaram completamente. Este desenho é chamado de *amostragem de intensidade*.

Se o que o pesquisador pretende é descobrir algo sobre as múltiplas situações que ocorrem em determinado contexto em relação com a dimensão em estudo, uma estratégia poderia ser escolher a maior diversidade possível de casos entre aqueles que vivem o fenômeno ou a situação examinada. Assim, poderiam identificar os padrões comuns que aparecem em todos os participantes, bem como as situações que os diferenciam. Um dos exemplos mencionados no texto que estamos revisando é o da avaliação de algum programa aplicado às áreas rurais, urbanas e suburbanas de uma determinada circunscrição, o que tornaria necessário garantir que a amostragem incluiria casos em cada uma dessas localidades. Outro exemplo, desta vez retirado da minha própria experiência, seria o de um estudo sobre os riscos para a saúde de famílias de duas localidades urbanas habitadas por população com escassos recursos socioeconômicos, onde interessava incluir unidades com diferentes estruturas, tamanhos, momentos do ciclo de vida familiar e condição migratória, entre outras características (MARTÍNEZ, 1999). Para auxiliar na elaboração desse tipo de desenho, recomenda-se identificar as características ou os critérios que são importantes para a construção da amostragem e tentar incluir casos que permitam obter informações detalhadas e de alta qualidade tanto sobre situações únicas como sobre os padrões compartilhados para além das heterogeneidades. Este é o desenho identificado como *amostragem de variação máxima*. Quando, por outro lado, se pretende descrever em profundidade determinada situação específica, é mais lógico proceder a uma estratégia inversa à anterior, ou seja, orientar a seleção para a obtenção de um conjunto homogêneo de casos que se encontrem na situação a ser estudada. Entre os exemplos oferecidos por nosso autor está a avaliação dos resultados de um programa de educação para pais que visa enfocar especificamente a situação das mães solteiras que são chefes de família. Mais um exemplo, retirado de minha própria pesquisa, é o de um estudo cujo propósito era abordar a compreensão de determinadas situações vividas por um grupo de estudantes de medicina imersos em seu internato médico de graduação, e no qual os convidados a participar foram alguns dos integrantes deste segmento muito específico (MARTÍNEZ, 2019). Essa estratégia é conhecida como *amos-*

tragem homogênea. Ao contrário da chamada amostragem de intensidade, o interesse aqui não aponta para a força com que o fenômeno em estudo se manifesta, mas para o que experimentam aqueles que se encontram em um mesmo tipo de situação.

Agora suponhamos que o propósito fosse ilustrar algo que é típico de um determinado fenômeno ou situação, para mostrá-lo a pessoas que não estão familiarizadas com ele. Nesse caso, o que se deve buscar são os casos em que o referido fenômeno ou situação se apresente em sua forma habitual dentro desse contexto. Um exemplo seria a escolha de um determinado estabelecimento onde seja possível observar a forma costumeira de funcionamento de um determinado programa; outro exemplo seria a observação de um caso em que se observa como ocorre comumente o pós--operatório de determinado tipo de cirurgia em certo contexto hospitalar. Esta seria a *amostragem de caso típica.* Em certas pesquisas, o que é necessário é encontrar situações ou pessoas sobre as quais se pudesse dizer algo como: "se o evento estudado ocorreu nessas condições, é de se esperar de que ocorrerá nas demais situações em que as condições para ocorrer são ainda mais propícias". Embora pudesse ser no sentido oposto: "se o evento estudado não ocorreu onde existem as melhores condições, é de se esperar que em condições menos favoráveis também não ocorra". Este desenho é conhecido como *amostragem de caso crítico.* Distingue-se da amostragem de casos extremos porque no caso crítico a situação para a qual apontam as conclusões é hipotética, não é observada diretamente na realidade, mas sim que a lógica aponta fortemente nessa direção. Quando se está em uma situação em que o pesquisador deseja garantir que na amostragem final existam integrantes de determinados segmentos de interesse para seu estudo, será conveniente estabelecer no início uma primeira estratificação do conjunto, por exemplo, as áreas de baixo nível socioeconômico, de nível intermediário e de nível socioeconômico alto e, a seguir, escolher os participantes dentro de cada um desses subgrupos. Esta é a chamada *amostragem estratificada propositiva,* e embora tenha alguma semelhança com a de variação máxima, pode-se observar que aqui se introduz um componente adicional: a estratificação inicial.

Uma das estratégias mais conhecidas e utilizadas no campo da amostragem intencional ou propositiva é conhecida como *amostragem em bola de neve ou em cadeia*, na qual a busca começa perguntando às pessoas que conhecem bem quem está vivendo a situação ou o fenômeno que se deseja estudar, a quem o pesquisador deveria procurar se quisesse saber mais sobre o assunto, ou se poderia colocá-lo em contato com alguém que sabe muito sobre o que o pesquisador tem interesse em indagar. Trata-se de um desenho que pode dar excelentes resultados para abordar problemas delicados, sensíveis, sobre os quais os afetados preferem manter a mais estrita reserva. Quanto mais se pergunta a respeito, mais a bola de neve cresce; às vezes, as referências tendem a confluir para certos informantes que se tornam, assim, especialmente valiosos; outras vezes, estas podem ser divergentes, mas conforme se avança, começam a convergir para determinadas fontes. É interessante notar que essa estratégia, como muitas outras, tem sido utilizada na realização de indagações enquadradas em diferentes posturas epistemológicas, o que abre diferentes possibilidades interpretativas; mais uma vez aqui os limites nada mais são do que a preparação e a criatividade do pesquisador. Um exemplo muito sugestivo disso é o trabalho de Noy (2008), que utilizou a amostragem em bola de neve a partir de uma perspectiva hermenêutica feminista e construtivista, o que lhe permitiu abordar o estudo das relações de poder e das redes que se teciam entre participantes, obtendo assim um conhecimento que descreve como "emergente, político e interativo".

Dentre os desenhos que fazem parte desta compilação, também se descreve a *amostragem de critério*, que consiste em incluir todos os casos que atendam a um determinado critério identificado pelo pesquisador como relevante para o tema em questão, por exemplo, a amostragem composta por todas as crianças que sofreram algum tipo de abuso em uma instituição onde receberam tratamento. Ou a amostra de *casos politicamente importantes*, seja porque se deseja chamar a atenção sobre eles, ou pelo contrário, são removidos intencionalmente para evitar uma atenção indesejada. Também se menciona a *amostragem de oportunidade*, na qual o pesquisador se movimenta com flexibilidade para incluir novos participantes de acordo com as circunstâncias que vão ocorrendo no trabalho de campo. E as amostragens de *casos que corroboram ou retificam* padrões identificados nas etapas anteriores do trabalho, a fim de ampliar ou aprofundar no averiguado, ou para localizar os limites da versão proposta e permitir a emergência de padrões ainda não identificados.

No final desta longa lista de possibilidades surge uma que se apresenta como a única à qual convém não recorrer, embora se aponte que, apesar de ser a menos recomendável, é a mais comumente utilizada em determinados meios. Trata-se da *amostragem por conveniência*, da qual se diz que economiza tempo, dinheiro e esforço, mas à custa de informações e de credibilidade. Os casos são escolhidos unicamente pela sua facilidade de acesso, sem nenhuma consideração pela qualidade das informações que possam fornecer. Aqueles que recorrem a essa modalidade de amostragem, diz Patton, parecem acreditar que, como não poderão dispor de uma amostragem probabilística adequada para generalização no sentido estatístico, não importa como construam sua amostragem. Não parecem estar cientes da possibilidade de desenhar estratégias propositivas que dão acesso a informações ricas e valiosas. Um desenho, então, do qual é melhor se abster.

Amostragem teórica e amostragem propositiva

Entre as estratégias do catálogo que estamos revisando aqui, Miles e Huberman (1994) incluem uma que requer consideração à parte. Trata-se da *amostragem baseada na teoria*[10]. Embora em sua compilação esta apareça como uma a mais entre os desenhos propositivos, autores mais recentes argumentam que, apesar de suas inegáveis similitudes, a amostragem teórica e a propositiva são duas modalidades diferentes (RITCHIE & LEWIS, 2003; DRAUCKER et al., 2007; GENTLES et al., 2017).

A amostragem teórica, enfatizam Drauker et al. (2007), é a "marca registrada" da metodologia conhecida como Teoria Fundamentada, originalmente idealizada por Glaser e Strauss para gerar teoria a partir dos dados empíricos coletados de uma amostragem que vai se configurando ao ritmo da teoria em

---

10. Ao que Patton (2002) acrescenta: *amostragem baseada na teoria ou amostragem por construção operacional.*

evolução. Nas palavras dos próprios autores (GLASER & STRAUSS, 1967: 45): "A amostragem teórica é o processo de coleta de dados para gerar teoria por meio da qual o analista coleta, codifica e analisa seus dados a cada vez, e decide quais dados coletar em seguida e onde encontrá-los, para desenvolver sua teoria à medida que ela emerge".

O argumento central da razão para diferenciá-la da amostragem propositiva (em todas as suas modalidades) gira em torno do fato de esta última partir de certos conhecimentos já existentes sobre o problema em estudo para buscar com base nele as unidades ou situações que oferecem a informação mais rica possível a respeito, ao passo que o teórico procura as unidades ou as situações a incorporar a partir do conhecimento teórico que vai sendo construído ao longo do próprio estudo, com a informação que vai então emergindo. A amostragem propositiva procede a uma seleção *a priori*, antes do início da coleta de dados, de maneira sequencial (RITCHIE & LEWIS, 2003: 86); a amostragem teórica é feita de maneira iterativa, a inclusão é decidida em andamento, conforme o estudo avança (GENTLES & VILCHES, 2017). Na amostragem propositiva, os grupos e as características a serem incluídos são geralmente identificados com antecedência, ao passo que na amostragem teórica é o conhecimento emergente das informações que vão sendo obtidas que orienta a escolha dos casos a serem incorporados. Mesmo assim, há quem assinale que a amostragem teórica muitas vezes se vê na necessidade de recorrer, pelo menos inicialmente, a alguns dos desenhos propositivos à medida que começam a emergir os conceitos necessários para direcionar as escolhas subsequentes. O importante, em qualquer caso, é notar as diferenças sutis na intencionalidade da amostragem teórica e da amostragem propositiva ou intencional, cada uma delas com suas próprias possibilidades.

Um problema de consistência

Existe outra estratégia nesse inventário que me dá a oportunidade de abordar, desta vez, o problema da inconsistência epistemológica. Trata-se daquela que aparece com o nome de *amostragem propositiva aleatória*, cujo desenho se baseia na seguinte ideia:

> [...] o fato de se escolher um tamanho de amostragem pequeno para um estudo qualitativo aprofundado não significa automaticamente que a estratégia de amostragem não deva ser aleatória. Para muitos públicos, a amostragem aleatória, inclusive de amostragens pequenas, aumentará substancialmente a credibilidade dos resultados. [...] A credibilidade dos exemplos de casos selecionados de forma sistemática e ao acaso é consideravelmente maior do que a seleção pessoal e *ad hoc* de casos para informar após o fato, ou seja, após os resultados serem conhecidos (PATTON, 2002: 179).

A favor dessa ideia se oferecem alguns argumentos de indubitável utilidade prática, mas que a partir de uma perspectiva epistemológica são questionáveis. Entre eles, postula-se o ganho de credibilidade. Mas como indiquei em uma seção anterior, parece-me que isso ocorre apenas quando o pesquisador ou o público não estão suficientemente informados sobre os fundamentos e princípios que regem cada uma dessas duas modalidades de amostragem diferentes, as probabilísticas e as não probabilísticas. Outra ideia proposta a favor deste desenho é que, quando se tem uma amostragem propositiva maior do que o pesquisador pode lidar, proceder de maneira aleatória reduz o julgamento dentro das categorias intencionais, mesmo quando não se pretenda com isso acessar à generalização ou à representatividade no sentido probabilístico. O que me parece problemático com essa ideia é que, ao recorrer à aleatoriedade, reduz-se a busca intencional de casos ricos em informações que pudessem permitir um entendimento melhor e mais profundo daquilo em torno do que gira a pergunta de pesquisa, e dessa forma se atentaria contra a potência que projetos propositivos podem outorgar.

Este é um dos casos em que, ao que me parece, se tenta aplicar as regras do jogo de um campo a um outro campo, com a consequente perda da coerência que deriva dos fundamentos teóricos em que cada uma destas modalidades de amostragem se assenta. Mas, é claro, este não é de forma alguma o único autor que defende a inclusão da amostragem probabilística no campo da pesquisa qualitativa, como se pode constatar ao ler os textos de Teddlie e Yu (2007) e Ritchie e Lewis (2003), entre muitos outros. Minha impressão é que há autores cujo sentido prático prevalece sobre essas preocupações, de tal forma que a coerência epistemológica não é a maior de suas preocupações[11]. Mesmo assim, e em defesa de Patton, deve-se acrescentar que fiel à seriedade que o caracteriza, logo depois de fazer os levantamentos citados, acrescenta: "[...] é fundamental compreender que esta é uma amostragem aleatória intencional, não uma amostragem aleatória representativa. O propósito [...] é a credibilidade, não a representatividade. [...] [Seu] objetivo é reduzir a suspeita sobre por que se selecionaram certos casos para o estudo, mas [...] não permite generalizações estatísticas" (PATTON, 2002: 179).

A validade no campo da investigação qualitativa

Como o problema da validade é entendido na pesquisa qualitativa? Como fundamentar a credibilidade de suas descobertas? Do que dão conta e quais são as possibilidades de generalizá-las? Para responder de forma consistente a essas questões, elas devem ser enquadradas em um desses conjuntos de princípios básicos de natureza ontológica, epistemológica e metodológica que estão na base dos paradigmas (GUBA & LINCOLN, 1994) aos quais as diferentes tradições de pesquisa estão vinculadas, assim como discutido no capítulo de Bosi que compõe este livro. Porque todas elas são questões cujas respostas se referem ao que o pesquisador postula que seja a realidade, o que dela se pode conhecer e os procedimentos que devem ser utilizados para conhecê-la.

Como explicaram Guba e Lincoln (2011: 205), no âmbito do trabalho científico existem posturas cujos argumentos sobre a validade giram em torno da aplicação do método, e outras que os baseiam na interpretação (MARTÍNEZ, 2015). As primeiras, que são as que trabalham sob o paradigma positivista, fazem depender a validade do rigor metodológico, ao passo que para as segundas, orientadas por diferentes tradições no paradigma interpretativo, esta também depende do rigor, mas do rigor no ato de interpretar, com o qual o debate sobre a validade se vê redirecionado

---

11. O que me remete à crítica muito acertada e aguda levantada por St. Pierre (2013: 224) sobre as inconsistências epistemológicas que prevalecem em certas regiões do amplo campo da pesquisa qualitativa.

para o complexo tema das diferentes versões que os diferentes intérpretes podem produzir, de acordo com sua localização no mundo, seus interesses e as inúmeras implicações que acompanham tudo isso. Nesse segundo tipo de paradigma há posturas que problematizam até o próprio conceito de rigor, e chegam a dar-lhe um significado muito diferente daquele postulado a partir das perspectivas mais tradicionais[12].

O que acontece então no campo da pesquisa qualitativa, em que a própria matéria [objetos] de que trata torna extraordinariamente difícil, para não dizer impossível, manter a lógica que rege o paradigma positivista? O que ali se passa, como Mayan (2009: 201) defende com toda simplicidade, é o que Guba e Lincoln já haviam proposto nas últimas décadas do século passado: que neste campo não é possível avaliar a validade da pesquisa a partir das prescrições derivadas daqueles paradigmas, de modo que, com o passar dos anos, os autores que aí trabalham acharam necessário gerar outros critérios que, com o tempo, foram ganhando em sofisticação e em profundidade teórica (MAYAN, 2009: 103; GUBA & LINCOLN, 2011: 207ss.).

Entre os conceitos mais importantes que foram assim incorporados está o da *transferibilidade*, que se refere à possibilidade de generalizar o que foi apreendido em um contexto para outro cujo significado seja semelhante ao do contexto estudado. Para facilitar sua compreensão, Mayan o apresenta como se fosse a substituição do conceito de validade externa que é utilizado no campo da amostragem probabilística. Só que há uma diferença radical entre um e outro: o fundamento da transferibilidade é teórico, não estatístico[13]. Como Bryman (1988: 90) já afirmou, no caso da pesquisa qualitativa pre-

---

12. Do ponto de vista mais tradicional, p. ex., poderia ser desconcertante a leitura de uma afirmação como a de St. Pierre – uma autora, ademais, muito solidamente informada sobre a reflexão filosófica contemporânea – quando afirma: "Por rigor eu entendo o exigente trabalho de libertar-se das restrições das estruturas existentes, daquilo que Foucault chamou de 'ordem das coisas', de modo que alguém possa pensar o impensável" (ST. PIERRE, 2016: 620).

13. Para explicar os diferentes significados dessas duas concepções de generalibilidade, Sandelowski e Barroso (2003) recorreram à diferenciação entre o que seria a generalização nomotética (que é onde governam os princípios estatísticos), que trata de identificar leis universais, objetivas e invariantes como as que supostamente operam na natureza, e a generalização ideográfica (com base em fundamentos teóricos), que é aquela que trata dos eventos singulares e mutáveis configurados por cada circunstância, como os processos históricos e sociais.

tende-se generalizar o que foi aprendido para proposições teóricas, não para populações ou universos. A transferibilidade, então, só pode ser efetuada se se dispõe de descrições ricas e profundas do fenômeno ou situação estudados, assim como se produzem em seu contexto. Daí o valor que adquire, como já destaquei, a descrição cuidadosa e detalhada dos participantes e do mundo em que os eventos ou situações estudadas acontecem; porque, como Gentles e Vilches (2017) também explicam, é isso que permitirá construir a transferibilidade. Compreende-se então por que na pesquisa qualitativa não basta limitar-se a meras descrições formais dos participantes; o imprescindível aqui é comunicar aos leitores tudo o que poderia ser teoricamente relevante sobre *quem eles são* – e o que significa o estudado – em relação às dimensões pesquisadas. Os leitores de uma pesquisa qualitativa não vão em busca da representatividade estatística; o que exigem é a descrição mais cuidadosa e pertinente do contexto e dos participantes para ter acesso assim à compreensão de quem são e como é o mundo em que vivem, e dispor assim do referente que exigem para poder saber a que os outros tipos de contextos semelhantes ao ali descrito caberia estender o conhecimento gerado. Se o pesquisador conseguir descobrir o significado das relações inerentes às situações contextuais estudadas, ele estará em condições de comunicá-lo aos seus leitores que, por sua vez, compartilharão com ele a responsabilidade de interpretar, ao relacionar esse material com suas próprias experiências sobre outros contextos e discernir, assim, que do que ali foi aprendido é o que pode ser transferível para a compreensão de outras situações.

Outro elemento crucial para a avaliação da validade na pesquisa qualitativa é o que se refere à correspondência entre a interpretação oferecida e a situação estudada, a fidelidade com que a versão oferecida representa, efetivamente, o ser e o dizer dos participantes. Mayan o relaciona com o que foi denominado credibilidade e o compara com o que seriam a validade interna e a objetividade no terreno da amostragem probabilística. Lembrando que neste último campo a validade interna refere-se à possibilidade de fazer inferências corretas sobre os sujeitos examinados, o que se relaciona com a precisão com que as observações refletem o fenômeno medido e com a medição livre de vieses. Mas o desafio enfrentado pelo pesquisador qualitativo é muitíssimo maior, na medida em que implica o reconhecimento do rico e complicado jogo inter-relacional que se produz entre as percepções e as interpretações daqueles sobre os quais indaga e as suas próprias; entre o significado que os outros dão à sua própria experiência e as interpretações elaboradas pelo pesquisador, tudo colorido pelos inúmeros matizes que as relações intersubjetivas introduzem (SCHÜTZ, 1995; KVALE, 1996). Essa é uma questão cuja complexidade encontrou no campo da indagação qualitativa a problematização que merecia, em grande parte por meio do conceito de *reflexividade*. Assim, para atender à dimensão da validade não podemos mais nos restringir, por mais úteis que sejam, apenas às estratégias como a longa permanência no local de estudo, aos relatos detalhados e fidedignos dos procedimentos seguidos, ou à triangulação (MAYAN, 2009: 202), e sim exigir o cultivo da reflexividade; uma reflexividade que, como alguns sugerem, terá que ser cada vez mais forte. Quanto à triangulação, deve-se levar em conta que o conceito já foi também questionado e sujeito a novas reelaborações, como pode se observar no seguinte fragmento:

> [...] Richardson e St. Pierre debatem sobre a utilidade do conceito de triangulação, e afirmam que a imagem central para a pesquisa qualitativa deveria ser o cristal, não o triângulo. [...] No processo de cristalização, o escritor conta a mesma história de diferentes pontos de vista. [...] Ao entendê-la como uma forma cristalina, como uma montagem, ou como uma interpretação criativa (*performance*) em torno de um tema central, a triangulação como uma forma de ou como uma alternativa à validade pode, assim, ser ampliada. A triangulação é o desdobramento simultâneo de múltiplas realidades refratadas. Cada uma das metáforas "trabalha" para criar simultaneidade em vez de sequência ou linearidade. Assim, os leitores e o público são convidados a explorar diferentes visões do contexto, a mergulhar e a se fundir com novas realidades a compreender (DENZIN & LINCOLN, 2011: 5-6).

Até aqui apresentei esta nota muito breve e superficial, apenas um esboço, da grande complexidade envolvida no debate em torno do problema da validade que atualmente se encontra aberto no campo da pesquisa qualitativa.

A transcendência da postura do intérprete

Este percurso pelo que se disse sobre a amostragem no campo da pesquisa qualitativa levou-nos a encontrar uma grande diversidade de textos, desde aqueles que postulam a necessidade de dispor de critérios cujo cumprimento gostar-se-ia de aduzir como garantia da qualidade científica da pesquisa – postura preferida dos visitantes mais fugazes do campo da pesquisa qualitativa que gostam de recorrer a termos tão batidos como o de saturação, na expectativa de que sua mera menção possa automaticamente abrir-lhes as portas para a legitimidade –, passando por aqueles que oferecem ricos catálogos de alternativas com as quais procuram orientar o pesquisador que trabalha neste vasto e incerto território, até os que desafiam o pensamento mais tradicional com seus questionamentos radicais e suas profundas reflexões sobre os fundamentos epistemológicos de nosso proceder em busca do conhecimento e da construção do mundo do qual somos parte.

No que se refere à presença da pesquisa qualitativa na área da saúde, a mera revisão das bases de dados que a bibliografia especializada contém permitiria constatar o aumento que teve nas últimas décadas[14]. Porém, também aí pode-se observar que a forma como é incorporada é bastante diversa. Grande parte desses trabalhos costuma recorrer ao que hoje conhecemos como métodos mistos, que em sua acepção mais comum consiste na combinação de procedimentos quantitativos e qualitativos (CRESWELL, 2003). E em boa parte deles isso se faz a partir do que no heterogêneo conglomerado de posturas epistemológicas a que já me referi seriam consideradas posições não aparadigmáticas (DENZIN, 2010), ou seja, sem consciência alguma, ou pelo menos sem preocupação com a coerência epistemológica das versões produzidas. O mais provável é que seja assim, entre outras coisas, porque o enfoque predominante na pesquisa em ciências da saúde tem como padrão--ouro o experimento, orientado pelo paradigma positivista que, como vimos, entra em tensão com a pesquisa qualitativa, em primeiro lugar, pela disputa

---

14. Uma revisão, aliás, que tem de começar por diferenciar – e descontar – estudos que trabalham com o que em estatística se entende como variáveis medidas em escala qualitativa, ainda que, por surpreendente que pareça, haja quem até confunda com o que é de fato uma pesquisa qualitativa.

em torno do lugar que é concedido ao sujeito e, depois, pelos muitos outros componentes de natureza mais ontológica, epistemológica e metodológica (POPAY, 1998; MAYAN, 2009; EAKIN, 2016; MARTÍNEZ, 2018; DENZIN, 2010; ST. PIERRE, 2013), conforme analisado por Maria Lúcia Bosi, no quarto capítulo deste livro. Descobrimos, então, que os pesquisadores menos informados filosoficamente nem mesmo estão cientes do problema, ou então não se interessam nem se preocupam com ele.

Assim, inúmeros autores neste campo fazem uso da pesquisa qualitativa exclusivamente à maneira do que Eakin (2016) descreveu como uma mera "caixa de ferramentas", com o único propósito de buscar por este caminho soluções para problemas imediatos, mas sem a intenção de ir mais longe para se perguntar mais profundamente sobre as realidades das quais se aproximam, e muito menos para se permitir questioná-las. Os estudos desse tipo parecem motivados basicamente pela necessidade de introduzir no mundo dos leigos algumas práticas derivadas do conhecimento gerado a partir da perspectiva dos especialistas, com a expectativa de modificar seus comportamentos no sentido que o saber especialista considera conveniente para o cuidado da saúde.

São muito poucos os trabalhos de pesquisa qualitativa realizados no campo das ciências da saúde movidos por esse propósito que, desde as primeiras versões de Becker ou Glaser e Strauss, até às mais recentes de Denzin e Lincoln, ou mesmo aquelas de Latter ou St. Pierre, distinguem a pesquisa qualitativa: a busca pela descoberta, pela emergência de "algo novo", pelo "pensar o impensável". E mesmo quando no campo da saúde não faltam pesquisadores que se aventurem pelos caminhos abertos pelas perspectivas mais críticas que conduzem a novas fronteiras epistemológicas e que assumem o potencial transformador dessas modalidades de geração de conhecimento, a verdade é que, dentro do conjunto, estes são bastante excepcionais.

Tudo isso se reflete, é claro, no recorte metodológico dos textos que relatam as descobertas obtidas por cada indagação, e principalmente para o assunto de que estamos tratando aqui, na forma como são apresentados – ou omitidos – os detalhes sobre o desenho e os fundamentos das estratégias de amostragem adotadas. Assim, são poucos os textos nos quais é possível ver algum vislumbre de compreensão das múltiplas implicações que cada uma das decisões que o pesquisador toma sobre o que decidiu olhar, sobre aqueles cujas vozes escolheu convocar. Raramente encontramos essas densas descrições do contexto de que precisaríamos para realizar o delicado processo ao qual se refere o conceito de transferibilidade. Não é frequente encontrar nestes artigos reflexões cuidadosas sobre a transcendência das decisões que o pesquisador tomou durante o desenho e a execução de sua estratégia de amostragem, e menos ainda nos é permitido conhecer algo sobre o intérprete e de onde ele fala, uma das exigências da reflexividade.

A formação predominantemente científico-natural que prevalece entre muitos dos que trabalham no campo das ciências da saúde explica, em parte, sua alienação diante das múltiplas implicações da posição epistemológica a partir da qual o pesquisador trabalha (MARTÍNEZ, 2018). Mas é minha convicção que nós que lidamos com o estudo desta problemática não teríamos de abdicar da responsabilidade de encontrar, em meio às complexas circunstâncias do mundo em que vivemos, caminhos que nos levarão a condições de saúde mais desejáveis do que as que atualmente prevalecem. Nós que chegamos pelos mais diversos caminhos ao âmbito da pesquisa qualitativa não podemos ignorar, nem deixar de lado, seu potencial crítico e transformador para nos ajudar a questionar e a melhorar a forma como construímos o conhecimento sobre o mundo em que vivemos que é, aliás, a matriz em que nossos problemas de saúde são forjados. Pois da maneira como chegarmos a conhecê-lo e das versões que a partir desse conhecimento construirmos dependerá a direção que daremos ao nosso próprio destino e ao de nossos semelhantes.

Referências

BECKER, H.S. (1998). "Sampling". In: *Tricks of the trade*: how to think about your research while you're doing it. Chicago: University of Chicago Press, cap. 3.

BRYMANN, A. (1988). *Quantity and quality in social research*. Londres: Unwin Hyman.

COCHRAN, W. (1977). *Sampling Techniques*. 3. ed. Nova York: John Wiley & Sons.

CRESWELL, J. (2003). *Research design* – Qualitative, quantitative and mixed method approaches. Thousand Oaks: Sage

_____ (1998). *Qualitative Inquiry and Research Design*: Choosing among Five Traditions. Thousand Oaks: Sage.

CROUCH, M. & McKENZIE, H. (2006). "The logic of small samples in interview-based qualitative research". In: *Social Science Information*, 45, p. 483-499.

CURTIS, S.; GESLER, W.; SMITH, G. & WASHBURN, S. (2000). "Approaches to sampling and case selection in qualitative research: Examples in the geography of health". In: *Social Science and Medicine*, 50 (7-8), p. 1.000-1.014.

CHARMAZ, K. (2006). *Constructing grouden theory*: a practical guide through qualitative analysis. Thousand Oaks: Sage.

DENZIN, N. (2017). "Prefácio". In: DENZIN, N. & LINCOLN, Y.S. (eds.). *The Sage Handbook of Qualitative Research*. 5. ed. Thousand Oaks: Sage.

_____ (2013). "The death of data?" In: *Cultural Studies ↔ Critical Methodologies*, 13 (4), p. 353-356.

_____ (2010). "Moments, mixed methods and paradigm dialogs". In: *Qualitative Inquiry*, 16 (6), p. 419-427.

DENZIN, N. & LINCOLN, Y.S. (2017). "Introdução". In: DENZIN, N. & LINCOLN, Y.S. (eds.). *The Sage Handbook of Qualitative Research*. 5. ed. Thousand Oaks: Sage.

_____ (2011). "Introdução". In: DENZIN, N. & LINCOLN, Y.S. (eds.). *The Sage Handbook of Qualitative Research*. 4. ed. Thousand Oaks: Sage.

DRAUCKER, C.B.; MARTSOLF, D.S.; ROSS, R. & RUSK, T.B. (2007). "Theoretical sampling and category development in Grounded Theory". In: *Qualitative Health Research*, 17 (8), p. 1.137-1.148.

EAKIN, J. (2016). "Educating critical qualitative health researchers in the land of the randomized controlled trial". In: *Qualitative Inquiry*, 22 (2), p. 107-118.

GENTLES, S. & VILCHES, S. (2017). "Calling for a shared understanding of sampling terminology in qualitative research: proposed clarifications derived from critical analysis of a methods overview by McCrae and Purssell". In: *International Journal of Qualitative Metods*, 16, p. 1-7.

GIBBS, L.; KEALY, M.; WILLIS, K.; GREEN, J.; WELCH, N. & DALY, J. (2007). "What have sampling and data collection got to do with good qualitative research?" In: *Australian and New Zealand Journal of Public Health*, 31 (6), p. 540-544.

GLASSER, B. & STRAUSS, A. (1967). *The discovery of grounded theory*: strategies for qualitative research. Nova York: Aldine Publishing Company.

GUBA, E. & LINCOLN, Y.S. (2011). "Paradigmatic controversies, contradictions and emerging confluences". In: DENZIN, E. & LINCOLN, Y.S. (eds.) (2011). *The Sage Handbook of Qualitative Research*. 4. ed. Thousand Oaks: Sage.

_____ (1994). "Competing paradigms in qualitative research". In: DENZIN, N. & LINCOLN, Y.S. (eds.). *Handbook of qualitative research*. Thousand Oaks: Sage.

KISH, L. (1995). *Survey sampling*. Nova York: Wiley Classics.

KVALE, S. (1996). *InterViews* – An introduction to qualitative research interviewing. Thousand Oaks: Sage.

LATTER, P. (2016). "Top Ten list: (Re)thinking ontology in (post) qualitative research". In: *Cultural Studies ↔ Critical Methodologies*, 16 (2), p. 125-131.

MALTERUD, K.; SIERSMA, V. & GUASSORA, A. (2016). "Sample Size in Qualitative Interview Studies: Guided by Information Power". In: *Qualitative Health Research*, 26 (13), p. 1.753-1.760.

MARSHALL, M. (1996). "Sampling for qualitative research". In: *Fam Pract*, 13 (6), p. 522-525.

MARTÍNEZ, C. (2019). "Las distintas concepciones de la enfermedad – Una indagación desde la medicina narrativa en México". In: VALERO, A. (coord.). *Promoción, alfabetización e intervención en salud*: experiencias innovadoras desde la multidisciplina. México: Universidad Nacional Autónoma de México.

_____ (2018). "Hacia la construcción de lugares más propicios para la formación de investigadores cualitativos críticos". In: CHAPELA, C. (coord.). *Formación en investigación cualitativa crítica en el campo de la salud* – Abriendo caminos en Latinoamérica. México: Universidad Autónoma Metropolitana [Serie Académicos de CBS, n. 135].

_____ (2015). "El compromiso interpretativo: un aspecto ineludible en la investigación cualitativa". In: *Rev. Fac. Nac. Salud Pública*, 33 (supl. 1), p. 58-66.

_____ (2012). "El muestreo en investigación cualitativa – Principios básicos, algunas controvérsias". In: *Ciencia y Saúde Coletiva*, 17 (3), p. 613-619.

_____ (1999). "Unexpected findings of a female team in Xochimilco, México". In: *Qualitative Health Research*, 9 (1), p. 11-25.

MAYAN, M. (2009). *Essentials of qualitative inquiry*. Walnut Creek, Cal.: Leaft Coast.

MILES, M. & HUBERMAN, A. (1994). *Qualitative data analysis*: a sourcebook of new methods. Thousand Oaks: Sage.

MINAYO, M. (2017). "Amostragem e saturação em pesquisa qualitativa: consensos e controvérsias". In: *Revista Pesquisa Qualitativa*, 5 (7), p. 1-12.

MORSE, J. (1995). "The significance of saturation". In: *Qual Health Res.*, 5 (2), p. 147-149.

NOY, C. (2008). "Sampling knowledge: The hermeneutics of snowball sampling in qualitative research". In: *International Journal of Social Research Methodology*, 11 (4), p. 327-344.

PATTON, M. (2002). *Qualitative research and evaluation methods*. 3. ed. Thousand Oaks: Sage.

POPAY, J. & WILLIAMS, G. (1998). "Qualitative research and evidence-based healthcare". In: *J.R. Soc. Med.*, 91 (supl. 35), p. 32-37.

RAJ, D. (1980). *Teoría de muestreo*. México: Fondo de Cultura Económica.

RITCHIE, J. & LEWIS, J. (2003). "Designing and selecting samples". In: *Qualitative Research Practice*: A Guide for Social Science Students and Researchers. Los Angeles: Sage, p. 77-104.

SANDELOWSKI, M. & BARROSO, J. (2003). "Writing the Proposal for a Qualitative Research Methodology Project". In: *Qualitative Health Research*, 13, p. 781-820.

SCHÜTZ, A. (1995). *El problema de la realidad social*. Buenos Aires: Amorrortu.

ST. PIERRE, A. (2016). "Post qualitative research – The critique and the coming after". In: DENZIN, N. & LINCOLN, Y.S. (eds.) (2011). *The Sage Handbook of Qualitative Research*. 4. ed. Thousand Oaks: Sage, cap. 37.

_____ (2013). "The appearance of data". In: *Cultural Studies ↔ Critical Methodologies*, 13 (4), p. 223-227

TEDDLIE, C. & YU, F. (2007). "Methods Sampling – Typology With Examples". In: *Journal of mixed methods research*, 1 (1), p. 77-100.

7
Na caixa-preta da análise qualitativa: dar sentido aos dados com uma abordagem que "agrega valor"*

Joan M. Eakin
Brenda Gladstone

Introdução

A ciência convencional visa em grande parte testar e desenvolver o conhecimento existente usando o "método científico", que se acredita produzir conhecimento válido e generalizável através da estrita execução de procedimentos específicos para a coleta e análise de dados empíricos quantitativos. Muitas formas qualitativas de ciência, ao contrário, especialmente as variedades críticas discutidas neste livro, visam produzir conhecimento por meio do questionamento de compreensões recebidas e a criação de novas conceitualizações do assunto estudado através de procedimentos menos prescritivos para gerar e analisar dados qualitativos. Em análise qualitativa, os procedimentos são de um tipo diferente e desempenham no processo de pesquisa um papel diferente do que ocorre em pesquisa convencional.

Os currículos e textos acadêmicos sobre pesquisa qualitativa enfatizam com frequência os estágios iniciais da pesquisa, particularmente o projeto de estudo e a coleta/geração de dados (p. ex., a definição da abordagem geral e como conduzir as entrevistas)[1]. Os métodos de análise e interpretação dos dados são articulados de maneira muito menos clara, especialmente no

---

* Tradução de Marcus Penchel.
1. Essa ênfase é reforçada pelos modelos de financiamento de pesquisa que fornecem a maior parte dos recursos para a parte inicial da pesquisa, muitas vezes deixando com poucos recursos a parte "peso-pesado" da análise e interpretação qualitativa nos estágios finais do estudo.

contexto das ciências acadêmicas da saúde (EAKIN, 2016). Os materiais de instrução e cursos de metodologia são normalmente muito pobres nesses elementos-chave de pesquisa, em geral começando e terminando com várias formas de codificação e acenando indiretamente para a identificação de "temas" que são tidos (ou supostos) como residindo nos dados à espera da descoberta ou devendo "surgir" de uma forma gradual indeterminada. As descobertas, no entanto, não são *achadas* através da análise qualitativa, elas são *criadas*. Mas como isso ocorre, em geral, é um processo obscuro e misterioso, gerado por uma caixa-preta de domínio metodológico que oferece aos estudantes de pesquisa pouca orientação prática sobre o que de fato "fazer" para transformar dados qualitativos em descobertas.

Este capítulo pretende servir de manual para a abertura da "caixa-preta" da análise (um local complexo e misterioso) para os que estudam e praticam pesquisa qualitativa, em especial na área de ciências da saúde, onde essa forma de pesquisa pode enfrentar desafios especiais (EAKIN, 2016) (cf. os capítulos 2 e 10 desta obra). Nosso objetivo é introduzir o que chamamos de análise "agregadora de valor", abordagem que vai além do lugar-comum das realidades superficiais e da mera síntese e catalogação dos dados empíricos, expandindo e liberando o olhar analítico ao desencadear a criatividade interpretativa. Começamos explicando rapidamente a natureza e propósito dessa análise que "agrega valor" e suas características conceituais básicas. Em seguida descrevemos e ilustramos algumas estratégias ou expedientes "práticos" para pensar os dados de forma diferente e criar meios analíticos de penetrá-los.

Análise que agrega valor

A noção de "valor agregado" é tomada de empréstimo à economia, onde indica o valor adicionado a um produto nos vários estágios do processo de produção. Aplicada à análise qualitativa, refere-se ao valor acrescido do conhecimento produzido por um processo de análise que vai além do "valor nominal" dos dados (seu significado autoevidente) e além do senso comum e explicações dominantes sobre eles. Para agregar valor à análise, os pesquisadores precisam ser capazes de "penetrar" os dados e trazer à luz novas possibilidades de sentido e interpretação. A questão não é tanto a de que é ruim a utilização de noções preconcebidas em estoque, mas sobretudo a de que pode impedir o analista de ver algo como sendo outra coisa, ou seja, de adotar um ponto de vista analítico bem diferente.

O ponto-final convencional da análise qualitativa não vai em geral muito além da identificação dos "temas", normalmente entendidos como fenômenos quase objetivos que residem nos dados à espera da descoberta sem interpretação. A análise de agregação de valor exige algo diverso da simples coleta e descrição de material empiricamente observável: ela busca construir, a partir de dados empíricos fundamentados, conceitos gerais que caracterizem as descobertas em um nível mais abstrato. Isto é, os analistas que agregam valor visam "teorizar" os dados, relacionar conceitos entre si e entender realidades básicas específicas de forma mais abstrata.

Em análise qualitativa, teorizar dados é permitir a generalização das descobertas. Claro, referimo-nos aqui não à generabilidade estatística, mas à generabilidade analítica ou teórica. Se amplamente justificados e fundamentados em eventos empíricos do mundo real, os conceitos e teoria gerados para explicar um fenômeno localizado específico podem ser usados para adquirir *insight* de outros fenômenos substancialmente diferentes mas teoricamente comparáveis (cf., p. ex., ALASUUTARI, 1996; BECKER, 1998: 128). Isto é, a análise agregadora de valor visa identificar propriedades abstratas fundamentais dos fenômenos estudados, que podem ser usadas pelos leitores para avaliar a possibilidade de aplicar as descobertas de forma significativa a outras situações que não aquelas para as quais foram desenvolvidas. Por exemplo, no estudo de Gladstone e equipe sobre grupos de apoio psicoeducativo de colegas a crianças cujos pais sofrem de doenças mentais (GLADSTONE et al., 2014), as descobertas são conceitualizadas como discursos e conjuntos de pressupostos relacionados. Teorizando os dados de forma mais abstrata que sua caracterização substantiva imediata e fornecendo amplo detalhamento conceitual e de contexto, os autores permitiram que os leitores julgassem se os resultados encontrados na pesquisa poderiam ser racionalmente transferidos a intervenções envolvendo crianças cujos pais sofrem, por exemplo, de diversos outros tipos de doenças ou deficiências.

Teorizar exemplos empíricos – inter-relacionando conceitos progressivamente e formulando as descobertas em termos abstratos – é que permite que os conceitos (produtos-chave da investigação qualitativa) sejam transportados para além do estudo original. A criação de conceitos generalizáveis é um objetivo central da análise agregadora de valor.

A teoria da análise agregadora de valor é uma coisa, mas de fato gerar esse valor em determinado projeto de pesquisa é outra bem diferente. Em pesquisa qualitativa em geral não há uma maneira única ou certa de "fazer" análise, nenhum procedimento que leve única e diretamente a descobertas e produtos analíticos de determinado tipo. A análise agregadora de valor não utiliza um conjunto predefinido de operações que gera resultados fixados, em grande parte porque a forma que assume depende de cada pesquisador, do contexto do estudo, da natureza única e do tempo, espaço e lógica de cada evento analisado (DENZIN, 2019), assim como da natureza e propósito da questão analítica, da orientação ontoepistemológica da pesquisa, da posição e perspectiva do pesquisador e da "pegada" conceitual (forma, ênfase e direção) desenvolvida no processo.

Apesar de não haver instruções padronizadas para a análise qualitativa, existe um certo número de recursos, instrumentos ou *dispositivos analíticos*" – operações práticas, manobras, exercícios de raciocínio – que podem ser utilizados estrategicamente pelos pesquisadores para penetrar os dados, romper as interpretações do senso comum e fazer novas aquisições conceituais. Esses dispositivos não se baseiam em nenhuma tradição teórica ou metodológica específica. Os pesquisadores podem recorrer a eles, adaptá-los e reinventá-los para operar em diferentes espaços conceituais. No entanto, nenhuma prática de pesquisa é teoricamente desatrelada. Para permitir a pesquisadores de diversas tradições avaliar a compatibilidade e valor conceituais desses recursos analíticos para os seus estudos específicos, assinalamos quatro dos seus traços marcantes e interligados: 1) a análise como interpretação; 2) como contextualização; 3) como "presença criativa" do pesquisador; e 4) como investigação crítica.

Análise como interpretação

Ao contrário de muitas formas "realistas" (ou "positivistas") de ciências da saúde que se baseiam no pressuposto de que uma verdadeira realidade existe objetivamente fora da consciência humana sobre ela (EAKIN, 2016; cf. capítulo 11 desta obra), formas qualitativas de ciências tendem a crer que o que se considera "real" não é independente da percepção, linguagem e conhecimento humanos. Não temos acesso a um mundo externo objetivo não mediado pelos sentidos e percepção humanos, por sua vez moldados pelo contexto material e sociocultural em que ocorrem a representação e produção de sentido. Os dados qualitativos não falam por si, têm que ser interpretados (cf., p. ex., FREEMAN, 2014; JARDINE, 1992).

Os dados não existem independentemente das práticas que os produzem, porque são atos interpretativos em que estão envolvidos tanto os sujeitos quanto os condutores da pesquisa. Os entrevistados recontam fatos, experiências e histórias segundo o seu entendimento, percepção ou desempenho; os pesquisadores consideram certas coisas como "dados" e outras não[2]. Mas desde o momento da sua criação como "dados" (p. ex., palavras ditas por um entrevistado e registradas), eles e seus significados são transformados e retransformados continuamente ao longo de todo o processo de pesquisa. Um exemplo marcante é como os dados orais podem ser alterados na transcrição de fitas de áudio. Os digitadores às vezes "limpam" os dados, conscientemente ou não, e ao fazê-lo acabam representando participantes do estudo de maneiras que podem refletir o relacionamento do digitador com o participante, sua avaliação moral sobre ele ou sobre determinada questão. Às vezes, informação contextual e estilos de discurso são eliminados ou padronizados; voz, pausas e entonação desaparecem ou se tornam indecifráveis, ficando assim sujeitas a uma diversidade de leituras, e a menor modificação gramatical pode mudar de forma significativa o sentido do que foi dito e a forma de representação do interlocutor (cf., p. ex., BUCHOTZ, 2000; BISCHOPING, 2005; TILLEY, 2003). A transcrição nunca é um processo natural

---

2. Cf. Denzin, N. (2019) para uma discussão sobre a noção de "dados".

e transforma os dados (e, portanto, o sentido) de uma infinidade de maneiras sutis e não tão sutis.

O processo analítico, para além da transcrição, é também um ato profundamente interpretativo. A noção de "agregar valor" parte da ideia de que os dados não falam por si mesmos e de que é o *pesquisador* que agrega valor à pesquisa ao interpretar os dados (atribuindo-lhes significado), conceitualizando-os (vendo-os como instâncias ou tipos de conceitos mais gerais ou abstratos) e "teorizando" sobre eles (ligando, explicando e descrevendo dados e conceitos). Ou seja, os pesquisadores leem, organizam e atribuem sentido aos dados, produzindo assim as "descobertas" – tudo amarrado (e energizado) por sua perspectiva teórica, conhecimentos, experiência pessoal, repertório metodológico, criatividade e imaginação. O fato de tanto os dados quanto sua análise terem de ser tratados como interpretação é fundamental para operar os recursos ou dispositivos analíticos que descreveremos.

Análise como contextualização

Em pesquisa qualitativa interpretativa, entende-se que o significado dos dados é produzido pelo contexto em que se situam, pelas circunstâncias do ambiente em que podem ser adequadamente compreendidos e avaliados. Isto é, o processo analítico tem que incluir uma forma de levar em conta o contexto na atribuição de sentido aos dados. Mas cada fenômeno estudado situa-se em múltiplos tipos e camadas de contexto diversos – a interação social imediata, o quadro organizacional, institucional, societário, cultural e histórico, para citar apenas alguns – que configuram o objeto investigado de diferentes maneiras. Isso significa que o analista tem que decidir qual (ou quais) contexto(s) importa(m) para os dados que está trabalhando e como interpretá-los utilizando esse(s) contexto(s).

Embora se afirme como óbvio que a contextualização dos dados é um ponto forte fundamental da análise qualitativa, na verdade é um dos seus processos mais elusivos e raramente ou quase nunca articulado metodologicamente[3] (para uma discussão do contexto em pesquisa qualitativa, cf. o capítulo 3 desta obra, de Gastaldo). Os dispositivos analíticos que examinaremos darão uma orientação sobre como contextualizar dados, interpretando o seu significado em relação ao ambiente e às circunstâncias.

Análise como "presença criativa" do pesquisador

Se análise é interpretação, o ato científico depende muito do intérprete, o que leva à segunda premissa importante dos nossos instrumentos ou dispositivos analíticos: o papel central do pesquisador em análise qualitativa. No "método científico" convencional, o investigador é visto como um perigo, uma fonte em potencial de distorção que coloca em risco a objetividade necessária para encontrar a verdade científica, verdade que é tida como que residindo nos próprios dados, ou seja, fora do pesquisador (cf. discussão sobre objetividade no capítulo 1 desta obra). Os pesquisadores têm que ser afastados ou distanciados do processo de pesquisa ou pelo menos sofrer um ajuste durante a análise.

Ao contrário, na forma qualitativa de análise agregadora de valor que propomos neste capítulo o pesquisador é visto não como fonte de distorção, mas sim de percepção criativa que é essencial à tarefa de investigação. Na verdade, espera-se que ele lute por se fazer *presente* e não ausente no processo de pesquisa. Na ciência convencional, o papel do pesquisador é garantir a validade através de vigilante aderência aos procedimentos do protocolo e interpretar descobertas segundo critérios predeterminados (geralmente numéricos). Em pesquisa qualitativa, o papel do pesquisador não poderia ser mais diferente, consistindo em interpretar e reinterpretar constantemente os dados à medida que são gerados, experimentando esquemas conceituais e explicativos novos e provisórios, revisando as estratégias de coleta de dados no curso da

---

3. Stenvoll e Svensson (2011) argumentam que o analista constrói (mais do que identifica) um contexto. O contexto é resultado direto do grau de investimento interpretativo feito pelo analista em um processo de *contextualização*. As escolhas interpretativas são justificadas pela ancoragem (i. é, a ligação) do contexto aos dados que lhe dão sentido. O investimento interpretativo requer diferentes níveis de justificação, segundo o analista pretenda construir um contexto "literal", "indiciado" ou mesmo mais abstrato, "ausente-presente".

investigação e mesmo abandonando ou reformulando as questões originais da pesquisa. Isso requer que os pesquisadores se inspirem constantemente e de modo profundo na própria experiência, em seu conhecimento, percepção e imaginação[4] para dar sentido aos dados e analisá-los à medida que o estudo vai se desenrolando. Do ponto de vista metodológico, chamamos isso de "presença criativa" do pesquisador, muito *presente* no processo de pesquisa e envolvido nele como uma tarefa *criativa* e não meramente focada em procedimentos. Os dispositivos ou recursos que apresentamos vão, a nosso ver, ajudar os pesquisadores a exercer essa presença e criatividade na análise.

Análise como investigação "crítica"

Embora varie o que se entende por pesquisa "crítica" (CENTRE FOR CRITICAL QUALITATIVE HEALTH RESEARCH, 2018; EAKIN, 2016), usamos o termo aqui para caracterizar uma postura de pesquisa que visa "problematizar" o conhecimento adquirido. O investigador não dá como certas as visões existentes sobre um fenômeno em estudo, mas indaga o que é considerado "fato" e questiona os pressupostos e acordos sociais que sustentam como e por que as coisas são como são. Importante: uma postura "crítica" também requer estar alerta para questões de poder que envolvem aquilo que se estuda, o questionamento do que está em jogo para os indivíduos, grupos e instituições em qualquer fenômeno ou situação específicos, como é exercido o poder nesse contexto, como ele se relaciona ali ao conhecimento e à ação e como se incorpora à linguagem e se exerce através dela. Os recursos de análise que apresentamos aqui ajudam os pesquisadores a ver criticamente, a detectar pressupostos subjacentes e a interpretar os dados de forma diferente.

Os princípios ligados à análise agregadora de valor – interpretação, contextualização, presença criativa e postura crítica – sustentam as práticas operacionais correntes em análise, mas não dizem aos pesquisadores o que efetivamente fazer do ponto de vista prático. Apesar de não haver uma receita fixa para a interpretação de dados qualitativos, existem, porém, ações que ajudam os pesquisadores a dar sentido aos dados. São essas ações que chamamos de

---

4. No sentido do conceito persistente de C. Wright Mills de "imaginação sociológica" (1959).

"dispositivos analíticos", recursos para pensar criativamente os dados e gerar descobertas com valor agregado.

Dispositivos analíticos

No sentido muito interessante de "segredos" ou "truques do negócio" criado por Howard Becker para a análise sociológica (BECKER, 1998), cunhamos o termo "dispositivo" para referir ações específicas (exercícios, táticas e estratégias de pensamento) que podem levar os pesquisadores a "ver" os seus dados de modos diferentes, a fim de abrir novos espaços para a interpretação e revelar novas possibilidades de entender e conceitualizar os dados. É importante para os leitores *não* entender "dispositivo" como uma espécie de procedimento mecânico para produzir uma descoberta. Dispositivos analíticos são ações concretas que os pesquisadores *praticam*, mas que não produzem resultados fixos, como um teste-t [tipo de inferência estatística para verificar se há uma diferença significativa entre as médias de dois grupos (N.T.)]. Não são *fins* em si mesmos, mas um *meio* de análise. São *recursos para ver e pensar*. Da maneira como entendemos a noção, os "dispositivos" devem ser usados pelos pesquisadores para obter pontos de vista alternativos, novas percepções sobre os dados, *insights* e inspiração para interpretá-los. O que importa não são os dispositivos propriamente, mas o que permitem ao pesquisador.

Os métodos convencionais de análise de dados qualitativos incluem, por exemplo, codificação, identificação de temas, técnicas de "comparação constante" da teoria fundamentada, verificação de participante e redação de notas e observações. A nosso ver, no entanto, esses instrumentos-padrão de análise qualitativa não são usados em geral na capacidade máxima, de modo que fica limitado seu potencial para a análise agregadora de valor. Muitas vezes, por exemplo, a codificação limita-se a atribuir conceitos preconcebidos aos dados que são então resumidos em "descobertas", os temas são vistos como fatos empíricos autoevidentes nos dados à espera de serem reunidos, fazem-se comparações entre observações materiais concretas e não entre propriedades conceituais abstratas, a verificação de participante é mais para checagem mesmo do que para o desenvolvimento analítico, e a redação de observações e notas vira um exercício de inventariante em vez de ser um veículo de análise.

Na produção concreta da pesquisa qualitativa, porém, chega-se à análise por caminhos bem diversos dos que são ditados pelo catecismo metodológico. Os pesquisadores desenvolvem seus próprios repertórios de estratégias guiados pela experiência, improvisando e desenvolvendo seus próprios métodos para os desafios específicos de análise qualitativa, por exemplo para domar um vasto volume e muitos tipos de dados ou para contextualizar sentidos e lidar com a multiplicidade de possibilidades interpretativas. Raramente, porém, os pesquisadores escrevem (e sequer falam talvez) sobre os métodos informais que desenvolvem e usam, quem sabe em parte refletindo aí normas científicas dominantes que classificam métodos de investigação contingentes do pesquisador como idiossincráticos e despadronizados demais para ter legitimidade científica.

Existem tantos desses métodos invisíveis quanto analistas e projetos de pesquisa qualitativos. Compartilhamos aqui vários "dispositivos" informais de análise que consideramos úteis em nossa própria pesquisa e que constatamos serem particularmente úteis para nossos estudantes. Alguns são abordagens genéricas, outros mais específicos e refinados. A maioria envolve um autoquestionamento heurístico e interação com os dados, exercícios de pensamento e formas de "leitura" estratégicos (revisão e interrogação atentas dos dados em busca de tipos específicos de oportunidades interpretativas). Todos operam conjuntamente de maneira ótima.

Colocando reflexividade no trabalho analítico

Um recurso elementar é usar a si mesmo como objeto de investigação (reflexividade) e fazer do conhecimento obtido um dispositivo para a análise de dados. Embora a reflexividade e o posicionamento do pesquisador sejam marcas registradas da pesquisa qualitativa, a introspecção ocorre sobretudo nos estágios iniciais de concepção do projeto e na montagem dos dados. A reflexividade é muito menos articulada como instrumento de análise[5]. O próprio conhecimento e experiência dos pesquisadores e sua autoanálise podem ser explicitamente minados pelo que eventualmente revelem acerca dos fenômenos investigados e podem ser uma fonte valiosa de comparação e *insight*.

Uma maneira de o pesquisador aplicar o próprio conhecimento e experiência em benefício da análise é o de continuamente sondar sua relação com o tema pesquisado fazendo perguntas estratégicas que tragam à superfície questões importantes que estejam submersas. Por exemplo: Como estou reagindo enquanto pesquisador a este fenômeno ou situação e o que isso tem a me dizer? Um exemplo está no estudo de observação de participantes conduzido por Eakin sobre os cuidados a infartados num hospital geral (EAKIN HOFFMANN, 1974). Observou-se que a equipe do hospital conversava animadamente ao se comunicar com os pacientes. A pesquisadora percebeu que começou a falar do mesmo jeito e tentou entender por que o fazia. O autoexame levou-a à investigação das funções sociais da conversa otimista nos serviços de saúde e informou sua análise sobre a razão da atitude dos profissionais e como isso influenciava a recuperação dos pacientes.

Outras questões heurísticas que se enxertam à reflexividade incluem: que interesse (benefícios, riscos) eu tenho no resultado do estudo; e como os dados foram influenciados pela interação comigo e a natureza e dinâmica dessa influência. O ponto aqui não é confessar a influência (numa espécie de apêndice sobre "limitações do estudo"), mas usá-la como fonte de percepção dos fenômenos estudados. De especial importância é a pergunta: de que lado estou?[6] De que lado estou na relação com os participantes e interesses-chave em jogo na situação pesquisada? De que ponto de vista são formuladas as indagações da pesquisa? Para quem são úteis e importantes as possíveis descobertas? A noção de "lado" pode ofender os pesquisadores, tão entranhada é a crença de que a ciência é um empreendimento imparcial. Mas não há plataforma natural para a realização de pesquisas, nenhuma posição é externa à investigação ou a seu contexto. É crucial que os pesquisadores saibam qual é

---

5. Uma exceção singular é a metodologia reflexiva de Mats Alvesson e Kaj Skoldberg (2009).

6. BECKER, H. (1967). "Whose side are we on?" In: *Social Problems*, 14 (3), p. 239-247.

a sua "posição" declarada ou (geralmente) implícita (EAKIN, 2010): onde se posicionam em relação ao assunto estudado e o que isso significa para a sua abordagem analítica, a formulação e redação das descobertas.

Apesar de sua importância metodológica, a posição do pesquisador raramente é reconhecida explicitamente em textos acadêmicos. Uma posição normalmente não reconhecida em pesquisa de saúde é não reconhecer um ponto de vista gerencial/administrativo como sendo uma "posição". Muitos estudos na área de saúde são "aplicados", visam abordar problemas práticos de ordem política ou de serviços, especialmente para melhoria de funcionamento das instituições e um atendimento mais eficaz e eficiente. Às vezes admite-se isso abertamente, mas outras vezes a preocupação com a melhoria dos serviços fica inteiramente implícita, parecendo que para os pesquisadores esse é um ponto de vista "natural" e não alinhado, neutro, sem "lado". Exemplos de posicionamento em pesquisa e suas consequências para a análise podem ser encontrados na discussão de Eakin sobre a literatura ligada à questão da saúde e segurança em pequenos ambientes de trabalho (EAKIN, 2010). Ela observa que a formulação de um problema de pesquisa a partir do ponto de vista dos trabalhadores pode ser criticada como um estudo partidarista com posição política tendenciosa, ao passo que formular um problema de pesquisa do ponto de vista da gestão/melhoria institucional ou do sistema é considerada uma plataforma não partidarista, neutra, sem "lado". Conhecer a própria posição como pesquisador é essencial para a análise crítica: isso pode ajudar a colocar sob o olhar analítico suposições e forças que estejam eventualmente direcionando certas interpretações ou reprimindo conceitualizações de dados não palatáveis ou inadmissíveis para partes interessadas na pesquisa, entre elas colegas acadêmicos, financiadores e indivíduos ou comunidades enfocados no estudo.

A reflexividade é um recurso fundamental de análise. O autoquestionamento sobre os interesses e intenção subjacentes na pesquisa e seus participantes e usuários pode lançar luz sobre as dimensões, processos e forças atuantes nos dados, servindo para identificar elementos da questão investigada que não estão na superfície à espera de uma fácil observação empírica. A reflexividade é fundamental no processo analítico: para determinar a unidade de análise do estudo, para construir um aparato conceitual coerente (um roteiro) para as descobertas e para manter uma perspectiva e uma voz consistentes no texto. Questões heurísticas reflexivas podem ajudar no aprofundamento do reservatório imaginativo do pesquisador, atrair novas percepções sobre o material empírico, identificar a profundidade e extensão conceituais do campo de estudo e evitar o sufocamento por um vasto número de possibilidades despejadas pela pesquisa qualitativa para ser investigadas.

Tudo são dados

Há em análise qualitativa poucos mantras tão enriquecedores quanto a noção de que "tudo são dados", que instiga os pesquisadores a ser mais inclusivos e ter uma visão de maior alcance no tocante aos "dados" que analisam e a não se sentirem obrigados a usar apenas dados formalmente designados desde o início de um projeto. Embora atualmente haja quem diga que os "dados estão mortos" e que as práticas que os produzem estão sendo atacadas (cf. DENZIN, 2019), propomos que a noção de que "tudo são dados" acrescenta mais "valor" à análise agregadora de valor e que os pesquisadores devem se aventurar para além do conteúdo transcrito das entrevistas ou dos textos de documentos que figuram nos protocolos originais de pesquisa. Primeiro, como vimos na discussão anterior sobre reflexividade na análise, os pesquisadores podem fazer uso valioso de suas próprias respostas à situação e às descobertas da pesquisa tratando-as como dados. Além disso, podem usar e incorporar em seu pensamento todo tipo de dados oportunisticamente observados que têm algo a "dizer" sobre a questão investigada ou sobre formulações conceituais que surjam no decorrer da análise. No entanto, nem sempre é evidente em si mesmo o que pode "dizer" algo sobre os fenômenos estudados. Reconhecer o que pode ter relação com uma análise específica em curso é uma habilidade adquirida pelo pesquisador que requer criatividade para interpretar e conhecimento teórico.

Em nossas trajetórias de pesquisa houve muitos exemplos de dados que de início não consideramos como tais, mas que deram importantes contribuições ao enfoque conceitual que se desenvolveu. Por exemplo, num dos estudos de Eakin sobre experiências de pessoas que sofreram acidentes de trabalho, a tensão entre os trabalhadores e as comissões de indenização que se constatou nas entrevistas expressava-se poderosamente na arquitetura do prédio onde os trabalhadores encontravam aqueles que deveriam arbitrar sobre a legitimidade ou não de suas reivindicações. As salas de reunião com paredes transparentes à prova de bala e sistemas de bloqueio de segurança falavam por si, mostrando como os trabalhadores acidentados eram vistos na instituição e as relações sociais emocionalmente carregadas que o projeto do prédio visava refrear (EAKIN et al., 2009).

Outro exemplo do valor de "dados" oportunistas vem do estudo etnográfico mencionado sobre os cuidados com pacientes infartados num hospital geral (EAKIN HOFFMANN, 1974). Uma cadeira de rodas ocupada por um desses pacientes foi colocada por um atendente, aparentemente por acaso, voltada para uma parede vazia e não para a agitação do setor de fisioterapia do hospital onde o paciente esperava por sua sessão de tratamento. Isso "informou" a percepção que o atendente tinha do paciente como não plenamente consciente ou socialmente presente, ajudando o pesquisador a entender e conceitualizar como esses pacientes eram vistos pela equipe hospitalar.

Embora a noção de que "tudo são dados" seja importante ao longo de todo o projeto de pesquisa, é especialmente útil durante a análise, quando pode acionar a imaginação interpretativa do pesquisador e propor a conexão de fatos e observações díspares. Não apenas devem os pesquisadores estar alertas para notar novos dados que possam ser relevantes fora do conjunto de dados existente, mas também estar preparados para reconhecer novos significados dos "velhos" dados. Um exemplo da pesquisa de Eakin e seus colegas sobre pessoas que sofreram acidentes de trabalho e reivindicavam indenização surgiu com uma incursão à literatura sobre assistência social de modo geral, que levou a uma reinterpretação do que diziam os trabalhadores ao insistir que indenização por acidente de trabalho "não é assistência".

A abordagem de que "tudo são dados" consistiu nesse caso em trazer à análise (e não apenas à sessão de discussão) resultados de outros estudos com relevância conceitual e teórica para o assunto, mais que uma importância substantiva direta.

É importante notar que de uma perspectiva ética a orientação de que "tudo são dados" não dá uma espécie de carta branca aos pesquisadores para coletar dados formais de pesquisa fora do escopo sancionado na aprovação ética do estudo (p. ex., afastar-se das amostragens ou entrevistas que foram objeto de acordo). Ao contrário, "tudo são dados" refere-se ao valor para a pesquisa da observação de fatos, circunstâncias e significados informais sutis, sociais e materiais, embutidos no contexto da investigação e em locais públicos, e o seu uso como "dados" para aprofundar e melhorar a interpretação dos dados formalmente estruturados e coletados. A visão de que "tudo são dados" permite aos pesquisadores utilizar o conhecimento que já têm de experiências e observações passadas, de domínio público ou da literatura, sobre "dados" semelhantes. Uma vez ocorra ao pesquisador uma observação ou ideia surgida do que já viu ou leu, ele não pode simplesmente apagar isso da mente só porque tal "dado" não foi formalmente enumerado numa proposta ética de pesquisa. Claro, nem todo "dado" desse tipo pode ou deve ser incluído como evidência empírica na análise escrita final e com certeza não se o pesquisador for incapaz de identificar de modo adequado indivíduos ou instituições específicas envolvidos. Trata-se menos de citar como "dado" tudo que é usado (o que, de qualquer forma, é impossível) do que de usar muitos materiais diversos para construir a percepção analítica.

Uma postura de que "tudo são dados" pode ser um recurso analítico liberador e revigorante, pois liberta os pesquisadores da dependência de conjuntos limitados de dados definidos antes de se iniciar o estudo, estimula o pensamento lateral e ajuda-os criativamente a diversificar e dar corpo a novas dimensões do tópico investigado e ver qualidades genéricas de fenômenos específicos (i. é, a "teorizar" ou formular descobertas em termos mais abstratos).

Leitura do invisível

Uma extensão do recurso "tudo são dados" é a possibilidade de extrair sentido não apenas de dados materialmente evidentes (como palavras numa transcrição ou ações e eventos observados) mas também de dados não observáveis empiricamente de forma direta, normalmente invisíveis ao olhar investigativo comum. A invisibilidade assume várias formas. O sentido ou significado pode estar, por exemplo, nas "entrelinhas" de uma transcrição de entrevista. Ao analisar dados, os pesquisadores precisam ativamente sintonizar onde e de que maneira o que é dito pode ser na verdade um substituto ou representação de alguma outra coisa. Os significados estão não apenas em representações explícitas, mas embutidos também em alusões, duplos sentidos, metáforas e outros elementos linguísticos da comunicação. É importante "ler"[7] os dados de modo a captar esses significados indiretamente expressos ou articulados (cf., p. ex., GLADSTONE et al., 2014).

De forma semelhante, os pesquisadores precisam ler os dados de modo a captar o silêncio, ou seja, o que não é dito nem feito. O silêncio é uma forma de dado cujo valor reside na ausência em vez da presença. O que não é dito pode dizer muito a respeito de determinada situação (POLAND & PEDERSON, 1998). O silêncio pode ser acessado se o pesquisador estiver atento a ele, procurá-lo e formular perguntas como: por que certas coisas podem ser ditas e outras não e em quais circunstâncias? O silêncio é uma resposta pessoal, individual, ou um "elefante na sala" com características talvez mais sociais? Examinar o que não é dito e por que pode revelar tanto quanto o que é efetivamente dito e produzir uma percepção analítica inovadora. Kawabata e Gastaldo dão um exemplo da importância de interpretar o silêncio ao analisar entrevistas com trabalhadores diaristas no Japão, uma sociedade "coletivista" na qual o silêncio é parte culturalmente estabelecida da comunicação (KAWABATA & GASTALDO, 2015). A abordagem reflexiva das autoras captou significados subjacentes no silêncio, como a admissão de um passado vergonhoso.

A noção de dados invisíveis pode também incluir a *performance* ou desempenho. Nesse caso, o analista deve indagar de dados específicos não apenas o que uma pessoa está dizendo mas o que ela está *fazendo* com isso, o que

---

7. Na análise contemporânea, "ler" tem o sentido geral de "buscar", "analisar" ou "estar atento" aos dados.

busca ou consegue (consciente ou inconscientemente) com as palavras e a expressão que tem ao dizê-las. Os analistas devem se perguntar "como o fato de dizer X situa o falante e o que isso possibilita (ou impede)". Um exemplo da noção de *performance* está no estudo de Eakin e seus colegas (2003) sobre acidentes de trabalho e volta ao serviço. Quando os trabalhadores contaram as circunstâncias em que se acidentaram, com detalhes dos danos sofridos, foi possível ver nos dados uma *performance* e interpretá-los como um esforço dos trabalhadores para lidar com os riscos sociais do acidente (culpa, estigma, descrença na autenticidade das lesões) ao falar de si mesmos com determinadas palavras e expressões. Preocupavam-se, por exemplo, em indicar que *não tinham culpa* do acidente, que não estavam *voluntariamente afastados* do trabalho e que *desejavam* voltar à atividade. Ou seja, tentavam mostrar que eram *honestos* e *mereciam* as indenizações que reivindicavam. Os dados revelavam mais que seu valor nominal; lidos sob o prisma performático foram entendidos de maneira bem diferente, constituindo evidência das forças sociais em jogo sob a superfície do que diziam e faziam os trabalhadores, ou seja, que os empregadores, outros operários, os funcionários do setor de indenizações e até o público em geral tinham em princípio uma posição de suspeita sobre a legitimidade das reivindicações dos acidentados. Lidas como *performance*, as palavras podem comunicar algo bem diferente do seu significado literal e abrir novos caminhos para a análise.

Leitura em busca da anomalia

A análise qualitativa tem certa inclinação metodológica a identificar similitudes, como a busca de palavras ou expressões semelhantes que se repetem nas transcrições de dados e a reunião de tópicos recorrentes, classificando-os como "temas" ou indicadores de "saturação". O contrário disso, que vem a ser a leitura à cata da anomalia (o diferente, o que não se "encaixa"), é menos comumente articulada como possibilidade analítica.

Pode ser difícil enxergar a diferença, talvez porque os pesquisadores sejam mais facilmente atraídos pelo que é familiar, já conhecido. Em seu chamado para que olhássemos a sociedade e a experiência individual através da lente sociológica, C. Wright Mills apontou a necessidade de se "fazer estranho o familiar" com o questionamento do que é visto como "normal", do que é dado como certo ou seguro (MILLS, 1959). O paralelo que fazemos neste capítulo é o de valorizar o "estranhamento" de dados aparentemente comuns, tornando necessária sua explicação. Há muitas maneiras de tornar algo estranho, como dissecar termos-chave comumente usados para um conjunto de dados ou em um campo de pesquisa, como fez Becker (1993) em seu clássico estudo de como descobriu o que significava na linguagem cotidiana da clínica médica chamar os pacientes de "*crock*"[8].

Além de tornar estranho o que é corriqueiro, ler a anomalia nos dados é o que pode ocorrer ao se examinar atentamente algo inesperado ou que parece surpreendente. Estar alerta para dados imprevistos pode permitir a percepção conceitual de elementos eventualmente em jogo em determinada situação, demarcar terrenos férteis para posterior investigação ou reinterpretar conceitos existentes. No estudo de Gladstone (2014) sobre grupos de apoio para filhos de pais com enfermidade mental, uma surpreendente presença de humor nos dados levou à investigação do papel do humor na atitude das crianças em situações sociais. Por exemplo, uma análise da organização social e dos locais onde se pratica o humor revelou como as crianças reclamam umas das outras e desafiam ideias e crenças sobre suas circunstâncias sem dizer nada de maneira muito explícita, o que as ajuda a lidar com emoções difíceis e com pessoas poderosas (geralmente adultos) em situações em que se sentem inseguras sobre o que os outros esperam delas.

A leitura em busca de anomalias também inclui atentar para as contradições ou conflitos nos dados – desvios ou casos negativos, como são em geral chamados em pesquisa qualitativa. Encontrar (e utilizar) dados que não sustentam os padrões explicativos desenvolvidos na análise de dados é importante no processo de revisão dos conceitos e da teoria, tendo o potencial de estimular novas e proveitosas linhas de questionamento. Ao examinar uma contradição em algum dado de entrevista, por exemplo, o pesquisador

---

8. *Crock* é uma gíria para descrever um paciente que tem muitos sintomas que não se alinham com uma patologia específica e de quem o médico não consegue obter elementos úteis para o diagnóstico.

pode perguntar "o que está acontecendo aqui?" e explorar possíveis interpretações alternativas: isso indica uma falha na conceitualização adotada, uma ambivalência ou autorrepresentação da pessoa entrevistada, ou um elemento de algo ainda não captado pelo analista?

Prestar atenção às anomalias é uma atitude heurística em análise que pode propiciar uma interação crítica com os dados e ajudar o pesquisador a penetrar sob a interpretação superficial e "ver" novas possibilidades. É importante notar que uma única diferença observada pode ser fundamental numa análise agregadora de valor (cf., p. ex., JARDINE, 1992). Os pesquisadores precisam livrar-se da herança da pesquisa quantitativa e reconhecer que uma propriedade particular de um fenômeno pode ocorrer empiricamente apenas em casos raros – ou mesmo nunca – mas mesmo assim pode ser essencial entendê-la e que venha a ser um eixo para explicar o que se depreende dos dados.

Codificação geradora

Codificar é o recurso padrão mais comum em análise qualitativa. Como estratégia metodológica sofreu críticas no passado e ainda sofre (inclusive com a sugestão de alternativas e a possibilidade de não se fazer qualquer tipo de codificação[9]), mas estamos considerando aqui apenas as limitações das abordagens dominantes e propondo uma forma alternativa de codificação mais adequada para produzir análise agregadora de valor.

A codificação convencionalmente praticada em investigação qualitativa é diferente da que se pratica em análise de agregação de valor. Primeiro e mais importante, considera-se que a função convencional está no resultado: o código atribuído a um segmento de dados para catalogar e reunir todos os dados codificados da mesma forma. Já em análise agregadora de valor propomos que a função reside não no produto mas no processo da codificação:

---

9. P. ex., Clarke (2005) aconselha retardar a codificação para refletir sobre os dados em exercícios de mapeamento visual em análise baseada em dados codificados ou "não codificados mas [totalmente] digeridos" (p. 84). Outros sugerem a possibilidade de não se fazer qualquer codificação, embora devendo considerar-se o risco envolvido e a necessidade de desenvolver estratégias alternativas de análise (cf., p. ex., AUGUSTINE, 2014).

as ideias que esse processo pode suscitar no pesquisador. Aqui a codificação tem uma função "geradora" que ajuda o pesquisador a conceitualizar e interpretar os dados empíricos. Isto é, o processo vem a ser ele mesmo um recurso analítico central, um meio básico para a análise de dados.

Na prática qualitativa convencional os códigos são tratados em geral como marcadores de categorias de fatos e conceitos que residiriam de modo evidente e não problemático nos dados. Codificar consiste aí em classificar com vários rótulos segmentos de dados que são então agrupados e organizados geralmente em catálogos por assuntos ou "temas". A preocupação é basicamente com questões de precisão, completude e confiabilidade, com as categorias codificadas sendo normalmente descritas como tendo sido "encontradas" nos dados.

Uma outra característica da codificação mais convencional que a distingue da codificação geradora é que os rótulos de código atribuídos a segmentos de dados são muitas vezes conceitos já prontos ou pré-embalados colhidos na "estante" da literatura ou no estoque de concepções corriqueiras, o que pode restringir o que se poderia aprender com eles. Um exemplo de códigos prontos e suas implicações para a pesquisa é o modelo ubíquo de estudo qualitativo que investiga por que as pessoas utilizam ou não um determinado recurso ou serviço de saúde. Num estudo, digamos, sobre por que as mulheres fazem ou não exame de mamografia, os conceitos centrais da investigação tenderiam a ser definidos previamente. "Fazer mamografia" é uma decisão ligada à saúde que pode ser vista (ou tacitamente entendida) como influenciada por "fatores" tais como conhecimento, avaliação racional de risco ou prática cultural. Os códigos atribuídos aos dados de entrevistas viriam basicamente de modelos conceituais extraídos da literatura, incorporando noções como "atraso", "apoio social" e "informação". Tais códigos servem para explicitar articulações dos participantes, com a suposição de que eles podem de fato conhecer suas motivações, que seus relatos são verdadeiros e querem dizer exatamente o que o pesquisador pensa que dizem. Essa abordagem da codificação pode impedir inteiramente interpretações alternativas dos dados (p. ex., que o que se chamou *a priori* de "atraso" pode não ser útil se entendido assim, pode não refletir uma "escolha" racional nem ser propriamente uma decisão "ligada à saúde").

Uma característica final da codificação mais contemporânea é que enfoca, às vezes, apenas uma parte da tarefa de codificar. Coffey e Atkinson (1996) descrevem duas funções da codificação: 1) consolidar, reduzir e simplificar dados (para recuperação, triagem e outras necessidades de gestão) e 2) expandir, abrir e dar complexidade a dados. A segunda função é muito menos bem descrita nos textos de metodologia e publicações de pesquisa, mas é ela a mais necessária para a análise agregadora de valor. Aí está o elemento gerador da codificação, que envolve não a catalogação dos dados por conceitos prontos, mas a construção de códigos customizados energizados pela percepção criativa crítica do analista. Em codificação geradora, mais do que *aplicados* aos dados, os códigos são gerados pelo pesquisador interpretando os dados em interação com eles.

A codificação geradora é, portanto, não uma aplicação mecânica de rótulos preconcebidos aos dados, mas um lento processo racional de criação e conexão de conceitos. Para ser um processo gerador, a codificação envolve constante reexame e reconceitualização de cada conceito e seu relacionamento a outros códigos, com contínua anotação por escrito de ideias, associações, questões, possibilidades e ligações subjacentes ao rótulo do "código" e/ou que surjam no processo de codificação (as anotações por escrito como instrumento analítico específico serão discutidas mais adiante).

Codificar, portanto, é um terreno fértil para análise aprofundada (no qual são moldados e remodelados códigos em processo) e um nascedouro de novos conceitos (ou cemitério dos que perdem utilidade analítica). O processo de codificação é onde conceitos são ligados a outros ou a expressões mais abstratas ou localizadas de si mesmos e fundidos no "enredo" gradualmente emergente da análise. É impossível neste curto capítulo descrever ou ilustrar melhor essa abordagem da codificação, mas o que deve ficar claro é que codificar é parte primordial dos processos analíticos fundamentais descritos anteriormente: é aí que os dados são criativa e criticamente interpretados e contextualizados, com a utilização de todos os recursos críticos e de imaginação que o pesquisador possa trazer para lidar com eles.

Então, como efetivamente se faz a codificação "geradora" na prática? Como se trata em essência de um ato interpretativo, não há receita para isso. Mas há atividades concretas que podem ajudar a desencadear e alimentar o impulso criativo da codificação. Uma é manter uma lista de códigos dinâmica (um "livro de códigos") que ao mesmo tempo registre e produza a evolução dos códigos à medida que forem se desenvolvendo no processo de análise. A detalhada caracterização e reflexão sobre um código vai mudando a cada uso em um conjunto de dados à medida que novos aspectos ou falhas se tornem evidentes para o pesquisador. À medida que os dados são lidos e digeridos, códigos previamente atribuídos são qualificados, redefinidos, fundidos a outros ou inteiramente abandonados. Não se trata de aplicar um significado estático fixo a um código e então atribuí-lo a um segmento de dados, mas sim o inverso: usar o segmento de dados empíricos para refletir sobre e refinar o código/conceito – seu significado, seus aspectos fundamentais, suas limitações e qualificações, sob qual perspectiva, quais eventos ou noções inclui ou exclui e assim por diante. A codificação é tanto produto quanto motor da conceitualização. Documentar o desenvolvimento do conceito de código é parte vital[10] e dinâmica da metamorfose da infraestrutura conceitual da análise.

No nível prático, a codificação geradora é um processo lento e repetitivo de reconceitualização que alimenta a capacidade do pesquisador de "cultivar" novos conceitos para além da categorização de entidades já conhecidas e de tecê-los em um quadro ou relato teoricamente coerente. Essa espécie de codificação é "geradora" no sentido de criar algo novo. É um processo analítico criativo que o pesquisador produz desenvolvendo conceitos "em diálogo contínuo com os dados empíricos" (BECKER, 1996: 109).

Com todo o seu valor, no entanto, essa abordagem da codificação – investigação detalhada de segmentos discretos de dados e aprofundamento dos

---

10. E datar cada repetição da lista de códigos é importante para documentar e rastrear a conceitualização em desenvolvimento.

significados e interpretações – pode resultar em fragmentação dos dados e em perda de sentido pela combinação e interligação de segmentos num quadro mais amplo. Um recurso para contrapor a esse estreitamento de visão é buscar a *gestalt* dos dados.

Leitura da *gestalt*

Em análise qualitativa, especialmente quando rótulos discretos são atribuídos aos dados na codificação, a *gestalt* (concepção do todo como maior que a soma das partes) pode ser ofuscada ou inteiramente negligenciada. Fragmentando os dados em elementos constituintes, pode parecer que a codificação torne mais manejável a análise, mas isso dificulta interpretar os dados em um contexto mais amplo, ligar códigos e conceitos e entender contradições entre eles. Fazer a leitura da *gestalt*, buscando perceber acontecimentos maiores nos dados, pode dar um pouco desse contexto interpretativo e uma perspectiva bem diferente sobre o assunto estudado.

Material para a leitura holística dos dados pode ser fornecido pelos próprios dados (linhas mais gerais de força que governam o que as pessoas dizem ou fazem), mas pode também vir de fora. Hollway e Jefferson (2000) descrevem como a teoria e a reflexividade podem ser usadas para explicar elementos contraditórios em uma entrevista ou em uma série de entrevistas na mesma família. Essa leitura da *gestalt* pode ser relegada pelos pesquisadores, às vezes em função do compromisso de "dar voz" ao entrevistado (HOLLWAY & JEFFERSON, 2000: 80) ou para privilegiar relatos de experiências centrados no depoente.

Estratégias para interagir com os dados, abrindo-os e interrogando-os, e fazer uma análise mais holística, trabalhando com a codificação e indo além dela, incluem a produção de sumários de dados e a anotação de reflexões sobre o contexto mais amplo. Atkinson (1992) descreve "estratégias ampliadas de leitura" com anotações de campo para contrabalançar uma "cultura de fragmentação" e Frost (2009) pega histórias embutidas nas entrevistas para fazer uma análise narrativa capaz de ler um todo maior que a soma dos muitos "dados" que o compõem.

Fazer a leitura da *gestalt* é importante não apenas para interpretar os dados no contexto, mas também para mover códigos e conceitos de um nível mais substancial para um nível mais elevado de abstração e teorização. No entanto, examinar a *gestalt* – a história mais geral – é um ato interpretativo em si mesmo: os analistas escolhem um quadro maior dentre vários possíveis para entender e representar os dados. Como em outras dimensões da análise agregadora de valor, não há regras metodológicas para isso, mas o conjunto dos recursos analíticos que discutimos pode revelar diversas *gestalts* possíveis com múltiplas consequências para a história analítica produzida.

Heurística para teorizar

"Teorizar" conceitos e descobertas é dar forma mais abstrata aos procedimentos da codificação geradora para ver as conexões e o que há de comum entre um caso particular e fenômenos mais gerais, complexos ou de nível mais elevado. Alguns pesquisadores qualitativos buscam descrição empírica que não priorize a teoria (especialmente em pesquisa prática aplicada; p. ex., THORNE, 2016). A nosso ver, no entanto, em análise agregadora de valor há poucas coisas tão úteis quanto a teoria para dar sentido aos dados empíricos, mesmo em pesquisa prática aplicada.

Como efetivamente teorizar dados, no entanto, é raramente descrito em termos práticos (cf. uma exceção em MacFARLANE & O'REILLY-DE BRÚN, 2012), o que manteve essa atividade-chave num dos cantos mais escuros da caixa-preta metodológica da análise qualitativa. Não há, porém, procedimentos discretos de teorização, apenas recursos heurísticos para *pensar teoricamente* as descobertas empíricas. Um bom lugar para começar é o capítulo de Howard Becker (1996: 109-143) sobre conceitos sociológicos generalizantes acima e além do particular. Seu arsenal de "truques" para pensar abstratamente inclui tentar imaginar a pergunta cuja resposta é o dado que se examina, deixar que o caso (a observação empírica) defina o conceito em vez de a categoria conceitual definir o caso, e descrever o caso sem usar quaisquer de suas características identificadoras (como papéis específicos, organização ou ambientes). Tais manobras podem ajudar os analistas a ver uma entidade específica em termos mais abstratos e a identificar características genéricas do fenômeno estudado que podem ser "generalizadas" (ou seja, que revelem algo em comum com ou transferível a outras pessoas ou fenômenos próximos e distantes do examinado).

Nossa própria pesquisa sugeriu outros dispositivos ou recursos heurísticos para facilitar a conceitualização e teorização de observações específicas, muitos sob a forma de perguntas provocadoras que podem trazer à luz propriedades mais gerais de dados ou conceitos. Como: "Isto é um exemplo de quê?" Indagamos aí de qual entidade ou processo mais abrangente poderia uma descoberta ou observação constituir uma ocorrência, uma parte ou um tipo. No estudo de Eakin e colegas (2003) sobre a experiência de empregados e empregadores com acidentes de trabalho em locais pequenos, dois "fatos" empíricos foram constatados inicialmente: 1) a crença de que os empregados acidentados trapaceiam para obter indenização e se livrar do serviço, exagerando ou mentindo sobre os danos sofridos, e 2) o receio dos trabalhadores acidentados de serem tidos como desonestos, de não "acreditarem" nas suas alegações. Esses dados foram codificados em separado de forma substantiva (respectivamente como "trapaça" e "descrença"), mas a pergunta "isto é um exemplo de quê?" levou a identificar conceitos mais gerais que pareceram relevantes ou relacionados, como "estigma" e "merecimento". Isso, combinado a dados fortuitos externos ao estudo formal – um consultor para assuntos legais insistia que a indenização trabalhista não devia ser considerada como "assistência" ou seguridade social (observe-se em ação o princípio "tudo são dados") –, levou o foco da análise a mudar, passando à comparação entre o sistema indenizatório por acidente de trabalho e outros sistemas de segurança social e de suporte a pessoas incapacitadas, visando investigar as condições que podem favorecer o julgamento da legitimidade das reivindicações ou fortalecer as suspeitas de sua ilegitimidade. A pergunta "isto é um exemplo de quê?" ajudou a cristalizar a teorização mais geral dos resultados da pesquisa como expressão de um discurso societário amplo sobre "abuso" na utilização de serviços públicos de assistência.

A teorização constitui grande parte do "valor agregado" no tipo de análise que defendemos. Mas não há uma fórmula de "fazer" isso ou que leve ao "melhor" sistema teórico para dar sentido a um determinado conjunto de dados. Há múltiplas estruturas teóricas possíveis para escorar quaisquer dados e a maneira como o pesquisador escolhe uma depende da sua formação disciplinar, do seu conhecimento e imaginação (presença criativa). A abstração pode ocorrer espontaneamente (em momentos de súbita percepção, quando exclamamos "aha!") ou ser trazida à luz por vários recursos de reflexão focada ou a leitura consistente (e inspiradora) de literatura substancial ou de treinamento da nossa disciplina e de outras áreas.

A escrita como análise

Em pesquisa qualitativa, escrever não é simplesmente resumir o resultado da análise ("fazer um apanhado"). A redação efetivamente tem um papel central na *criação* das descobertas do estudo (cf. a respeito o capítulo 8 desta obra, de Leticia Robles-Silva). Escrever é, em si mesmo, parte da análise: trata-se de nomear um fenômeno (transformá-lo em palavras) e nomear é conceitualizar (expressar a natureza do fenômeno e sua relação com outros). Mas ao mesmo tempo que ajuda a analisar (dar sentido a) uma realidade, escrever "constitui" a própria realidade. Isto é, nomear é dar existência a uma coisa, torná-la "real". Portanto, escrever é analisar e analisar é escrever.

A expressão escrita de um pensamento sobre um assunto estudado é um ato analítico porque requer conceitos selecionados para captar algo nos dados que os conecte de alguma forma aos dados empíricos e tem um papel na história que vai emergindo da pesquisa. Embora o destino de quase tudo que se anota, especialmente no início de um projeto, é ser mudado ou abandonado, o processo de escrever e reescrever é mesmo assim essencial para a gradual filtragem do que funciona, importa e tem coerência na análise. Escrever é, na nossa opinião, o instrumento mais importante para a análise de dados qualitativos. É também o mais amplamente *usado* em análise, embora raramente reconhecido como tal. A nosso ver, o reconhecimento do papel da escrita como instrumento de análise é fundamental na organização dessa importantíssima força criativa para a pesquisa qualitativa agregadora de valor.

Escrever não é importante apenas no final da análise, mas ao longo de todo o processo investigativo, em todos os pontos onde ideias (nascentes ou já acabadas) possam ser colocadas sob forma escrita: nas anotações e relatórios feitos durante a codificação geradora, em diários reflexivos e outros sistemas de registro, nos sumários de dados, no desenvolvimento da história da pesquisa e assim por diante. Ou seja, os pesquisadores devem escrever analiticamente desde o pontapé inicial de um projeto. Os estudantes com frequência adiam (ou são relutantes em) escrever porque veem isso mais como um ato de documentação do que de interpretação, mais como um meio de descrever resultados do que um meio de fazer análise. Podem sentir dificuldade em colocar por escrito pensamentos ainda incompletos ou não se dispõem a arriscar conceitos e textos potencialmente inadequados ou impraticáveis. Escrever não é registrar ideias já plenamente formuladas e acabadas. Ao contrário, no processo da escrita as ideias são construídas a partir de linhas e elementos e trabalhadas na criação de "descobertas". Escrever é um veículo para articular, montar, peneirar, organizar, questionar e dar forma à miríade de elementos e ideias analíticos que giram na cabeça do analista. Em última análise, escrever é uma trajetória-chave na conceitualização e teorização dos resultados da pesquisa. Os pesquisadores escrevem para ter consciência do que querem dizer, do que podem dizer e de como dizê-lo.

Escrever é fundamental para o processo analítico primordialmente porque se baseia na linguagem e a linguagem é crucial na criação de significado. A língua – incluídas forma, estrutura, gramática e semântica – é central na construção e comunicação de significado. E nunca é neutra; sempre coloca o assunto estudado de determinada maneira, situa pesquisador e a coisa pesquisada em cenários específicos, incorporando uma perspectiva teórica e política. As palavras, adjetivos, verbos e metáforas usados na descrição ou representação dos dados constituem e criam significados. A língua representa os participantes de uma pesquisa como sendo pessoas de determinados tipos. Por exemplo, como a forma de expressão e o uso da gramática refletem muito a posição social do falante, até ligeiras mudanças no discurso literal através da transcrição (como remover "humms" e outros marcadores de fala ou corrigir erros gramaticais) pode passar ideias equivocadas de coisas importantes sobre um entrevistado e gerar interpretações falhas.

A língua tem importância. Por exemplo, escrever "ela *alegou* que..." em vez de "ela *disse* que..." muda o sentido da observação ao lançar dúvida sobre a veracidade do que foi dito e talvez também sutilmente desacreditar o falante. A língua modula as descobertas da pesquisa em formas específicas de relato. Tropos ou figuras de linguagem podem passar os resultados da pesquisa de formas bem diferentes, com subtons de empatia ou de crítica sobre certos assuntos e pessoas. Além disso, a linguagem e a estrutura narrativa são mecanismos-chave para diferenciar a voz do pesquisador e a dos participantes. Os pesquisadores precisam estar muito bem sintonizados ao que a língua "faz" na criação de sentido e utilizá-la de forma cuidadosa e consciente.

Como outros aspectos da análise, escrever analiticamente e analisar através da escrita têm carecido também de explicação adequada (apesar de AUGUSTINE, 2014; EVANS, 2000; GOLDEN-BIDDLE & LOCKE, 1997). Um recurso prático para ancorar a escrita como fator central da análise é o que chamamos de "trabalhar o título": usar o título do estudo como um ponto de intensa reflexão e análise precisa. Os pesquisadores precisam ter sempre um título em andamento que descreva o que o projeto como um todo está dizendo. Eles podem resistir a essa tarefa por ver o título apenas como um floreio final para quando a pesquisa estiver concluída e seus resultados plenamente definidos. Achamos, no entanto, que desde o primeiro dia do projeto eles precisam encontrar um título provisório para suas atividades analíticas e revisitá-lo constantemente. Trabalhar o título é um recurso inestimável em análise porque ao mesmo tempo força e capacita os pesquisadores a fazer um balanço contínuo do que ele diz sobre o que estão descobrindo, fazendo, enfatizando e como representa o que estão pensando em determinado momento sobre o foco e o desenrolar da pesquisa. É um exercício inestimável para manterem a visão de como a análise evolui, pois o título capta conceitos-chave, o ponto principal da pesquisa, a relação entre o cerne e elementos subsidiários da análise e assim por diante. Os benefícios analíticos de trabalhar o título são ampliados se uma vírgula ou outro sinal de pontuação o divide em duas partes, uma vez que isso obriga os pesquisadores a esclarecer para si mesmos qual é o seu ponto central, qual é a ideia geral e qual a particular, qual é o campo ou o público que o estudo visa. Os títulos são ao mesmo tempo microcosmos da minúcia e do quadro maior da pesquisa e trabalhar o título é um exercício analítico exigente mas produtivo.

Escrever como um ato analítico é também fundamental para apresentar os resultados de um estudo qualitativo, que não podem ser traduzidos em histogramas e tabelas cujos dados são produzidos por uma análise subjacente geralmente suposta e entendida pelo leitor. Resultados qualitativos têm que deixar bastante claros os caminhos analíticos que os produziram para que o leitor entenda e se interesse. Além disso, "escrever" os resultados em pesquisa qualitativa não é simplesmente apresentar, já plenamente desenvolvido, o que se descobriu. Resultados qualitativos adquirem sua forma final durante e não antes do processo de escrita. Isso não apenas pela natureza do processo de conceitualização que descrevemos anteriormente, mas também porque muitas considerações analíticas adicionais surgem nos últimos estágios da redação dos resultados, como de que maneira encontrar a história-pivô em torno da qual giram as histórias menores, como capturar a atenção e o interesse do leitor[11], como montar uma estrutura narrativa e encontrar um estilo atraentes, como se responsabilizar pelos dados sobre os quais se constrói a análise, como utilizar o tipo e a quantidade certos de evidências para fazer uma interpretação robusta e convincente, como equilibrar as vozes dos participantes e dos pesquisadores e assim por diante. Além disso, como ocorre em todas as outras formas e terrenos de escrita em pesquisa qualitativa, escrever os resultados não é uma atividade neutra. A estrutura narrativa e a forja do texto são imbuídas de significado, valor e perspectiva.

Embora não possamos aqui elaborar esses assuntos de forma mais completa (alguns são abordados, p. ex., em GOLDEN-BIDDLE et al., 1997), po-

---

11. Cf., p. ex., Frank (2004), que fala da necessidade de os cientistas sociais levarem a sério a narrativa de um estudo, dada a importância que tem o enredo da história, responsável por "seja lá qual for o apelo que a pesquisa venha a ter para o leitor" (p. 430). Comparando um bom texto acadêmico a um romance policial, ele diz que os leitores precisam "descobrir o corpo", aquilo que em termos narrativos é o que chama a sua atenção e requer uma explicação (p. 431).

demos mencionar um recurso útil para explorar o papel central e o poder da linguagem na redação dos resultados. Muitas vezes pedimos aos estudantes que descrevam em uma única frase as descobertas de suas pesquisas (SANDELOWSKI, 1998). Embora definir um estudo em uma frase pareça exigência escandalosa, o exercício pode ajudar pesquisadores a separar o nuclear do periférico e livrá-los do atoleiro de várias linhas de pensamento complexas. Uma única frase definidora pode permitir-lhes amarrar e direcionar a análise e decidir quais ideias e dados devem permanecer e quais devem ser abandonados. Como trabalhar o título, também a frase-guia é um fazer e refazer contínuo, mas a sua presença e constante revisão funcionam como instrumentos úteis para o processo analítico.

Escrever é um recurso primordial e crucial da análise qualitativa que perpassa todo o processo de pesquisa. É simultaneamente um meio de análise (que força a formulação e cristalização de interpretações e conceitos) e um resultado dela (expressando e representando os resultados da investigação). O papel constitutivo da linguagem em análise faz com que a escrita jamais seja neutra – é sempre, portanto, política e científica. Escrever é o elemento metodológico mais importante na caixa-preta da análise qualitativa. Pode ser, no entanto, sobretudo nos estágios finais da construção dos resultados, um processo lento e exaustivo que demanda muito mais tempo e energia do que normalmente se concede a esse estágio da pesquisa nos programas de graduação universitária ou nos protocolos de concessão de pesquisa[12].

Conclusão: criatividade liberada

A análise de dados e a produção de resultados têm escassas descrições nos textos de metodologia qualitativa e em publicações de pesquisa. Neste capítulo examinamos a "caixa-preta" da análise qualitativa, especialmente na área de saúde. Apresentamos uma abordagem que chamamos de análise agregadora de valor e indicamos como pode ser praticada com a utilização

---

12. Uma tentativa na Universidade de Toronto de obter aprovação para um curso de redação de pesquisa qualitativa em nível de doutorado e o encerramento de um programa de graduação sofreu resistência da administração acadêmica sob a alegação de que não era necessário nesse estágio de pesquisa.

de vários instrumentos ou "dispositivos" analíticos que liberam e ampliam a "capacidade" dos pesquisadores de "ver" os dados de maneira diferente e transformá-los em conceitualizações mais abstratas.

Quatro mensagens de caráter geral escoram o capítulo. Primeiro, o "valor" agregado na análise refere-se ao mérito e utilidade de um estudo que produz conhecimento profundo e generalizável. Isto é, o valor da pesquisa aumenta quando a análise: 1) vai mais fundo e não se limita aos significados superficiais das coisas, de acesso mais fácil (quando alcança o intangível, o invisível e não mensurável), e 2) produz uma compreensão sobre determinado fenômeno que pode ser aplicada de forma significativa a outros fenômenos diferentes e/ou mais gerais.

Segundo, não há uma rota fixa de procedimentos para produzir esse valor. Os métodos analíticos de agregação de valor não são padronizados mas variados e voltados primordialmente para incitar e melhorar a criatividade conceitual do pesquisador. "Fatos" empíricos (materiais e sociais) podem ser representados por muitos tipos diferentes de "dados" (visíveis ou não, presentes ou ausentes). A interpretação dos dados – o que significam, como se ligam uns aos outros, como são contabilizados – depende da capacidade do pesquisador de imaginar as possibilidades e de transformar dados em conceitos. Terceiro, para dar sentido aos dados e produzir descobertas profundas e generalizáveis, os pesquisadores se valem de muitos recursos (formais e informais, metodológicos e empíricos), inclusive o autoconhecimento, a experiência pessoal, teorias leigas e acadêmicas e, o que é crucial, um entendimento crítico imaginativo. As descobertas da pesquisa são construções mentais *criadas* pelo analista.

Quarto, o fato de as descobertas serem construídas pelo pesquisador e se basearem em dados temporária e substancialmente desvinculados não significa que sejam menos verdadeiras do que em outras metodologias. O conhecimento produzido não é fabricado do nada e, com toda certeza, não é do tipo "qualquer coisa está bem". Essa forma de análise qualitativa visa fornecer não *a* verdade mas *uma* verdade: uma convincente e instigante conceitualização do que se passa empiricamente e um aparato conceitual que dá conta, de maneira consequente e coesa, do caso empírico concreto, ao mesmo tempo que suficientemente abstrato para uma aplicabilidade mais geral. A análise agregadora de valor faz uma descrição da realidade, mas buscando ao máximo uma descrição inovadora, honesta, imaginativa, plausível e útil dos complexos processos da existência humana.

Em essência, portanto, a análise que agrega valor é antes uma *artesania* do que uma *fórmula* científica, mais uma construção criativa do que um método com regras. A imaginação liberada do pesquisador é o mecanismo gerador, operando "instrumentos" para desmontar o conhecimento existente, trazer coisas novas à luz e dar o salto da perspectiva crítica e das ideias teóricas.

O caráter indefinido e não padronizado dessa abordagem da análise qualitativa pode ser enervante e levar o pesquisador a ansiar pela segurança dos estereótipos em matéria de procedimentos e regras de interpretação da ciência convencional ou pelo conforto da análise qualitativa não problematizada que não se afasta muito das interpretações superficiais e dos acervos de conhecimento dominantes. A pesquisa que agrega valor não é para os fracos de coração ou para os que não se dão ao luxo pessoal ou profissional de envolver-se no que muitas vezes pode ser um trabalho intenso de reflexão, lento e incerto. Mas a análise agregadora de valor pode também dar ao pesquisador a sensação de estar livre das limitações de protocolos e estruturas conceituais inflexíveis e predeterminados, oferecendo a experiência emocionante e instigadora de participar do desdobramento de uma compreensão inteiramente nova e de se envolver em uma forma de desenvolvimento do conhecimento inspirada abertamente na criatividade. Por ser ao mesmo tempo exigente e liberadora, a análise de agregação de valor tem muito a oferecer ao pesquisador, à comunidade de pesquisa e à sociedade em geral.

Referências

ALASUUTARI, P. (1996). "Theorizing in qualitative research: A cultural studies perspective". In: *Qualitative Inquiry*, 2 (4), p. 371-384.

ALVESSON, M. & SKOLDBERG, K. (2009). *Reflexive Methodology*. 2. ed. Londres: Sage.

ATKINSON, P. (1992). "The ethnography of a medical setting: Reading, writing and rhetoric". In: *Qualitative Health Research*, 2 (4), p. 451-474.

AUGUSTINE, S. (2014). "Living in a post-coding world: analysis as assemblage". In: *Qualitative Inquiry*, 20 (6), p. 747-753.

BECKER, H. (1998). "Concepts". In: *Tricks of the Trade*: How to Think About Your Research While You're Doing It. Chicago: University of Chicago Press, p. 109-145.

_____ (1993). "How I learned what a crock was". In: *Journal of Contemporary Ethnography*, 22 (1), p. 28-35.

_____ (1967). "Whose side are we on?" In: *Social Problems*, 14 (3), p. 239-247.

BISCHOPING, K. (2005). "Quote, unquote: From transcript to text in ethnographic research". In: PAWLUCK, D.; SHAFFIR, W. & MIALL, C. (eds.). *Doing Ethnography*. Canadian Scholar's Press, p. 141-154.

BUCHOLTZ, M. (2000). "The politics of transcription". In: *Journal of Pragmatics*, 32, p. 1.439-1.465.

CENTRE FOR CRITICAL QUALITATIVE HEALTH RESEARCH. *What is "Critical"?* Extraído de https://ccqhr.utoronto.ca/about-cq/what-is-critical/ (24 mai. 2018).

CLARKE, A. (2005). "Doing situational maps and analysis". In: *Situational Analysis*: Grounded Theory After the Postmodern Turn. Londres: Sage, p. 83-144.

COFFEY, A. & ATKINSON, P. (1996). "Concepts and coding". In: *Making Sense of Qualitative Data*. Londres: Sage, p. 26-53.

DENZIN, N. (2019). "The death of data in neoliberal times". In: *Qualitative Inquiry*, 25 (6), p. 1-4.

EAKIN, J. (2016). "Educating critical qualitative health researchers in the land of the randomized controlled trial". In: *Qualitative Inquiry*, 22 (2), p. 107-118.

_____ (2010). "Towards a 'standpoint' perspective: health and safety in small workplaces from the perspective of the workers". In: *Policy and Practice in Health and Safety*, 8 (2), p. 113-127.

EAKIN, J.; MacEACHEN, E. & CLARKE, J. (2003). "'Playing it smart' with return to work: Small workplace experience under Ontario's policy of self--reliance and early return". In: *Policy and Practice in Health and Safety*, 1 (2), p. 19-41.

EAKIN, J.; MacEACHEN, E.; MANSFIELD, L. & CLARKE, J. (2009). *The Logic of Practice*: An Ethnographic Study of Frontline Service Work with Small Business in Ontario's Workplace Safety and Insurance Board [Relatório final inédito ao Conselho Consultor de Pesquisa (Research Advisory Council) do Departamento de Segurança no Trabalho (Workplace Safety and Insurance Board). Toronto].

EAKIN HOFFMANN, J. (1974), "'Nothing Can Be Done': Social Dimensions of the Treatment of Stroke Patients in a General Hospital". In: *Urban Life and Culture*, 3 (1), p. 50-70.

EVANS, P. (2000). "Boundary oscillations: Epistemological and genre transformation during the 'method' of thesis writing". In: *International Journal of Social Research Methodology*, 3 (4), p. 267-286.

FRANK, A. (2004). "After methods, the story: from incongruity to truth in qualitative research". In: *Qualitative Health Research* 14, (3), p. 430-440.

FREEMAN, M. (2014). "The hermeneutical aesthetics of thick description". In: *Qualitative Inquiry*, 20 (6), p. 827-833.

FROST, N. (2009). "Do you know what I mean? – The use of a pluralistic narrative analysis approach in the interpretation of an interview". In: *Qualitative Research*, 9 (1), p. 9-29.

GLADSTONE, B.; McKEEVER, P.; SEEMAN, M. & BOYDELL, K. (2014). "Analysis of a support group for children of parents with mental illnesses: Managing stressful situations". In: *Qualitative Health Research*, 24 (9), p. 1.171-1.182.

GOLDEN-BIDDLE, K. & LOCKE, K. (1997). "Crafting the storyline". In: *Composing Qualitative Research*. Londres: Sage, p. 21-70.

HOLLWAY, W. & JEFFERSON, T. (2000). "Analysing data produced with defended subjects". In: *Doing Qualitative Research Differently*. Londres: Sage, p. 55-82.

JARDINE, D. (1992). "The fecundity of the individual case: Considerations of the pedagogic heart of interpretive work". In: *Journal of Philosophy of Education*, 26.

KAWABATA, M. & GASTALDO, D. (2015). "The less said the better: interpreting silence in qualitative research". In: *International Journal of Qualitative Methods*, p. 1-9.

MacFARLANE, A. & O'REILLY-DE BRÚN, M. (2012). "Using a theory--driven conceptual framework in qualitative health research". In: *Qualitative Health Research*, 22 (5), p. 607-618.

MILLS, C.W. (1959). *The Sociological Imagination*. Oxford: Oxford University Press.

POLAND, B. & PEDERSON, A. (1998). "Reading between the lines: Interpreting silences in qualitative research". In: *Qualitative Inquiry*, 4, p. 293-312.

SANDELOWSKI, M. (1998). "Writing a good read: Strategies for re-presenting qualitative data". In: *Research in Nursing and Health*, 21, p. 375-382.

STENVOLL, D. & SVENSSON, P. (2011). "Contestable contexts: the transparent anchoring of contextualization in text-as data". In: *Qualitative Research*, 11 (5), p. 570-586.

THORNE, S. (2016). *Interpretive description* – Qualitative research for applied practice. 2. ed. Nova York: Routledge.

TILLEY, S. (2003). "Challenging research practices: Turing a critical lens on the work of transcription". In: *Qualitative Inquiry*, 9 (5), p. 750-773.

8
Escrever qualitativamente: desafios da racionalidade estético-expresiva*

Leticia Robles-Silva

A Francisco, que não será um leitor.

"The only version that counts is the last one"
Becker, 1986: 21.

Introdução

Ninguém negaria a importância de publicar na pesquisa qualitativa, visto que a publicação é o mais importante indicador de avaliação do desempenho científico na academia. A produtividade individual, do grupo ou da instituição está associada não só ao prestígio acadêmico, mas também aos recursos financeiros que o acompanham, daí a ressonância do provérbio *"publicar ou perecer"* nos espaços da academia. Na verdade, é um mito moderno que o pesquisador dedique quase todo o seu tempo para "descobrir", pois é bem o contrário, ele dedica mais tempo para publicar (HYLAND & SALAGER-MEYER, 2008), ou seja, para escrever, porque a publicação começa e existe escrevendo. E a pesquisa qualitativa não está isenta dessa dinâmica da produtividade científica. Porém, minha experiência no meio acadêmico como pesquisadora assentada em um país latino-americano e ligada ao Norte geográfico e epistemológico[1], ensinou-me a pouca atenção que se dá no

---

* Tradução de Maria Idalina Ferreira.

1. Refiro-me às minhas atividades dentro da pesquisa qualitativa como leitora assídua, professora de metodologia qualitativa em nível de pós-graduação, como revisora de manuscritos para publicação ou como examinadora de teses de doutorado, bem como autora tanto de publicações como de manuscritos rejeitados.

Sul à redação de manuscritos científicos com dados qualitativos[2]. Minha impressão é que entramos no mundo da publicação sem muita clareza sobre o significado da ação social da *escrita* na ciência, não só quanto à sua retórica, aos seus estilos e regras, como também sobre seu papel na pesquisa. Na verdade, parece-me, é uma prática difusa sem um lugar definido entre a pesquisa e a publicação. Isso é paradoxal se pensarmos na grande pressão exercida sobre os estudantes de pós-graduação, os professores e os cientistas para aumentar sua produtividade por meio da publicação de artigos ou livros e, ao mesmo tempo, em um ambiente acadêmico que quase esqueceu a prática anterior à publicação de qualidade e de impacto, a da escrita.

No campo da pesquisa qualitativa, várias práticas articulam nossa visão sobre a questão da escrita. Uma noção na cultura acadêmica é aquela que concebe a atividade de escrever depois de concluída a pesquisa, o projeto ou o estudo, ou seja, somente quando terminamos de "pesquisar", somente então começamos a escrever o relatório, o artigo ou o livro, mas não antes[3]. Tão marginal é o ato de escrever que raramente o processo de redigir o manuscrito está incluído nas atividades de um cronograma ou nas necessidades de financiamento do projeto; ele não aparece como parte do desenvolvimento da pesquisa, mas como uma tarefa separada e independente da mesma pesquisa. Diante dessa posição, um cientista sênior fala sobre como, ao longo dos anos de experiência, aprendeu que escrever é parte da pesquisa e não uma atividade separada ou posterior (KOVAC, 2003).

Por outro lado, no contexto latino-americano, a formação dos jovens pesquisadores concentrou seus esforços no ensino de paradigmas e metodologias qualitativas, mas não no ensino ou no treino da escrita em geral, ou da

---

2. Aqui me junto aos postulados de Boaventura de Sousa Santos (2009) de uma epistemologia do Sul como a busca de conhecimentos e de critérios de validade do conhecimento construído no Sul, entendido como os grupos e povos oprimidos pelo capitalismo e pelo colonialismo, e de um conhecimento que permita intensificar a vontade de transformação social e de justiça social desta relação desigual com as epistemologias do Norte.

3. Essa apreciação da escrita uma vez concluído o estudo permeou desde os campos da pesquisa quantitativa, ou seja, desde uma postura positivista, que considera a escrita como uma ação *ex post facto* da ideia ou da descoberta científica (MILLER, 1979). Algo como *primeiro descubro, depois escrevo*. Uma premissa diferente é defendida na pesquisa qualitativa, como explicarei mais tarde.

escrita dos manuscritos científicos em particular[4]. Os cursos de pós-graduação raramente incluem cursos de redação na língua materna ou cursos de redação científica em geral, observando-se uma ausência de cursos específicos sobre como escrever na pesquisa qualitativa. Assim, escrever se converte em uma ação subsumida nas sessões de aconselhamento do orientador de tese ou do tutor do estudante, sem ser uma formação específica. E se somarmos a isso a abundante bibliografia publicada sobre como escrever manuscritos científicos, os autodidatas terão de discernir quais obras são úteis na pesquisa qualitativa a partir das listas que circulam como recomendações[5].

Existem pelo menos três tipos de bibliografia para ler. Um primeiro tipo são os textos de redação científica, geralmente do artigo científico, centrados na estrutura do manuscrito, no conteúdo das seções e no uso da linguagem "científica"[6]; sua qualidade é alertar para como se manter dentro dos limites da ciência evitando estilos literários artísticos, considerados não científicos (MILLER, 1979); embora sejam úteis num plano geral, seus conteúdos são uma opção contrária às premissas da pesquisa qualitativa. O segundo tipo são os textos sobre como superar as dificuldades da escrita[7] por meio de estratégias de motivação, de organização do tempo, de elaboração de esquemas para escrever o manuscrito em um curto espaço de tempo, a ponto de ser fácil localizar publicações de "metodologias" que propõem processos de organização e otimização para escrever como a de Mikhailova e Nilson (2007). O terceiro tipo corresponde a obras específicas sobre como escrever

---

4. A assertiva se apoia em meu conhecimento dos programas de pós-graduação tanto na área das ciências sociais quanto da saúde, bem como em minha participação no processo de avaliação do produto para a obtenção do título de mestrado ou de doutorado, ou seja, dissertações e teses, além da redação de artigos originais.

5. Pelo que sei, essas listas circulam de duas maneiras: uma pelas recomendações dos avaliadores de teses de doutorado, a outra disponível nas páginas web de centros ou grupos que promovem repositórios de acesso aberto de investigação qualitativa.

6. Um exemplo paradigmático desse tipo de obras é o livro de Robert Day, *How to write and publish scientific papers*, publicado pela primeira vez em 1979 e do qual existem oito edições, além de traduções para o espanhol; a partir da sexta edição é publicado em coautoria com Barbara Gastel. Além de sua popularidade em várias áreas da ciência, é escrito de forma engraçada, o riso surge ao ler várias de suas passagens.

7. Muitos dos títulos dessas obras aludem aos estudantes de pós-graduação ou à redação da tese, ainda assim os títulos evocam a superação de dificuldades ou o avanço rápido nessa tarefa, superando obstáculos como tempo, preguiça, atitudes negativas, falta de organização.

de acordo com os paradigmas ou abordagens da pesquisa qualitativa, que incluem propostas específicas sobre suas formas retóricas e de argumentação, sobre o uso da linguagem e a incorporação da escrita em todo o processo da pesquisa. Um panorama, portanto, no qual qualquer pessoa sem orientação ou experiência, diante dessa diversidade de obras com finalidades diversas, pode investir muito do seu tempo antes de encontrar o que é relevante para as suas necessidades.

Não é que a ação social da escrita não exista na pesquisa qualitativa na cultura acadêmica que conheço e na qual me desenvolvo, mas se situa em suas margens com práticas contraditórias ou parciais sustentadas em visões colonizadoras do positivismo ou em visões parciais de pesquisa qualitativa. Do meu ponto de vista, em muitas ocasiões, essas disputas na vida cotidiana acadêmica, de se escrever ou não de acordo com os cânones científicos, foram resolvidas mais com base no bom-senso ou usando os argumentos do positivismo do que a partir de uma reflexão sobre a prática social da escrita no campo da pesquisa qualitativa. Daí o meu interesse em encontrar caminhos para a transformação dessas práticas de escrita no Sul não apenas em prol da produtividade científica, mas, sobretudo, em prol de colocar o conhecimento produzido sobre a realidade do Sul nos circuitos de transformação social e da justiça social.

O objetivo deste capítulo é apontar alguns princípios da *escrita* na pesquisa qualitativa, princípios que às vezes são esquecidos ou mal-interpretados no momento de dizer "o que se tem de dizer"[8]. Aqui não pretendo repetir o que outros autores publicaram sobre como escrever, e muito melhor do que eu faria. Interessa-me, pelo contrário, refletir sobre certas características da escrita com base nas leituras feitas de manuscritos em seus conteúdos e orientações ao longo dos anos, bem como nas minhas próprias experiências e nas de outras pessoas, a fim de resgatar a racionalidade estético-expressiva de "*escrever qualitativamente*". Quatro temas motivam minha reflexão: a es-

---

8. "O que se tem de dizer" corresponde a comunicar uma análise, que pode ser sob forma oral ou escrita; a forma oral tem uma exibição do discurso diferente da escrita dada a interação face a face com o público, a qual afeta suas formas e princípios (BOURDIEU, 1988). Aqui discutirei apenas os princípios da expressão escrita.

crita como uma prática de pesquisa; o papel da teoria; a descrição das descobertas; a retórica emotiva e o papel da revisão da literatura e da metodologia.

A importância da escrita na ciência e sua retórica

Escrever não é apenas comunicar os resultados de nossas descobertas à comunidade científica por meio da produção de manuscritos e sua publicação, escrever também é um caminho de conhecimento da ciência. As ideias preliminares, a teoria em preparação ou as explicações são desenvolvidas a partir da escrita. Escrever faz parte da interação entre o pensamento e as operações mentais na criatividade científica; sem o ato de escrever a ciência não teria desenvolvimento (FAHNESTOCK, 1999).

Essa concepção do ato de escrever é relevante na pesquisa qualitativa, que tem sido reiteradamente assinalada como uma atividade central não apenas na redação de manuscritos para publicação, mas em todo o processo de pesquisa[9]. Para Wolcott (1990: 13), escrever não é um luxo nem uma opção para relatar a pesquisa qualitativa, mas uma atividade absolutamente essencial; no processo de escrever os dados da pesquisa qualitativa ganham em interpretação, caso contrário, permanecem obscurecidos (VAN MANEN, 2006). Roberto Cardoso de Oliveira é enfático quanto à importância da escrita como parte da pesquisa. Para ele não só se escreve para comunicar, como se escreve porque se está pensando e refletindo; escrever e pensar são ações integradas, ou seja, uma forma de produção do conhecimento. Ninguém espera escrever quando sabe tudo; pelo contrário, só se sabe na produção do discurso escrito (SAMAIN & DE MENDOÇA, 2000). Escrever é um processo[10], é o mecanismo para a construção do conhecimento. Ao escrever

---

9. Escrever é uma atividade inserida na escrita do projeto de pesquisa, na elaboração das notas de campo, nas notas analíticas e metodológicas, no registro do diário de campo, nas anotações à margem das leituras. Estamos sempre escrevendo em pesquisa qualitativa.

10. Neste processo se reconhecem três fases. Uma primeira, de exploração de ideias em que o projeto a ser escrito é inventado, pensado, imaginado, desenvolvido e organizado, o que os escritores chamam de desenhar a estrutura da escrita, contendo uma infinidade de possibilidades que posteriormente se reduzem. Uma segunda, a da própria escrita, que consiste em escrever sobre o assunto, exprimir as ideias e estabelecer os argumentos, esta fase envolve também pensar, prever, perguntar ou responder questões e encontrar soluções. A última fase é a de edição e revisão, é quando o primeiro rascunho criado nas fases anteriores, que não é a versão final, serve como

refletimos sobre os dados, clareamos nossas ideias, refinamos a análise e até regressamos ao trabalho de campo, criamos explicações ou teorias para descrever o mundo (CRANG & COOK, 2007), é um esforço expresso na escrita, quer seja no papel ou em arquivo digital. No momento de escrever não se trata apenas de relatar, mas de argumentar nossas descobertas, e isso nos leva a retornar repetidamente ao texto, às suas ideias, aos seus argumentos e às suas evidências. Daí a sugestão de começar a escrever o mais cedo possível com um esquema preliminar, e depois revisar, corrigir e editar repetidamente até que se alcance a clareza teórica, metodológica e empírica suficiente (ELY; VINZ; DOWNING & ANZUL, 2005; WOLCOTT, 1990), de modo que a última versão, a que interessa, seja um manuscrito "perfeito", assim como Morse pede há anos (1993).

Se escrever bem faz parte do cotidiano acadêmico, isso não significa que escrever prescinda de um método entendido como prescrições, estratégias, procedimentos e técnicas de escrita; pelo contrário, assim como a pesquisa tem seus próprios processos, a escrita também os possui[11]. E aqui é necessário introduzir a noção do método para a escrita. Porém, as evidências nas publicações ou nos manuscritos para opinar, muitas vezes, nos mostram uma paisagem contrária a uma visão metódica da escrita, ao nos deparar com tex-

---

um mapa que detalha e prevê como ficará o produto final; a tarefa nesta fase é revisar, reescrever, editar e reorganizar o texto quantas vezes forem necessárias até que seus pontos centrais estejam bem-esclarecidos (BOYLORN, 2008). Minha experiência ao escrever este manuscrito ajuda a exemplificar esse processo. O percurso começou com a ideia de expor as partes e os conteúdos de um artigo científico e, aproveitando suas seções, introduzir alguns tópicos para discussão; depois, entre leituras e escritas, outros temas e discussões apareceram mais de acordo com a minha intenção de fazer uma exposição crítica; finalmente, após várias versões, decidi que era melhor inverter a exposição, focar nos tópicos e usar as seções do artigo apenas para aludir onde poderia ser pertinente prestar atenção ao tema em discussão. É a isso que os autores se referem, escrever ajuda a esclarecer o pensamento.

11. A ideia de que a forma da exposição tem um método não está apenas no nível geral da ciência, mas também no nível particular; por exemplo, as correntes epistemológicas marxistas, bastante difundidas na América Latina na segunda metade do século XX, nas quais se formaram vários dos pioneiros da pesquisa qualitativa na América Latina, postulam o mesmo. Segundo a proposta de Marx, existe um método de pesquisa e um método de exposição. Este último, o de exposição, é a forma da apresentação graças à qual o fenômeno se torna transparente, racional, compreensível, é a explicação da *coisa*, a exposição é um desenvolvimento, a explicação, e deve se diferenciar do método da pesquisa (KOSIK, 1967). A ideia subjacente é justamente reconhecer que a exposição também tem um método, ou seja, escrever tem seus próprios paradigmas e princípios retóricos.

tos cujas exposições não são explicações interpretativas ou de compreensão do mundo, mas textos nos quais se perdem as fronteiras entre pesquisa qualitativa e quantitativa. Nessa perda de fronteiras, subjazem práticas discursivas com as quais, se prestarmos atenção no momento da escrita, seria possível construir textos escritos em coerência com os paradigmas da pesquisa qualitativa e recompor discursivamente as potencialidades desse conhecimento.

A função da escrita é comunicar as descobertas[12] do nosso estudo, é convencer a comunidade científica da plausibilidade da interpretação da realidade que fazemos. Para isso, a retórica desempenha um papel fundamental no convencimento do leitor, ou seja, a forma como escrevemos os textos em ciência depende das formas da apresentação, da argumentação, da estruturação das explicações, da expressão das afirmações utilizadas na redação do manuscrito. O campo da retórica é o uso da linguagem, das formas e dos estilos sobre como argumentar, e a retórica científica se refere a como os cientistas construíram a ciência ao longo do tempo por meio do discurso e de suas formas (WALSH & BAYLE, 2017; FAHNESTOCK, 1999). Embora existam figuras retóricas universais na ciência, isso não significa que as diferentes disciplinas ou posições epistemológicas utilizem apenas uma "retórica universal", pelo contrário, padrões particulares de retórica conectam os textos aos paradigmas das culturas epistemológicas específicas. Isso significa que, na pesquisa qualitativa, práticas retóricas específicas são usadas para escrever e construir textos em prol da aspiração de *"escrever qualitativamente"*; os mesmos paradigmas de como *"pesquisar qualitativamente"* também definem como se escreve, ou seja, como contar as histórias de uma maneira particular em coerência com as premissas daquele campo.

A retórica na pesquisa qualitativa é caracterizada, em termos gerais, pelo uso de uma linguagem vívida, estética, com emocionalidade, utilizando várias formas de narrativa, incorporando múltiplas vozes, fazendo descrições

---

12. É necessário diferenciar entre *descoberta* e *dados*. Os dados referem-se a informações coletadas ou geradas antes da análise, sejam elas números, palavras, fotos, vídeos, áudios e conceitos, sejam verbais, como diários pessoais ou entrevistas, ou não verbais, como familiogramas, panfletos (SCHREIBER, 2008). Em vez disso, as descobertas referem-se à interpretação dos referidos dados, ao que foi construído a partir da análise dos dados de campo (SANDELOWSKI, 2010).

detalhadas e aprofundadas (WOLCOTT, 1990; WOODS, 2006; LOFLAND, 1974), permitindo ao leitor compreender a vida social, os processos sociais, a experiência dos outros, os significados das ações sociais descritas no manuscrito. Como se não bastasse, a partir de posturas pós-modernistas (DENZIN, 2003) ou pós-colonialistas (SMITH, 1999), aponta-se a relevância de se dar atenção a outras dimensões no momento de escrever: as descrições deveriam ser tratadas não apenas com profundidade, mas também com coerência teórica e empírica que permitam uma interpretação crítica; uma descrição livre de estereótipos de raça, sexo e classe social; representar adequadamente as várias vozes, particularmente as dos oprimidos; estimular o discernimento moral e promover a transformação social; o uso simultâneo de recursos literários de ficção e de não ficção.

Porém, em muitas leituras de publicações, bem como no momento de opinar sobre manuscritos provenientes da pesquisa qualitativa, elas deixam a impressão de serem textos distantes do que seria "escrever qualitativamente". No final da segunda década do século XXI, é estranho que ainda se escreva com a retórica da pesquisa quantitativa e com uma forte evocação positivista, como uma estratégia discursiva para defender a cientificidade da pesquisa qualitativa, quando esses tempos pertencem ao passado. Já na década de 1970, apontava-se como inadequado assumir a retórica positivista para dados qualitativos (LOFLAND, 1974; FIRESTONE, 1987). Embora nem todos os textos se coloquem nessa tendência, algumas reminiscências quantitativas ou positivistas se perpetuam no momento da escrita. Tal é o uso da terceira pessoa, da voz passiva e da coisificação da realidade; na seleção das palavras preferem-se aquelas relacionadas à medição quantitativa, como variáveis, generalização, correlações; e em um estilo impessoal, objetivo e sem emoção (MILLER, 1979). Mas não é só essa linguagem positivista o estranho na escrita, mas também essa visão totalitária e universal quanto à existência de uma única forma de expressão escrita para a pesquisa qualitativa, como se ao evocar espíritos aparecesse o formato único de exposição da investigação quantitativa. Refiro-me, por exemplo, ao uso das "citações textuais" como único padrão de escrita e como se fosse a única forma *correta* ou *legítima* de expressar a perspectiva dos participantes do estudo; ou ao uso de uma estrutura monolítica seguindo as seções da sigla *IMRaD* (introdução, material e métodos, resultados e discussão), cuja ordem e conteúdo não podem ser alterados. Essas práticas de redação que encontramos com certa frequência abrem espaço para refletir sobre alguns traços da *"escrita qualitativa"*.

A teoria que precede e acompanha o ato de escrever

Uma das partes ausentes em muitos dos textos científicos com dados qualitativos é a teoria do fenômeno; em vez disso, observa-se um desdobramento da teoria ou conceituações epistemológicas do que é a pesquisa qualitativa em geral ou de algumas de suas tradições particulares, como a fenomenologia ou o construcionismo. Para exemplificar, é necessário uma teoria para entender a construção de um muro em uma fronteira internacional como uma solução para deter a migração de pessoas indocumentadas ou uma teoria para compreender as razões pelas quais as mulheres doam um de seus órgãos em vida. Cada um desses fenômenos requer uma teoria própria e distinta, apesar de serem indagados com uma metodologia qualitativa[13]. O caminho para entender o mundo é pela teoria, e a pesquisa qualitativa não está isenta dessa exigência teórica, daí a explicitação das conceituações ou das proposições teóricas centrais de como a autora ou o autor entende teoricamente o fenômeno do seu interesse ser fundamental não apenas para esclarecer a perspectiva a partir da qual o conhecimento é construído, mas também como os dados foram analisados.

A presença ou a ausência de uma teoria do fenômeno se reflete no fato de se conseguir ou não uma descrição densa do fenômeno. Esta é precisamente a característica mais visível da *escrita qualitativa*, o que corresponde à aspiração de uma *descrição densa* (*thick description*), segundo o que foi

---

13. Essa deficiência exibe que não ficou clara a diferença entre a teoria epistemológica do método qualitativo e as múltiplas teorias disponíveis para entender ou compreender os fenômenos de nosso interesse, os quais não poderíamos ignorar se não quisermos acabar expondo explicações do senso comum. Assim, no caso dos exemplos, cada um poderia ser analisado por teorias centradas na experiência, nos significados ou nas representações sociais, nas práticas sociais, na desigualdade, no poder e na existência, ou seja, precisamos nos vincular a uma teoria para compreender o mundo e esse fenômeno em particular, para isso devemos escolher uma determinada teoria na construção da explicação.

proposto por Ryle, por Geertz ou por Denzin; a descrição, por um lado, permite que as vozes, os sentimentos, as ações e os significados dos sujeitos em interação sejam ouvidos, mas ao mesmo tempo são interpretados em suas circunstâncias, intenções, estratégias, motivações com base em uma posição teórica (PONTEROTTO, 2006). Essa presença ou ausência da teoria se reflete no tipo de descobertas apresentadas na seção Resultados[14]; Sandelowski e Barroso (2002) afirmam que muitas das descobertas publicadas provenientes das pesquisas qualitativas são na verdade apenas uma simples lista de fatos ou sentimentos sem qualquer interpretação, em segundo plano manifestam um processo analítico sem teoria; a tipologia dessas autoras ajuda a compreender as fragilidades quando a teoria sobre o fenômeno está ausente (SANDELOWSKI & BARROSO, 2002). Muitas das descobertas que lemos nas publicações da nossa área cairiam na categoria de *não descobertas*, ou seja, ao invés destas, aparecem os dados obtidos no trabalho de campo sem qualquer interpretação, como se bastasse afirmar o nosso interesse de *dar voz aos que não têm voz*, para repetir no texto os dados como estes se falassem por si mesmos. Esse tipo de descobertas vem acompanhado de afirmações vagas como "os participantes relataram sofrimento" seguido de uma lista de *citações textuais* sem qualquer interpretação, deixando a tarefa de análise para o leitor. Outro tipo descoberta muito próximo deste é quando se trata de uma lista ou de um inventário de temas ou códigos classificados por sua frequência ou por tipo (físicos, psicológicos, sociais/individuais, familiares, grupais) que são listados e ilustrados com uma ou várias citações literais assumindo que todos os leitores sabem do que se trata e compartilham a mesma definição, ou seja, supor que todos nós sabemos a que o código "família" se refere quando as conotações teóricas e empíricas mostraram uma variedade de "famílias". A fragilidade

---

14. Refiro-me às seções de um artigo científico, mas apenas a título de exemplo; utilizo-o por ser o manuscrito com maior demanda de publicação, uma vez que, com exceção de algumas áreas do conhecimento, a avaliação da produtividade científica foca no número de artigos publicados. Isso também significa que é o formato de manuscrito mais conhecido na comunidade científica e também reproduzido em outros tipos de manuscritos de maior extensão, como seria o capítulo de livro, e mesmo as teses de doutorado ou os livros seguem uma sequência semelhante; a diferença é que, por exemplo, a seção de resultados é escrita em vários capítulos ou a revisão da literatura é um capítulo independente e não faz parte da introdução como acontece no artigo.

desses dois tipos de descobertas não está na forma como são apresentadas no texto, mas na ausência de um esforço de interpretação dos dados e mesmo de se vincular ou utilizar uma perspectiva teórica para uma eventual interpretação. A ausência de interpretação teórica é uma das críticas feitas por Sandelowski (2010) a muitas das publicações em pesquisa qualitativa em saúde no mundo anglo-saxão, que confundiram as teorias dos fenômenos com as teorias das abordagens metodológicas qualitativas. Escrever a interpretação é essencial em qualquer *descrição densa*; sem ela nos deparamos com qualquer outra coisa, exceto uma descoberta.

As descobertas vêm da análise, cujo esforço reside em utilizar conceitos para interpretar os dados ou para formular explicações que elucidem as relações entre os dados. Se houver descobertas construídas durante a análise dos dados, então, no momento da redação podemos oferecer uma linha de argumentação sobre a interpretação do fenômeno em termos de experiências, de práticas ou de representações que nos permita como autores expressar essas descobertas em termos de categorias, de processos ou de teorias. Esse tipo de descobertas são as que aparecem nas *descrições densas*, apresentando recursos teóricos apropriados para a interpretação do fenômeno.

A ordem e a forma da exposição da teoria também refletem os paradigmas da pesquisa qualitativa. Uma forma evocativa do paradigma positivista é quando a exposição da teoria com todos os seus pressupostos e a revisão da literatura fazem parte de um mesmo discurso, sendo esta última a evidência empírica dos avanços da referida teoria. O estilo de exposição utiliza a lógica dedutiva, pois o ponto de partida da exposição é a teoria, de tal forma que a abertura[15] desta seção se baseia em um importante argumento em função de sua "grandeza", ou seja, do número de pessoas afetadas (SEGAL, 1993). Este estilo de exposição é facilmente encontrado em publicações com dados qualitativos, isso apesar da contradição; um dado qualitativo expresso sob a lógica de um dado quantitativo, o que a meu ver é forçar uma forma de indagação a uma exposição contrária aos seus princípios.

---

15. A abertura corresponde ao primeiro parágrafo do corpo de qualquer manuscrito científico cuja função é seduzir o leitor e garantir sua atenção para que continue lendo.

A exposição da teoria em maior consonância com a pesquisa qualitativa é quando o fenômeno de interesse é definido e classificado a partir de um conceito particular, o mesmo que foi utilizado para analisar os dados. Aqui teoria e revisão de literatura são escritas separadamente; onde a exposição teórica aparece depois da revisão da literatura, a ordem da argumentação é apresentar um panorama dos avanços e das lacunas do conhecimento para, em seguida, apontar a partir de qual premissa teórica essa lacuna pode ser preenchida, acompanhada, ademais, de uma discussão sobre a idoneidade de usar esse conceito. As aberturas nesses casos têm a função de sustentar a pertinência do conceito e são realizadas com base na credibilidade e na autoridade acadêmica de um autor reconhecido, que é citado desde o início como a melhor forma de fundamentar e justificar a escolha feita. Outra forma de exposição é quando a teoria é desenvolvida ao longo do manuscrito, o que está mais de acordo com os estilos argumentativos da pesquisa qualitativa. Isso requer uma habilidade argumentativa capaz de integrar no momento preciso da exposição, ao longo de todas as seções do manuscrito, a entrada em cena do pressuposto teórico ou da conceituação para sustentar as decisões metodológicas, as interpretações dos dados, a relevância deles ou a contextualização do achado. Aqui as aberturas são mais evocativas do estilo de *"escrita qualitativa"*, uma vez que o método cênico ou dramático é usado para abrir o texto (CAULLEY, 2008), a atenção do leitor é alcançada já na abertura; antes do primeiro parágrafo, uma *citação textual* de um informante, uma *anedota*, uma *descrição etnográfica* ou um *testemunho*, que oferece uma vivência proveniente da mesma pesquisa para destacar tanto em nível teórico quanto humano o fenômeno de interesse.

Pelo exposto, é difícil pensar em um manuscrito e em suas descobertas carentes de teoria, a qual se expressa não apenas no nível de abstração da explicação interpretativa, mas também em sua forma de exposição.

As figuras da emoção na descrição densa

A *descrição densa* não diz respeito apenas à interpretação, mas também à compreensão do mundo em sua intensidade emocional (PONTEROTTO,

2006). Sem essa característica os textos carecem de credibilidade e ressonância não só para a comunidade científica mas até para os próprios participantes ou para qualquer leitor, pois a interpretação apresentada no manuscrito carece de força de convencimento. Incluir a descrição emocional das descobertas é a parte mais vívida de um texto com dados qualitativos, ao deixar os próprios participantes expressarem como os fenômenos analisados são experimentados, representados, significados ou interpretados. Isso significa reconhecer, no campo da pesquisa qualitativa, a interdependência entre os cânones científicos de como relatar as descobertas de nosso estudo com os recursos literários da linguagem, ou seja, o uso de figuras de pensamento – a forma de descrever e de argumentar a descoberta – com o uso das formas de expressão de ornamentação ou as figuras de emoção. Um traz a clareza, o apropriado e o correto de uma *descrição densa* da descoberta com sua argumentação; o outro, a força, a intensidade ou a convicção por meio da retórica emotiva tão necessária em qualquer argumento (FAHNESTOCK, 1999).

As figuras da emoção são um componente essencial para se obter uma descrição vívida das descobertas, não uma parte secundária como às vezes se julga. Escrever desta forma é transitar do ato de escrever apenas uma história para se comunicar de tal forma que o leitor se interesse, se envolva, se emocione e reflita a partir da descrição das descobertas (WOODS, 2006). As figuras da emoção têm essa função e dispomos de vários recursos literários[16] para expressar esta dimensão vívida das descobertas qualitativas[17].

Cada recurso literário desenvolve em sua narrativa situações particulares, escolher entre eles requer o conhecimento de sua existência e de sua função expressiva. Vários autores destacam que, em geral, esses recursos literários têm a função de ilustrar as descobertas da pesquisa qualitativa e a

---

16. Correspondem à chamada escrita criativa de não ficção, que consiste em contar uma cena a partir dos fatos, mas utilizando as técnicas da ficção para dar força à narração e à vivência emocional (CAULLEY, 2008).

17. O uso dessas figuras da emoção foi uma das razões pelas quais, no século passado, a pesquisa qualitativa foi avaliada como não científica; o assunto continua, embora de forma sub-reptícia. Em uma das revistas de medicina de maior prestígio, Giacomini e Cook (2000) publicam um artigo oferecendo argumentos sobre como essas figuras da emoção não afetam a validade das descobertas dos estudos qualitativos, uma vez que todo o processo de pesquisa está ajustado aos cânones científicos. A mensagem é: não vamos prestar atenção a essas figuras da emoção.

forma de fazê-lo dependerá de nossos objetivos, da natureza das descobertas e do tipo de público, daí que nossas estratégias narrativas deveriam ser selecionadas em função disso para serem úteis à argumentação (WOODS, 2006; GOLDEN-BIDDLE & LOCKE, 2007; HOLLIDAY, 2007; ELY; VINZ; DOWNING & ANZUL, 2005; RICHARDSON, 2003; WOLCOTT, 1990). Da mesma forma, a recomendação é prestar atenção a esses recursos literários da mesma forma como se vigia o rigor e a verossimilhança dos dados à análise e à construção das descobertas[18]. Por esse motivo, deve-se assegurar que esses recursos não se convertam nas "provas" ou nas "evidências" das explicações. Goffman (1986) alerta que esses recursos não são para *provar* explicações, mas, pelo contrário, é o que deveria ser explicado; no fundo são as narrativas com toda a riqueza do cotidiano escritas com a liberdade da não ficção, mas nunca serão as descobertas em si mesmas.

Apesar dos pontos anteriores, muitos dos textos estão presos a uma tendência uniforme, restritiva e monolítica com relação a esses recursos literários. As *citações textuais* constituem hoje um ícone da pesquisa qualitativa ao ser associada como sua escrita de identidade, inclusive implicitamente valorizada como a única forma representativa de escrita neste campo. Uma derivação dessa apreciação é que se as *citações textuais* não são utilizadas no texto, isso não é o que se espera em um manuscrito dessa natureza; elas são avaliadas pelo menos como indispensáveis, senão obrigatórias[19]. Isso tem se refletido no abuso e mau uso das *citações textuais*, além da monotonia na expressão vívida das descobertas, pois muitas delas acabam sendo textos *enfadonhos*. Evitar esse enfado quando as descobertas

---

18. Carolyn Ellis (2000) aponta como, para ela, no processo de verificação dos manuscritos, as formas literárias são uma parte importante da avaliação do texto no que diz respeito à descrição das descobertas, não apenas sua parte teórico-metodológica.

19. Essa apreciação permeou muitos campos do conhecimento. Há pouco tempo, uma revista da área de geografia social com alto fator de impacto, e editada em inglês, entre os argumentos para rejeitar um manuscrito da minha autoria estava o fato de ter apenas duas *citações textuais* em um manuscrito de 30 páginas. Nenhum comentário ou crítica da perspectiva teórica utilizada ou da análise realizada, nem do conteúdo das descobertas; a crítica foi orientada para a forma da apresentação. Entre as sugestões estava a de incluir um número suficiente de *citações textuais* para mostrar que se tratava de uma pesquisa qualitativa, particularmente uma etnografia. O recurso literário que escolhi para as descobertas de trajetórias de mobilidade residencial ao longo da velhice foram as *descrições etnográficas*, um recurso que, apesar de idôneo, foi avaliado como não qualitativo.

são interessantes seria resolvido se alargássemos nosso horizonte no momento de escrever. Aqui, desejo apenas apresentar algumas figuras literárias usadas na pesquisa qualitativa como exemplos da riqueza disponível no momento em que escrevo[20].

A *anedota* é uma descrição vívida de uma experiência[21], cuidadosamente elaborada e redigida, seguida por uma reflexão sobre um aspecto ou aspectos do fenômeno narrado na anedota. Sua finalidade é tornar compreensível uma noção "invisível" ou um aspecto não percebido à primeira vista, e para isso utiliza a narração de um evento ou de um processo como ponto de partida para chamar a atenção do leitor e, em seguida, oferecer a interpretação da cena exposta na narrativa. A primeira parte, a cena da anedota, é dar voz à experiência pré-reflexiva que mostra mais do que analisa, por isso está escrita na primeira pessoa e no tempo verbal do presente. A segunda parte corresponde aos aspectos temáticos, existenciais ou linguísticos do fenômeno da anedota para dar conta da interpretação do autor, uma vez colocada a cena (ADAMS & VAN MANEN, 2017; ELY; VINZ; DOWNING & ANZUL, 2005). Este é um recurso utilizado nos escritos baseados na fenomenologia, mas também encontrado em outros tipos de estudos quando o interesse é evidenciar uma dimensão pouco analisada em um campo específico.

As *descrições* ou *descrições etnográficas* são narrativas breves ou curtas que descrevem de maneira sucinta uma pessoa, certas ações, um espaço social ou eventos, que são acompanhadas por detalhes do contexto com a intenção de ilustrar qualquer experiência, uma prática, as mudanças ao longo do tempo ou o caráter social de um sujeito de forma contextualizada, incluindo na narrativa a complexidade de suas condições de existência (GOLDEN-BIDDLE & LOCKE, 2007; WOODS, 2006; ELY; VINZ; DOWNING &

---

20. Minha seleção baseia-se em uma certa frequência de seu uso em vários campos do conhecimento; na verdade, as possibilidades estão se expandindo não apenas no que diz respeito aos recursos literários conhecidos como os diálogos de conversação, a poesia, a *bricolage*, o teatro ou o cinema, mas também devido à tecnologia da informação como os hipertextos ou as tendências recentes na "execução etnográfica" (*ethnographic performance*) e suas formas escritas.

21. Um exemplo de anedota encontra-se no texto de Harnett (2010: 297), que, a partir de uma situação aparentemente "aceitável", o pedido de uma senhora idosa para ir ao jardim em um asilo, que não é satisfeito, a autora reflete sobre como existe uma hierarquia nas atividades realizadas pelas cuidadoras e as demandas dos residentes estão na escala inferior.

ANZUL, 2005). Sua função é reestruturar a complexidade de um fenômeno em uma breve descrição, capaz de sintetizar todos os seus elementos e, ao mesmo tempo, transportar o leitor para a cena descrita[22]. A narrativa é uma criação da autora ou do autor a partir de seu material de campo e pode incluir *citações textuais*. Aqui o ponto nodal é conseguir uma descrição com detalhes concretos e bem definidos em poucas palavras, mas permitindo ao leitor ver, ouvir, cheirar, provar ou tocar o que aconteceu na cena (CAULLEY, 2008). Essas *descrições etnográficas* podem ser estáticas, como uma espécie de retrato ou fotografia de uma pessoa ou de um espaço, que é descrita em sua totalidade em um único lugar no texto; outra modalidade é quando a narrativa possui movimento temporal, como em um processo ou em uma experiência, então a narrativa é dividida em múltiplas seções e se distribui ao longo da descrição das descobertas e, assim, ilustra as mudanças nos diferentes momentos no tempo.

O *relato em camadas* é a apresentação de um mesmo evento ou fato, mas da perspectiva de vários sujeitos, que estão situados em diferentes posições sociais e, portanto, desempenhando diferentes papéis sociais[23]. Esta é uma narração que justapõe as histórias dos vários participantes no evento ou no fato narrado. Sua função é mostrar a construção social do mundo, das práticas sociais ou das interpretações, mas vista de diferentes perspectivas e também pode ilustrar as dinâmicas das relações interpessoais entre os sujeitos ou as diferenças entre o saber e as práticas (ELY; VINZ; DOWNING & ANZUL, 2005). A composição desse tipo de relato se expressa de várias maneiras. Uma é o uso da voz interna *versus* a voz da fala, ou seja, a exposição dos diálogos internos do indivíduo e de suas

---

22. Um exemplo de como as *descrições etnográficas* podem ser usadas como único recurso de ilustração é o de Locke (1996). A autora as utiliza para descrever a execução dos quatro tipos de comédia empregados pelos pediatras na relação médico-paciente quando cuidam de crianças com doenças graves ou terminais no hospital. Esta publicação seria a parte acadêmica do que foi promovido pelo Dr. Hunter Doherty, "Patch Adams", divulgado no conhecido filme de mesmo nome, e identificado como o médico da terapia do riso.

23. Um exemplo desse recurso encontra-se na publicação de Forbe Thompson e Gessert (2006) que narram a história de dois residentes de uma casa de repouso para ilustrar o sofrimento no final da vida. A exposição dos resultados é dada a partir dessas duas histórias em camadas e a explicação interpretativa é apresentada na seção Discussão do artigo. Além disso, é um exemplo de como o formato IMRaD pode ser mais flexível na exposição escrita da pesquisa qualitativa.

narrações a terceiros[24], permitindo mostrar as contradições nas práticas e nos saberes que o sustentam; outra forma é a exposição sequencial da narração completa de cada sujeito para mostrar as diferentes perspectivas, as quais são relatos em primeira pessoa que expressam o que cada indivíduo sente ou pensa. Outra forma de exposição é a dos diálogos; aqui o que é dito por um sujeito é concatenado com o que é dito por outro sujeito, mesmo quando a parte de cada um provenha de entrevistas individuais e separadas. Esta forma de ilustração é utilizada para as análises de multivocalidade relativas à contextualização social ou cultural dos espaços, para descrever atributos físicos, sociais ou capacidades dos sujeitos, ou para recriar ações para mostrar a sequência de eventos que dão sentido às práticas sociais.

Por fim, as *citações textuais* que, apesar de seu amplo uso, muitas vezes são introduzidas sem se levar em conta sua função e forma. As *citações textuais* são selecionadas a partir do material de campo com base no fato de conterem a maioria dos pontos-chave do argumento interpretativo e os expressam de forma breve e vívida (CRANG & COOK, 2007). Sua função é mostrar que certas ações ou escolhas estão situadas ou contingentes a circunstâncias sociais ou culturais que ilustram a racionalidade das ações ou decisões; portanto, toda citação textual deve contextualizar o falante ou a circunstância[25] para apoiar o significado do argumento.

Estas são apenas quatro figuras retóricas da emoção, mas temos muitas mais no repertório da narrativa não ficcional – a questão é conhecê-las e ousar utilizá-las.

---

24. Uma maneira de diferenciá-los é escrever tudo o que corresponde à voz interna em letras maiúsculas ou usar o estilo de fonte negrito e itálico para diferenciá-los.

25. Contextualizar a *citação textual* é oferecer os detalhes concretos e pertinentes de quem é o falante como sujeito social. Em muitas ocasiões encontramos contextualizações *coisificadas*, isto é, referindo-se ao indivíduo com um número ou chave, despojando-o de seu rosto humano e até mesmo de suas mínimas características sociais como sexo, idade ou posição social. Entre as razões que circulam, está a de proteger o anonimato ou respeitar a confidencialidade. Ambos os princípios éticos não prescrevem seu cumprimento com base na coisificação dos sujeitos.

Os acompanhantes de uma descrição densa

Embora a *"descrição densa"*, em sua acepção conceitual, se refira apenas às descobertas, a metodologia e a revisão da literatura constituem elementos que dão força à descrição das descobertas.

A revisão da literatura, em qualquer manuscrito científico, permite ao leitor compreender quais são os aspectos conceituais e empíricos disponíveis sobre o fenômeno de nosso interesse, a fim de dar conta do que é conhecido, caracterizando os contextos, e as lacunas de conhecimento existentes, que em conjunto permitem sustentar a relevância e contribuição do manuscrito para o conhecimento científico. Uma fragilidade frequente nos manuscritos rejeitados para publicação é que a revisão da literatura é apenas uma lista de referências bibliográficas sem uma síntese das descobertas dos estudos[26], fragilidade observada não só em manuscritos provenientes de pesquisas qualitativas, mas também de pesquisas quantitativas e em qualquer campo do conhecimento. Essas listas de referência pouco ajudam a sustentar a relevância do estudo e a contribuição de novos conhecimentos por meio das descobertas apresentadas no manuscrito; é deixar as descobertas em um vácuo de relevância quando não dispõe de um mapa de conhecimento onde posicioná-las. Ora, quando a revisão da literatura permite colocar as descobertas em um campo do conhecimento, existem duas formas de argumentação utilizadas na pesquisa qualitativa, qualquer uma delas oferece uma justificativa para a pertinências das descobertas em referência ao mapa do conhecimento oferecido.

Uma primeira, incluir na revisão da literatura tanto descobertas de estudos com metodologia quantitativa quanto qualitativa, a fim de mostrar um panorama do conhecimento em geral e localizar o tema do manuscrito em um campo específico (PONTEROTTO & GRIEGER, 2007) ou, então, para

---

26. A revisão da literatura implica rever, criticar e sintetizar a bibliografia representativa de um tópico ou campo do conhecimento; isto significa expor de forma integrada a bibliografia revista por categorias, evidenciando o que se sabe nesse tópico ou campo, bem como as fragilidades desse conhecimento, o qual possibilita identificar as lacunas de conhecimento existentes onde as descobertas de nosso manuscrito fornecem novos conhecimentos (ROCCO & PLAKHOTNIK, 2009; THODY, 2006).

justificar a necessidade de estudos de uma perspectiva qualitativa em razão de sua ausência nesse campo (DRISKO, 2005). O argumento subjacente é o da magnitude, ou seja, um pequeno número de publicações qualitativas justificaria a publicação de minhas descobertas, sem importar o tipo de explicações ou interpretações derivado das descobertas com dados qualitativos ou se estão relacionadas ou não com o tema do fenômeno analisado. A outra forma de argumentação é incluir apenas estudos com dados qualitativos, seja sem discriminação por tipo de metodologia qualitativa, por exemplo incluindo estudos sobre o fenômeno de meu interesse provenientes tanto da fenomenologia, como da teoria fundamentada, como da hermenêutica (WOODS, 2006), o qual reproduz o argumento da magnitude ao descrever se há mais ou menos publicações a partir de uma abordagem em particular; a outra linha de argumentação é restringir a bibliografia a estudos qualitativos com a mesma perspectiva usada para minhas descobertas, como seriam estudos exclusivamente com uma postura feminista ou uma perspectiva fenomenológica ou construtivista (HOLLLIDAY, 2007; ELY; VINZ; DOWNING & ANZUL, 2005), tipo de revisão que envolve uma síntese da bibliografia em categorias e localiza a pertinência do manuscrito em um mapa do conhecimento particular a essa perspectiva. De longe, esta última forma de revisão da literatura fornece uma melhor sustentação para os resultados.

A metodologia é a outra companheira, no sentido de dar sustentação de qualidade aos dados de onde vêm as descobertas. Isso significa descrever como o estudo foi realizado, ou seja, descrever detalhadamente o procedimento metodológico realizado e discutir as decisões metodológicas tomadas desde a seleção do local de trabalho de campo até a análise dos dados. Essa recomendação tão simples constitui, na prática, um verdadeiro labirinto de interpretações cuja saída, se encontrada, é uma descrição distante do que foi realizado durante o trabalho de campo e da análise de dados.

Uma dessas interpretações cujo produto é a "metodologia perfeita" é um dos maiores obstáculos epistemológicos no momento da escrita, uma exposição que repete o exposto nos textos metodológicos ao invés de detalhar o que foi feito; este tipo de exposição dá uma falsa imagem de que o estudo em cada passo metodológico realizado foi idêntico ao que foi dito pelos autores dos textos metodológicos e tudo correu sem nenhum contratempo. Nada mais distante da realidade, e além do mais, pouco credível. Quem investiga sabe por experiência própria que é preciso enfrentar uma série de dificuldades, obstáculos, mudanças de rumo, fracassos; portanto, a forma como o estudo foi feito está longe de ser idêntica ao que está estabelecido nos textos metodológicos. Por isso, quando uma metodologia é "perfeita", levantam-se suspeitas, não sobre se o estudo foi realizado ou não, mas sobre a qualidade dos resultados e de qualquer afirmação interpretativa feita a partir desses dados. Por isso, os autores descrevem a sua metodologia, a própria, narrando as dificuldades enfrentadas e as estratégias utilizadas, a reorientação dos procedimentos de acordo com o contexto cultural particular no qual o estudo foi realizado, para convencer os leitores de que a perspectiva apresentada nas descobertas é, na verdade, a dos informantes no estudo (GOLDEN-BIDDLE & LOCKE, 1993).

A recomendação de escrever o que aconteceu durante a pesquisa, de como os procedimentos metodológicos foram efetivamente realizados, é a evidência da qualidade metodológica do estudo, principalmente no que se refere à imersão no campo, de ter autoridade por ter estado lá (WOLCOTT, 1996). Essa descrição é a única evidência oferecida ao leitor do que foi feito no campo, o que comprova o rigor nos procedimentos; da mesma forma, com a escolha de alternativas analíticas na construção das descobertas do estudo, a descrição detalhada do processo de análise permite avaliar a força empírica delas. A intenção é oferecer uma visão clara dos procedimentos metodológicos daquele estudo em particular, para que a comunidade científica tenha elementos suficientes para estabelecer um julgamento de plausibilidade dos dados e das descobertas.

Ambos os companheiros, a revisão da literatura e a metodologia, são elementos importantes para sustentar a pertinência e a qualidade das descobertas, razão de se prestar atenção à forma de escrevê-los.

Reflexão final

Eduardo Galeano afirma que a responsabilidade do escritor é enviar mensagens escritas aos amigos, a quem nos unimos no ato da leitura, e o pior que podemos fazer a esses amigos é escrever textos enfadonhos, quando o resgate da memória da incessante dignidade e resistência dos povos oprimidos da América Latina possui enorme riqueza e beleza (CENTRO DE EDUCACIÓN POPULAR, 1990). Por fim, gostaria de partir dessa noção da responsabilidade social da escrita quando se mora no Sul.

Muitas pesquisas realizadas no Sul não conseguem entrar nos circuitos internacionais do conhecimento e às vezes nem no nacional, ou tampouco são incorporadas à produção posterior, por não serem citadas[27]. Várias razões foram documentadas para a marginalização do conhecimento produzido sobre o Sul pelos cientistas do Sul; não irei discutir essas razões, mas antes introduzir mais uma, as dificuldades na redação dos manuscritos. Os temas expostos mostram como os manuscritos podem carecer de qualidade pelas formas como são construídos e pela forma como são incorporados os elementos retóricos próprios da "*escrita qualitativa*". As fragilidades expostas também explicam a colonização do positivismo na referida escrita, apesar de se tratar de dados qualitativos. Fragilidades que pesam no momento de avançar no sentido da transformação social, porque contribuem para a supressão do conhecimento dos e sobre os oprimidos ou marginalizados; a construção de novos paradigmas de emancipação social requer conhecimentos sólidos, mas também adequadamente comunicados; sem ambos os recursos, os conteúdos e suas orientações não alcançam força para se colocarem como forma de resistência aos saberes totalitários produzidos pelo Norte. Produzir conhecimento de nossas peculiaridades, circunstâncias, contextos, interpretações e visões de mundo nos permitiria estar em condições de avançar em abordagens analíticas não subordinadas, mas também orientadas para

---

27. Além disso, contribui para a indisponibilidade de bibliografia em nossas línguas maternas. Minha intenção era discutir o tema com bibliografia em espanhol e em português, a descartei diante do panorama desanimador. A busca no PubMed localizou 293 artigos em espanhol e 107 em português, nenhum específico sobre escrita em pesquisa qualitativa; a busca por livros localizou textos nas duas línguas, mas os específicos na pesquisa qualitativa eram traduções de autores anglo-saxões. Acabei me perguntando: Como explicar essa ausência?

a emancipação social. E para isso exigimos conhecimentos de qualidade e devidamente comunicados.

Diversas frentes se abrem em prol desse sonho diurno de comunicar esse conhecimento de qualidade na pesquisa qualitativa em busca da utopia da transformação social. Por um lado, para repensar a formação de jovens pesquisadores nessa capacidade de escrever, muitos dos esforços têm se voltado para sua formação epistemológica e metodológica; mas diante de uma maior produção científica do campo da pesquisa qualitativa no Sul, é necessário desenvolver estratégias para impulsionar e fortalecer o conhecimento não apenas na escrita, mas também nos extensos recursos retóricos disponíveis para resgatar a racionalidade estético-expressiva da pesquisa qualitativa. Da mesma forma, será necessário repensar o processo de revisão de manuscritos pelos editores e comitês editoriais de periódicos, particularmente os do Sul – um avaliador com uma visão colonizada da retórica, a do positivismo, pouco faz para melhorar os manuscritos no processo de retroalimentação da revisão, com o risco de suprimir o conhecimento só porque ele não se enquadra nos ditos cânones colonizados. Os autores têm a difícil tarefa de embasar teoricamente seus achados, e se, como afirma Santos (2009), o grau de resolução da teoria ainda é grosseiro, de tal forma que ainda produzimos muito conhecimento lixo, muito menos avançaremos sem o uso dessas teorias.

A esperança é apaixonada pelo triunfo, dá amplitude ao homem, dá-lhe intenção no interior de si mesmo, mas também pode aliá-lo com o outro no exterior (BLOCH, 2004). No fundo dos temas aqui apresentados, está o princípio da esperança de escrever qualitativamente no mundo emancipado do Sul e ampliar os horizontes de um movimento formado pela academia do Sul. Sem dúvida, outras reflexões sobre nosso modo de escrever serão necessárias para alimentar a pluralidade no método de exposição, mas também para escrever textos sobre o método de exposição em nossas próprias línguas.

AGRADECIMENTOS

As ideias e a exposição melhoraram em precisão a partir da leitura crítica de Joaquina Erviti Erice, a quem agradeço pela paciência na leitura do meu manuscrito.

Referências

ADAMS, C. & VAN MANEN, M. (2017). "Teaching phenomenological research and writing". In: *Qualitative Health Research*, 27 (6), p. 780-791.

BECKER, H. (1986). *Writing for social scientists* – How to start and finish your thesis, book, or article. Chicago: University of Chicago Press.

BLOCH, E. (2004). *El principio de la esperanza*. Vol. 1. Madri: Trotta.

BOURDIEU, P. (1988). *Cosas dichas*. Buenos Aires: Gedisa.

BOYLORN, R. (2008). "Writing process". In: GIVEN, L. (ed.). *The Sage encyclopedia of qualitative research methods*. Vol. 1 e 2. Thousand Oaks: Sage, p. 949-950.

CAULLEY, D. (2008). "Making qualitative research reports less boring: The techniques of writing creative nonfiction". In: *Qualitative Inquiry*, 14 (3), p. 424-449.

CENTRO DE EDUCACIÓN POPULAR CEDEP (Producer) (1990). *Eduardo Galeano*: Mitos, Dios. Extraído de https://www.youtube.com/watch?v=AxeneAEYhTE&feature=youtu.be

CRANG, M. & COOK, I. (2007). *Doing ethnograpies*. Thousand Oaks: Sage.

DENZIN, N. (2003). "Reading and writing performance". In: *Qualitative Research*, 3 (2), p. 243-268.

DRISKO, J. (2005). "Writing up qualitative research". In: *Families in Society*, 86 (4), p. 589-593.

ELLIS, C. (2000). "Creating criteria: An ethnographic short story". In: *Qualitative Inquiry*, 6 (2), p. 273-277.

ELY, M.; VINZ, R.; DOWNING, M. & ANZUL, M. (2005). *On writing qualitative research*: Living by words. Londres: Falmer.

FAHNESTOCK, J. (1999). *Rhetorical figures in science*. Oxford: Oxford University Press.

FIRESTONE, W. (1987). "Meaning in method: The rhetoric of quantitative and qualitative research". In: *Educational Researcher,* 16 (7), p. 16-21.

FORBE-THOMPSON, S. & GESSERT, C. (2006). "Nursing homes and suffering: Part of the problem or part of the solution?" In: *The Journal of Applied Gerontology*, 25 (3), p. 234-251.

GIACOMINI, M. & COOK, D. (2000). "User's guides to the medical literature – XXIII. Qualitative research in health care. A. Are the results of the study valid?" In: *Journal of the American Medical Association (Jama)*, 284 (3), p. 357-362.

GOFFMAN, E. (1986). *Frame analysis*. Boston: Northeastern University Press.

GOLDEN-BIDDLE, K. & LOCKE, K. (2007). *Composing qualitative research*. Oaks Thousand: Sage.

_____ (1993). "Appealing work: An investigation of how ethnographic texts convince". In: *Organization Science*, 4 (4), p. 595-616.

HARNETT, T. (2010). "Seeking exemptions from nursing home routines: Resident's everyday influence attempts and institutional order". In: *Journal of Aging Studies*, 24 (4), p. 293-301.

HOLLIDAY, A. (2007). *Doing and writing qualitative research*. 2. ed. Califórnia: Sage.

HYLAND, K. & SALAGER-MEYER, F. (2008). "Scientific writing". In: *Annual Review of Information Science and Technology*, 42, p. 297-338.

KOSIK, K. (1967). *Dialéctica de lo concreto*. México: Grijalbo.

KOVAC, J. (2003). "Writing as thinking". In: *Annals New York Academia of Science*, 988, p. 233-238.

LOCKE, K. (1996). "A funny thing happened! – The management of consumer emotions in service encounters". In: *Organization Science*, 7 (1), p. 40-59.

LOFLAND, J. (1974). "Styles of reporting qualitative field research". In: *The American Sociologist*, 9 (3), p. 101-111.

MIKHAILOVA, E.A. & NILSON, L.B. (2007). "Developing prolific scholars: The 'fast article writing' methodology". In: *Journal of Faculty Development*, 21 (2), p. 93-100.

MILLER, C. (1979). "A humanistic rationale for technical writing". In: *College English*, 40 (6), p. 610-617.

MORSE, J. (1993). "The perfect manuscript". In: *Qualitative Health Research*, 3 (1), p. 3-5.

PONTEROTTO, J.G. (2006). "Brief note on the origins, evolution, and meaning of the qualitative research concept 'Thick description'". In: *The Qualitative Report*, 11 (3), p. 538-549.

PONTEROTTO, J.G. & GRIEGER, I. (2007). "Effectively communicating qualitative research". In: *The Counseling Psychologist*, 35 (3), p. 404-430.

RICHARDSON, L. (1994). "Writing – A method of inquiry". In: DENZIN, N. & LINCOLN, Y. (eds.), *Handbook of qualitative research*. Londres: Sage, p. 516-529.

ROCCO, T. & PLAKHOTNIK, M. (2009). "Literature reviews, conceptual frameworks, and theoretical frameworks: Terms, functions, and distinctions". In: *Human Resource Development Review*, 8 (1), p. 120-130.

SANDELOWSKI, M. (2010). "What's in a name? – Qualitative description revisited". In: *Research in Nursing & Health*, 33, p. 77-84.

SANDELOWSKI, M. & BARROSO, J. (2002). "Finding the finding in qualitative studies". In: *Journal of Nursing Scholarship*, 34 (3), p. 213-219.

SAMAIN, E. & DE MENDONÇA, J. (2000). "Entre a escrita e a imagem – Diálogos com Roberto Cardoso de Oliveira". In: *Revista de Antropología*, 43 (1), p. 185-236.

SANTOS, B.S. (2009). *Una epistemología del Sur*. México: Siglo XXI/Clacso.

SCHREIBER, J. (2008). "Data". In: GIVEN, L. (ed.). *The Sage encyclopedia of qualitative research methods*. Vol. 1 e 2. Thousands Oaks: Sage, p. 185-186.

SEGAL, J. (1993). "Strategies of influence in medical authorship". In: *Social Science & Medicine*, 37 (4), p. 521-530.

SMITH, L. (2002). *Decolonizing methodologies* – Research and indigenous peoples. Londres: Zed Books/University of Otago Press.

THODY, A. (2006). *Writing and presenting research*. Londres: Sage.

WALSH, L. & BOYLE, C. (2017). "From intervention to invention: Introducing topological techniques". In: WALSH, L. & BOYLE, C. (eds.). *Topologies as techniques for a post-critical rhetoric*. Palgrave/MacMillan, p. 1-16.

VAN MANEN, M. (2006). "Writing qualitatively, or the demands of writing". In: *Qualitative Health Research*, 16 (5), p. 713-722.

WOLCOTT, H. (1990). *Writing up qualitative research*. Vol. 20. Newbury Park: Sage.

WOODS, P. (2006). *Successful writing for qualitative researchers*. 2. ed. Londres: Routledge.

9
Ética na pesquisa qualitativa em saúde: reflexões sobre potenciais impactos e vulnerabilidades*

Elizabeth Peter

A natureza da pesquisa qualitativa em saúde (PQS) provoca desafios únicos e também comuns. Como os pesquisadores qualitativos em saúde com frequência questionam pressupostos dominantes e são motivados pela mudança política, é importante tornar visíveis as implicações potenciais do seu trabalho. É comum trabalharem com participantes em "situações de vulnerabilidade" (TCPS2, 2014) e se envolverem bastante com eles, o que pode colocá-los em situações carregadas de tensão ética que exigem alto grau de reflexão. Neste capítulo, darei uma visão geral de alguns desses desafios e formas possíveis de enfrentá-los. Alguns princípios da pesquisa participativa em saúde (International Collaboration for Participatory Health Research, ICPHR, 2013) são especialmente úteis a esse respeito porque estimulam a reflexão crítica. Primeiro, descreverei alguns princípios básicos de ética que norteiam todas as formas de pesquisa. Depois destacarei a importância da reflexividade, essencial a todos os pesquisadores qualitativos em saúde em cada estágio da investigação e que vai além da mera adesão a normas. Terceiro, examinarei a ética *da* PQS, isto é, a ética do seu impacto intencional e não intencional, focalizando nos tipos de mudanças possíveis e a quem beneficiariam. Quarto, discutirei a ética *na* PQS, incluindo a proteção dos participantes em situações vulneráveis, sem estereotipá-los e favorecendo sua participação e capacidade de resistência. Além disso, serão discutidas

---

* Tradução de Marcus Penchel.

certas preocupações sobre a proteção de privacidade dos participantes e a divulgação das descobertas, que são comuns a outras formas de pesquisa qualitativa.

O papel dos padrões e normas éticas

Como em toda pesquisa, os padrões e diretrizes éticos guiam a realização e a aprovação da PQS. Os limites que impõem, mais o papel exercido pelas comissões de ética em pesquisa (CEPs), têm sido frequentemente discutidos porque muitas vezes não conseguem dar conta das singularidades da interação com os participantes e nem sempre fornecem boa orientação quando os pesquisadores encontram problemas desconcertantes em campo (GUILLEMIN & GILLAM, 2004; PETER & FRIEDLAND, 2017). Mesmo assim, são usados internacionalmente e podem informar o planejamento e a realização da pesquisa de forma geral.

A Declaração de Helsinki (DH) (WMA, 2008), embora voltada primordialmente para profissionais de pesquisa médica, influenciou a evolução dos códigos de ética de pesquisa em geral. Fundamentalmente, a DH (WMA, 2008) exige que os pesquisadores "protejam a vida, a saúde, a dignidade, a integridade, o direito à autodeterminação, a privacidade e a confidencialidade" dos participantes (HELSINKI: 2). Seus princípios visam a preservar os melhores interesses, o bem-estar, os direitos, a autonomia e a saúde dos participantes e garantir que sejam plenamente informados da natureza da pesquisa, inclusive seus riscos e benefícios, antes de consentirem em participar. Também exige que a pesquisa seja conduzida por investigadores qualificados, comprometidos com altos padrões científicos e que a pesquisa seja revisada e aprovada por um CEP antes de os participantes serem recrutados (WMA, 2008).

Algumas diretrizes, como a Política dos Três Conselhos (TCPS2) (2014) no Canadá, reconhecem que a pesquisa qualitativa tem características únicas que precisam ser consideradas. Por exemplo, objetivos emergentes exigem que as CEPs concordem que elementos da pesquisa, como as perguntas de entrevista, podem evoluir ao longo da investigação. Além disso, a TCPS2 (2014) menciona alguns elementos únicos – como a observação naturalista, a publicação de descrições densas das experiências de participantes e a natureza dinâmica do consentimento à medida que a pesquisa avança – que exigem tanto dos pesquisadores quanto dos CEPs estarem atentos a considerações éticas especiais, as quais serão descritas mais adiante neste capítulo.

Importância ética da reflexividade

Independente do papel desempenhado pelas normas e padrões éticos, tais como as diretrizes éticas de pesquisa, ser ético requer uma série de qualidades morais pessoais e interpessoais (WALKER, 2003). Na visão de Walker (2003), se queremos ser éticos precisamos reconhecer que as práticas morais são essencialmente de natureza interpessoal e exigem a consciência de que nossas interações cotidianas são mais do que simplesmente reconhecer os limites que princípios e normas nos impõem. Ele pergunta: "E quanto às qualidades da atenção e consideração, às percepções e reações práticas que decorrem de traços de caráter valiosos do ponto de vista moral, da sabedoria que vem de uma rica e larga experiência de vida, do papel dos sentimentos em guiar ou moderar as visões pessoais?" (WALKER, 2003: 125). Ao fazer a indagação, Walker (2003) vê a ética como sendo mais que a aplicação de normas ou de uma teoria. Para ser moralmente responsáveis precisamos ter virtudes e a capacidade de refletir e ser emocionalmente sensíveis. Quanto à ética de pesquisa, portanto, a capacidade de ser ético é algo mais que aderir a normas e regulamentos éticos de pesquisa; é também a capacidade de levantar questões críticas e se comprometer judiciosamente e de maneira sensível com os participantes.

Os pesquisadores qualitativos corretamente identificaram o papel central da reflexividade na condução ética de uma pesquisa (ROTH & VON UNGER, 2018). Por exemplo, Guillemin e Gillam (2004) identificam três aspectos importantes da reflexividade na prática de pesquisa. Primeiro, a exigência de ter sensibilidade para as dimensões éticas corriqueiras e cotidianas da pesquisa. Não basta prestar atenção aos elementos da pesquisa que têm considerável relevância ética, como a criação de formulários de consentimento informado. É importante continuar a fornecer informação na medida em que se fizer necessário e prestar muita atenção a indícios não verbalizados de que um participante não entende determinado aspecto da pesquisa. Segundo, Guillemin e Gillam (2004) enfatizam a necessidade de estar atento para "momentos eticamente importantes" que eles definem como "as situações difíceis, muitas vezes sutis e geralmente imprevisíveis que surgem na prática de pesquisa" (p. 262). Como essas situações não são óbvias nem previsíveis, é preciso reflexividade para reconhecê-las e dar uma resposta adequada. Terceiro, Guillemin e Gillam (2004) explicam a importância de ter a capacidade e os meios de lidar com qualquer problema ético que surja. Por exemplo, em PQS a reclamação de que um grupo foi excluído, mesmo que inadvertidamente, exige ação judiciosa.

Reflexividade é um processo ativo que deve ser contínuo ao longo de todos os estágios da PQS. Todas as decisões da pesquisa refletem nossos valores como pesquisadores, incluindo as questões que levantamos, as metodologias e concepções escolhidas, os participantes que selecionamos, as interpretações que damos aos dados e a maneira como partilhamos nossas descobertas (GUILLEMIN & GILLAM, 2004). Como pesquisadores qualitativos na área de saúde nós partilhamos valores relativos ao bem-estar, à justiça social e à esperança de mudanças sociais que informam nossas atividades de pesquisa. Assim, a contínua reflexão crítica ajuda-nos a tomar as melhores decisões em suporte aos nossos valores e a reconhecer quando nossa pesquisa não está satisfazendo esses objetivos. A reflexividade, como consciência crítica, cria uma prática ética de pesquisa negociada que pode tornar mais fácil a compreensão dos mundos dos participantes e dos pesquisadores (ALUWIHARE--SAMARANAYAKE, 2012), assim podendo propiciar a ética *da* e *na* PQS.

Ética da pesquisa qualitativa crítica – Questionando os objetivos e resultados da PQS

Questões reflexivas sobre o potencial da PQS de produzir mudanças precisam ser levantadas se os pesquisadores trabalham no campo das teorias críticas. A pesquisa realmente tem um potencial libertador? Será que vai fazer diferença produzindo uma mudança positiva? (ICPHR, 2013). Ou terá consequências imprevisíveis? É também necessário determinar se o propósito da pesquisa pode dar poder à comunidade em relação a fatores determinantes de saúde e se ela está comprometida com e interessada na natureza da investigação. Garantir que os integrantes da comunidade conseguem compreender as questões da pesquisa e podem dar suas contribuições pessoais são formas de incentivar a participação (KHANLOU & PETER, 2005; GREEN et al., 1995) e a ação coletiva (ICPHR, 2013).

Por exemplo, o estudo de Boydell et al. (2017) envolveu ativamente integrantes da comunidade, criando uma diferença positiva. Utilizaram um método de pesquisa participativa com narrativas digitalizadas [DST, sigla inglesa para *digital story telling* (N.T.)], um recurso artístico de mudança social para ajudar jovens de comunidades rurais com experiência de psicose. Os pesquisadores envolveram-se diretamente com esses jovens nas atividades de pesquisa para produzir histórias digitalizadas sobre como lidavam diariamente com a psicose, de modo a maximizar o potencial da pesquisa para criar mudanças positivas. Os participantes trabalhavam entre si, com o pessoal técnico da produção digital e com a equipe de pesquisadores na formulação das questões e objetivos da pesquisa, criando as histórias digitalizadas sobre suas ações em busca de assistência, analisando as histórias coletivamente e discutindo sobre o público em potencial do material produzido. O trabalho promoveu a interação e inclusão sociais, contribuindo com uma atividade para os jovens. Os pesquisadores concluíram que a experiência dos participantes e dos que viram o seu trabalho foi positiva, uma vez que a pesquisa pode levar a uma maior justiça social.

Nem toda PQS, no entanto, gera diferenças positivas. É essencial que os pesquisadores e as comunidades reflitam sobre o impacto da pesquisa que enfoca a dor e a aflição das pessoas a fim de que os causadores do dano sejam responsabilizados por suas ações opressivas (TUCK, 2009). Tuck (2009) argumenta que "[e]sse tipo de pesquisa opera com uma teoria de mudança equivocada, frequentemente usada para alavancar reparações ou levantar recursos para comunidades marginalizadas mas que ao mesmo tempo reforça e reinstaura uma noção unidimensional dessas pessoas como empobrecidas, fracassadas e desesperançadas" (p. 409). Esse tipo de pesquisa que enfoca o dano, frequente em ciências sociais, incluindo a PQS, pode parecer positiva, mas é capaz de reforçar ainda mais estereótipos ou definir uma comunidade como patológica. Ela opera a partir de uma teoria da mudança que crê na possibilidade de reparação através da documentação do dano, comum nos discursos litigiosos, mas que pode não ser produtiva em outros contextos (TUCK, 2009). No final das contas, esse tipo de pesquisa pode resultar na sensação de impotência e opressão de integrantes da comunidade (ALU-WIHARE-SAMARANAYAKE, 2012).

Tuck (2009) preocupa-se especialmente com comunidades que sofreram colonização e com a necessidade de repensar metodologias de pesquisa e suas respectivas teorias para identificar as que podem efetivamente produzir mudanças sociais. É possível que muitas formas de pesquisa acadêmica sejam relativamente ineficazes na geração das mudanças esperadas. Aqui, mais uma vez, é essencial que os pesquisadores qualitativos na área de saúde reflitam sobre o potencial real para produzir equidade pela transformação social. Eles precisam também estar seguros de que as pessoas certas estão participando e levantando questões sobre o estudo e de que os dados são gerados e analisados por pessoas preparadas (TUCK, 2009).

Pesquisa sobre dano não pode ser a única forma de definir as comunidades. É necessário, em vez disso, reconhecer que as comunidades têm o poder de mudar o discurso sobre dano para um discurso que enfoque sobrevivência e aspirações (TUCK, 2009). Os modelos de pesquisa baseados no desejo ou aspirações buscam "entender a complexidade, a contradição e a autodeterminação das vidas vividas" (TUCK, 2009: 416). Uma maneira de promover esse tipo de investigação é o desenvolvimento de diretrizes éticas de pesquisa pelas próprias tribos ou comunidades, o que exigiria uma reformulação dos estudos centrados no dano. Tal medida poderia também ajudar a proteger os conhecimentos comunitários e tribais contra o roubo ou o desrespeito (TUCK, 2009). Uma consciência crítica mútua de participantes e pesquisadores desenvolvida através do diálogo e um questionamento reflexivo é outra estratégia libertadora que poderia ser útil para impedir que discursos sobre dano sejam dominantes (ALUWIHARE--SAMARANAYAKE, 2012).

Um exemplo de como a PQS poderia beneficiar esse tipo de reformulação proposto por Tuck (2009) é o do estudo que descreve a destresse moral das enfermeiras. Se essa categoria, de maneira geral, não sofreu danos extremos como os de muitas comunidades submetidas ao colonialismo, mas enfrentou desafios no sistema de saúde muitas vezes resultantes das hierarquias médica e de gênero. Jameton (1984), que cunhou a expressão "destresse moral", descreveu esse sentimento como algo que surge quando "alguém sabe a coisa certa a fazer, mas as limitações institucionais tornam quase impossível seguir o curso de ação correto" (p. 6). Fontes comuns de destresse moral para as enfermeiras incluem tratamentos terminais extremamente agressivos, a falta de recursos para oferecer serviços adequados e a baixa qualidade dos cuidados feitos por outros profissionais da equipe de saúde (PETER & LIASCHENKO, 2013). Inúmeros estudos foram realizados descrevendo a destresse moral, inclusive de uma perspectiva crítica, mas é fundamental que tenham produzido impacto. McCarthy e Deady (2008) manifestaram a preocupação de que a ênfase excessiva dada ao sofrimento moral das enfermeiras pode ser danosa para elas, uma vez que pressupõe uma relativa impotência dessas profissionais, que pouco poderiam fazer para expressar seus sentimentos e reduzir a destresse moral junto com as circunstâncias geradoras do estresse. Outra preocupação deles é que a identidade moral das enfermeiras acabe sendo definida pelo discurso dominante sobre destresse moral e impotência. É necessário, em vez disso, ouvir histórias de enfermeiras que contrariem esse discurso (NELSON, 2001), que as retrate como profissionais da saúde com poder, habilidades e competentes e que articulem maneiras de mudar as situações geradoras de sofrimento moral (PETER & LIASCHENKO, 2013). Aqui, outra vez, um modelo de pesquisa baseado no desejo ou aspirações beneficiaria a PQS, porque promoveria mais o bem-estar e a atuação de grupos como o das enfermeiras.

Por fim, a PQS como um todo precisa ser criticamente examinada para garantir que o conhecimento que produz é benéfico, especialmente para grupos que dela participaram, pois dedicaram seu tempo e esforços à pesquisa e correram também os seus riscos em potencial. É ainda importante que os resultados do trabalho não perpetuem estereótipos ou histórias de impotência e desesperança. Entretanto, este exame crítico não deve gerar avaliações extremamente duras que levem a uma desvalorização da PQS como um todo. Em muitos países, a produção de conhecimento na área de saúde é dominada por normas neoliberais de produtividade e pelo conservadorismo biomédico que tendem a valorizar mais a pesquisa quantitativa do que a qualitativa (WEBSTER et al., 2019). Nesse contexto, o valor da PQS é subestimado e ofuscado por algumas formas de pesquisa biomédica.

Ética na pesquisa qualitativa crítica

Tópicos sensíveis e participantes em situação de vulnerabilidade

É comum os pesquisadores qualitativos, especialmente na área de saúde, explorarem tópicos de natureza sensível sobre as estruturas sociais que produzem ou perpetuam injustiças e iniquidades sociais envolvendo pessoas em situação de vulnerabilidade (TCPS2, 2014). É conhecida a definição de Lee e Renzetti (1990) de quatro áreas de pesquisa que tendem a ser consideradas sensíveis: "1) Estudar a esfera privada ou alguma experiência profundamente pessoal; 2) Pesquisa desvios de comportamento ou controle social; 3) Interferir nos interesses de pessoas poderosas ou em práticas coercivas ou de dominação social; 4) Lidar com questões sagradas que os participantes da pesquisa não querem que sejam profanadas" (p. 6). Como dissemos antes, é necessário questionar os objetivos gerais do trabalho para saber se é benéfico expor a corrupção e a opressão sociais ou dar voz a experiências de pessoas cujas perspectivas em geral não têm visibilidade. É também necessário, no entanto, refletir sobre as questões éticas *na* pesquisa porque pesquisar essas áreas sensíveis pode implicar danos para os participantes, como os de invasão emocional, vergonha e desrespeito, se medidas não forem tomadas para proteger os seus interesses e salientar as capacidades desses participantes (PETER, 2015).

Superproteção em potencial

Deve-se buscar, no entanto, um equilíbrio entre proteger os participantes em situações de vulnerabilidade e ao mesmo tempo não estereotipá-los como fracos e incapazes. No meu trabalho com Friedland (PETER & FRIEDLAND, 2017) descobrimos que os CEPs, por fazerem revisões bem longe do campo de pesquisa e, às vezes, sem um conhecimento profundo dos participantes descritos nos protocolos, identificam excessivos riscos em potencial. Seus membros visam a proteger os participantes devido à natureza da pesquisa ou por fazerem parte dos chamados grupos "vulneráveis", por exemplo pessoas que sofreram abusos ou traumas, crianças, imigrantes indocumentados, refugiados, idosos, usuários de drogas ilegais, criminosos, prisioneiros, gestantes, pessoas que se identificam como LGBTQ (lésbicas, *gays*, bissexuais, transsexuais, *queer*/questionantes), grupos racializados e ativistas sociais. As intenções são louváveis, mas a maioria dos membros de CEPs não são plenamente capacitados para avaliar possíveis danos e benefícios das pesquisas. Como a vulnerabilidade resulta da intersecção de fatores físicos, psicológicos, sociais e políticos, só é possível determinar com precisão o grau de vulnerabilidade de um grupo de participantes tendo familiaridade com o mesmo (PETER & FRIEDLAND, 2017). Infelizmente, é possível que da maneira que trabalham atualmente os CEPs, inadvertidamente promovam o estereótipo e o estigma, subestimando a capacidade de alguns participantes (FISHER, 2012; SCHONFELD, 2013).

Do ponto de vista dos pesquisadores qualitativos em saúde, é importante entender essas limitações dos CEPs por três razões. Primeiro, CEPs são em grande parte formados por pesquisadores, portanto esse é um problema a ser considerado por seus membros. Segundo, uma equipe de pesquisa liderada ou integrada por pessoas desses grupos "vulneráveis" pode dar ao CEP a garantia de que tem o conhecimento necessário para conduzir o estudo. Terceiro, os pesquisadores podem ajudar o CEP descrevendo detalhadamente os grupos envolvidos na pesquisa envolvidos no trabalho, contribuindo para dispersar estereótipos e explicando suas capacidades. Pode também ser útil uma boa panorâmica da experiência dos pesquisadores com grupos específicos e a inclusão de resultados relevantes sobre como os participantes poderiam encarar seu engajamento em pesquisa.

Há, na verdade, um número crescente de estudos empíricos indicando que é pequeno o risco de dano, fora um estresse temporário, no envolvimento em pesquisa de pessoas de diversos grupos "vulneráveis", tais como usuários de drogas (BELL & SALMON, 2011), vítimas de abusos sexuais (MASSEY & WIDOM, 2013), pessoas com discapacidades (MORRISEY, 2012) e adolescentes com uma história de trauma (CHU & DePRINCE, 2013). Da mesma forma, parece que pouco dano é causado por estudos que investigam "temas sensíveis", como pesquisas em que os participantes relembram experiências dolorosas (AHERN, 2012; LABOTT; JOHNSON; FENDRICH & FEENY, 2013) ou de vitimização (DECKER; NAUGLE; CARTER-VISSCHER; BELL & SEIFERT, 2011) e outras em que pessoas com câncer em estágio avançado foram entrevistadas sobre as decisões que estavam tomando sobre o tratamento (MOHAMMED; PETER; GASTALDO & HOWELL, 2016). Há, na verdade, alguma evidência de que os participantes desses estudos tiveram respostas positivas, como no caso de pesquisas sobre o luto (BECK & KONNERT, 2007; BUTLER; COPNELL & HALL 2017) e o afastamento de idosos do convívio familiar (AGLLIAS, 2011).

Reconhecer a perspectiva do participante

Tanto quanto possível, as perspectivas dos participantes devem ser levadas em conta quando se avaliam riscos e benefícios da participação tendo em mente a variedade de contextos que influenciam as suas vidas dos pontos de vista social, econômico e cultural (TCPS2, 2014). Tanto quanto possível, o ideal é engajar diretamente os participantes de modo que possam expressar como a pesquisa poderia afetar as suas condições de vida ao impactar sua vulnerabilidade e capacidade de resistência (PETER & FRIEDLAND, 2017). É importante reconhecer que a vulnerabilidade não é estática e que as pessoas não pertencem a grupos homogêneos (DUBOIS et al., 2012). Ao contrário, os chamados grupos "vulneráveis" são compostos de pessoas com necessidades e capacidades heterogêneas. Por isso, é necessário considerar as perspectivas de cada indivíduo participante.

O engajamento comunitário permite tomada de decisões focada nos participantes (EMANUEL & GRADY, 2008), que pode ser informada pelas práticas de pesquisa ação participativa (PAP) e os projetos de pesquisa de base comunitária (PBC), como a participação de membros da comunidade e informantes-chave na concepção e realização do estudo, além da utilização de conselhos consultivos comunitários. Por exemplo, Bhuyan et al. (2016) investigaram as experiências de latino-americanas que vieram para o Canadá com os filhos para fugir da violência de gênero. Como essa corrente migratória escapa aos caminhos legais da imigração, elas se depararam com condições precárias e ficaram assim expostas a mais violência. Os pesquisadores usaram uma metodologia de PQS "a fim de chamar a atenção para a vida dessas mulheres, gerar métodos que lhes dessem voz e mitigar as diferenças de poder entre pesquisador e pesquisadas" (BHUYAN et al., 2014: 209). Eles trabalharam estreitamente com o grupo comunitário através da criação de uma comissão consultiva de pesquisa composta de imigrantes indocumentados, profissionais e ativistas comunitários, promovendo assim o engajamento e a participação no projeto. Dessa forma, puderam capacitar uma ampla gama de pessoas com identidades, origens e histórias de vida diferentes para participar integralmente da pesquisa (ICPHR, 2013).

Entrevista aprofundada e proteção de participantes vulneráveis

Embora a possibilidade de danos aos participantes em PQS seja talvez superestimada ocorrer, sendo necessário um envolvimento reflexivo por parte dos pesquisadores. Entrevistas aprofundadas e grupos focais podem investigar melhor as experiências traumáticas, de opressão, perda, revolta política ou doença, tendo por isso o potencial de serem dolorosas, retraumatizantes e psicológica e socialmente invasivas. Prever as respostas dos participantes pode ser difícil devido às peculiaridades de suas condições e histórias, o número limitado de pesquisas existentes sobre o impacto desses estudos nos participantes e a própria natureza aberta e indefinida da entrevista em profundidade. Os participantes podem falar de coisas que nem eles nem os pesquisadores pretendiam. Para evitar possíveis danos é necessário criar mecanismos de proteção (PETER, 2015). Por exemplo, na pesquisa realizada por Mohammed et al. (2016), entrevistando pessoas com câncer em estado terminal para saber se queriam ou não continuar o tratamento paliativo, os participantes foram protegidos por uma série de estratégias. Primeiro, Mohammed é, antes de mais nada, um experiente enfermeiro da área de oncologia e conduziu as entrevistas com grande sensibilidade, refletindo durante todo o processo, particularmente sobre o seu poder como profissional de saúde. Em segundo lugar, ele foi claro com os participantes sobre qual era o objetivo da pesquisa, a liberdade deles para sair do estudo a qualquer momento e se recusar a responder qualquer pergunta. Terceiro, os participantes podiam interromper as entrevistas quando quisessem. Quarto, o acesso a profissionais da saúde foi planejado *a priori*, no caso de um participante precisar de atendimento de um paciente precisar de atendimento. No final, os participantes não manifestaram dano emocional e relataram como positiva a oportunidade de partilhar sua luta com a doença.

Às vezes, temas sensíveis e participantes em condições vulneráveis podem também representar riscos em potencial para os próprios pesquisadores quando expostos a traumas e emoções dolorosas dos participantes durante entrevistas ou discussões de grupo. Por exemplo, Butler et al. (2017) fizeram um estudo com pais enlutados pela morte dos filhos em Unidades Pediátricas de Tratamento Intensivo e desenvolveram estratégias para proteger tanto os participantes quanto a si mesmos ao longo da pesquisa. O entrevistador sofreu uma fadiga de compaixão temporária durante as entrevistas e a seguir, ao transcrevê-las, levando-o a um esgotamento emocional (*burnout*). Uma série de estratégias foram incorporadas para minimizar esse estresse, como espaçar as entrevistas, fazer intervalos durante a coleta e análise de dados, escrever diários registrando reflexões sobre a experiência e ter o apoio de toda a equipe.

Observação naturalista e privacidade

A observação naturalista participante e não participante é comum na PQS porque permite observar e interagir com os participantes no seu ambiente e contexto. Coletar esse tipo de dados na PQS pode ser particularmente importante porque os contextos podem revelar as estruturas sociais que os pesquisadores qualitativos em saúde, em geral, esperam mudar. A observação naturalista pode, no entanto, gerar preocupações quanto à privacidade e dignidade, caso se introduza ou interfira em locais privados ou sagrados dos participantes, sua privacidade física, pessoal ou grupal (PETER, 2015; TCPS2). Portanto, mesmo nos chamados lugares públicos, é importante preservar a privacidade e a dignidade dos participantes porque eles podem considerar esses lugares como sagrados ou privados, tais como locais de culto, de sepulturas ou de significado histórico. Os pesquisadores precisam entender e respeitar as normas culturais que regem esses lugares e as atividades que neles ocorrem (PETER, 2015). Em especial, é necessário perceber "a expectativa de privacidade que os indivíduos podem ter em lugares públicos" (TCPS2: 17). Identificar a expectativa dos participantes a esse respeito é fundamental e, às vezes, é necessário fazê-lo antes da coleta de dados. Obter um consentimento informado é, em geral, uma exigência quando há essa expectativa de privacidade. E ao longo de toda a pesquisa é necessário refletir sobre questões como: Será que a observação vai insultar ou violar esse ambiente? A presença do pesquisador não estará perturbando práticas valorizadas pelas pessoas? Será que os participantes encaram essas atividades como privadas?

A observação naturalista também pode violar a privacidade física, como a reclusão e o recato corporal (ALLEN, 2016). Em ambientes limítrofes, como as instituições, que são tanto de natureza pública quanto privada, o isolamento necessário dos ocupantes pode ser perturbado pela presença do observador. Por exemplo, no estudo de Mohammed et al. (2016), a observação de pacientes foi limitada a áreas públicas dos hospitais, como as salas de espera, e mesmo assim com a permissão dos participantes. Outra forma de privacidade física, que é o recato ou pudor corporal, refere-se à necessidade – e muitas vezes à obrigação religiosa ou cultural – de cobrir a nudez do corpo

(ALLEN, 2016). A nudez é lugar-comum em ambientes do sistema de saúde, fazendo-se necessário que os profissionais e pesquisadores se lembrem da importância de resguardá-la. Os pesquisadores qualitativos em saúde, especialmente os que também são profissionais do setor, podem precisar refletir sobre o significado do pudor corporal ao realizar observações, para evitar uma violação dessa forma de privacidade (PETER, 2015).

A privacidade grupal ou associativa é o direito que têm as pessoas de decidir com quem querem partilhar suas experiências íntimas, como o sofrimento, o parto, a doença e a morte (ALLEN, 2016). Quando os pesquisadores fazem suas atividades de observação, deve-se dar aos participantes a oportunidade de escolher quando gostariam de compartilhar suas experiências com eles, sendo indispensável um consentimento contínuo. Em muitas situações, os participantes podem querer estar a sós com amigos íntimos ou pessoas da família (PETER, 2015). Por exemplo, Bender et al. (2011) observaram pessoas recebendo tratamento diário contra tuberculose (TB) ministrado por enfermeiros do sistema de saúde pública em diversos ambientes comunitários, como moradias, locais de trabalho e cafeterias. Muitas vezes Bender parou de observar quando os participantes estavam às voltas com interações familiares ou profissionais de caráter íntimo ou quando encontravam um conhecido em lugar público. Como a TB é uma doença muito estigmatizada, a pesquisadora tinha o cuidado de não revelar a natureza da pesquisa a não ser a pessoas selecionadas e intimamente relacionadas ao participante com TB. A observação só continuava com o consentimento daqueles que observava.

Divulgação dos resultados da PQS

Importantes questões precisam ser levantadas sobre quais resultados devem ser divulgados e de que forma. Por um lado, partilhar os resultados de uma pesquisa sobre problemas sociais e de saúde de um grupo pode levar à conscientização e uma melhoria dos serviços de saúde, mas pode também, por outro lado, resultar na diminuição da autoestima e na estigmatização do grupo. Por isso, quando possível, deve-se negociar e discutir ao longo da pesquisa o que vai ou não ser divulgado (ICPHR, 2013). Esse tipo de abordagem é comum nos projetos participativos, mas pode também ser adotado em outras modalidades de PQS em função da necessidade de examinar plenamente o impacto social e político da pesquisa.

A divulgação pode também levantar questões relativas à confidencialidade em PQS devido às descrições densas resultantes da utilização de múltiplas fontes de dados, como entrevistas, observações de campo, fotografias e artefatos, que podem ser altamente reveladoras por ilustrarem experiências e pensamentos muito singulares dos participantes (CRESWELL & POTH, 2017). Potencialmente, os dados podem identificar os participantes pelo seu grau de detalhamento, fazendo-se necessário encontrar maneiras de garantir a privacidade informacional (ALLEN, 2016), isto é, sua confidencialidade. Isso é especialmente importante quando se pesquisa uma pequena amostragem de pessoas que viveram um problema social ou de saúde incomum. Os participantes podem se sentir prejudicados pela revelação de dados relacionados a saúde pessoal, criminalidade, situação migratória, atividades políticas, orientação sexual e outras fontes de vulnerabilidade. Para evitar divulgação não intencional de dados, pode ser preciso agregá-los, omitir algumas descrições ou falas dos participantes e diluir detalhes (PETER, 2015). Por exemplo, no estudo de Mohammed et al. (2016), além da adoção de pseudônimos para os participantes, suas ocupações, origens étnicas e composição familiar foram ligeiramente alteradas para evitar identificação.

Por fim, atenção cuidadosa deve ser dada à maneira de divulgar os resultados, para garantir que a PQS tenha o maior impacto e a maior contribuição possíveis para a prática, as políticas públicas e a pesquisa. A tradução do conhecimento feita por acadêmicos pode ser muito relevante para alguns, mas pode ser limitada para outros públicos e propósitos. Por vezes abordagens criativas podem ser muito úteis para atingir um público mais amplo. Só para ilustrar essa afirmação, Kontos et al. (2012) produziram uma peça educativa intitulada "Depois do acidente: Uma peça sobre lesão cerebral", sobre princípios de reabilitação para equipes de saúde que cuidam de pessoas com traumatismo craniano. A avaliação desse trabalho concluiu que ele melhorou a capacidade de reflexão, a empatia e as práticas dos profissionais e sua compreensão das necessidades de expressão e de participação dos pacientes no tratamento. Foi uma estratégia de divulgação, pelo menos nesse caso, muito útil para a redução da vulnerabilidade.

Conclusões

A ética *da* e *na* PQS tem muitas sutilezas e complexidades. Há uma tendência no campo da ética da pesquisa de enfatizar regulamentos e normas, mas a reflexividade ética pode promover o desenvolvimento de PQS com melhores resultados, com impacto transformador e proteção dos participantes, mas sem superprotegê-los. Aprender as diretrizes pode ser parte relativamente elementar na condução e promoção de uma PQS ética, mas aprender a ser reflexivo exige uma prática de reflexão cuidadosa e exemplos de acadêmicos a seguir. Acho necessária uma compreensão profunda das injustiças sociais e de como são geradas para poder refletir adequadamente. A proteção dos participantes na pesquisa é importante, especialmente porque ela pode jamais beneficiá-los diretamente. No entanto, é necessário considerar que a motivação em proteger pode causar dano se fortalecer estereótipos e estigmas. Adotar estratégias que permitam entender as perspectivas e experiências dos participantes e criticamente refletir sobre pressupostos de vulnerabilidade pode protegê-los e fortalecê-los mais. Tais estratégias podem ser utilizadas quando da sua abordagem direta na geração de dados e, depois, ao serem representados em publicações e outros meios de divulgação. Por fim, é necessário considerar que impacto pode ter a PQS e como achamos que esse impacto vai acontecer, de modo a aumentar o potencial da pesquisa para gerar mudanças sociais positivas. Espero que este capítulo possa motivar a reflexão sobre algumas questões éticas essenciais em PQS e ajudar-nos a pensar cuidadosamente no impacto das pesquisas que conduzimos e em como trabalhar com participantes em condições de vulnerabilidade.

Referências

AGLLIAS, K. (2011). "Utilizing participants' strengths to reduce risk of harm in a study of family estrangement". In: *Qualitative Health Research*, 2 (8), p. 1.136-1.146.

AHERN, K. (2012). "Informed consent: are researchers accurately representing risks and benefits?" In: *Scandinavian Journal of Caring Sciences*, 26, p. 671-678.

ALLEN, A. (2016). "Privacy and Medicine". ZALTA, E.N. (ed.). *The Stanford Encyclopedia of Philosophy*. Extraído de https://plato.stanford.edu/archives/win2016/entries/privacy-medicine/

ALUWIHARE-SAMARANAYAKE, D. (2012). "Ethics in qualitative research: a view of the participants' and researchers' world from a critical standpoint". In: *International Journal of Qualitative Methods*, 11 (2), p. 64-81.

BECK, A., & KONNERT, C. (2007). "Ethical issues in the study of bereavement: the opinions of bereaved adults". In: *Death Studies*, 31, p. 783-799.

BELL, K. & SALMON, A. (2011). "What women who use drugs have to say about ethical research: findings of an exploratory qualitative study". In: *Journal of Empirical Research on Human Research Ethics* – An International Journal, 6 (4), p. 84-98.

BENDER, A.; PETER, E; WYNN, F.; ANDREWS, G. & PRINGLE, D. (2011). "Welcome intrusions: An interpretive phenomenological study of TB nurses' relational work". *International Journal of Nursing Studies*, 48 (11), p. 1.409-1.419.

BHUYAN, R.; GENOVESE, F.; MEHL, R.; OSBORNE, B.; PINTIN-PEREZ, M. & VILLANUEVA, F. (2014). "Building solidarity through collective consciousness in feminist participatory action research". In: WAHAB, S.; ANDERSON-NATHE, B. & GRINGERI, C. (eds.). *Feminisms in Social Work Research* – Promise and Possibilities for Justice-Based Knowledge. Nova York: Taylor & Francis, p. 209-225.

BHUYAN, R.; OSBORNE, G. & CRUZ, J.F.J. (2016). "'Once you arrive, se te sala todo' (everything is salted): Latina migrants' struggle for 'dignity and a right to life' in Canada". In: *Journal of Immigrant and Refugee Studies*, 14 (4), p. 411-431.

BOYDELL, K.M.; GLADSTONE, B.M.; STASIULIS, E.; CHENG, C. & NADIN, S. (2016). "Co-producing narratives on access to care in rural communities: Using digital storytelling to foster social inclusion of young people experiencing psychosis". In: *Studies in Social Justice*, 10 (2), p. 298-304. Extraído de https://journals.library.brocku.ca/index.php/SSJ/article/view/1395

BUTLER, A.E.; COPNELL, B. & HALL, H. (2019). "Researching people who are bereaved: Managing risks to participants and researchers". In: *Nursing Ethics*, 26 (1), p. 224-234.

CANADIAN INSTITUTES OF HEALTH RESEARCH. (2014). "Natural Sciences and Engineering Research Council of Canada, e Social Sciences and Humanities Research Council of Canada". In: *Tri-Council Policy Statement*: Ethical Conduct for Research Involving Humans, dez.

CHU, A.T. & DEPRINCE, A.P. (2013). "Perception of trauma research with a sample of at-risk youth". In: *Journal of Empirical Research on Human Research Ethics* – An International Journal, 8 (4), 67-76.

CRESWELL, J.W. & POTH, C.N. (2017). *Qualitative Inquiry & Research Design*: Choosing Among Five Approaches. Thousand Oaks: Sage.

DECKER, S.E.; NAUGLE, A.E.; CARTER-VISSCHER, R.; BELL, K. & SEIFERT, A. (2011). "Ethical issues in research on sensitive topics: participants' experiences of distress and benefit". *Journal of Empirical Research on Human Research Ethics* – An International Journal, 6 (3), p. 55-64.

DUBOIS, J.; BESKOW, L.; CAMPBELL, J.; DUGOSH, K.; FESTINGER, D.; HARTS, S.; JAMES, R. & LIDZ, C. (2012). "Restoring balance: a consensus statement on the protection of vulnerable research participants". *American Journal of Public Health*, 102 (12), p. 2.220-2.225.

EMANUEL, E. & GRADY, C. (2008). "Four paradigms of clinical research and oversight". In: EMANUEL, E.J.; GRADY, C.C.; CROUCH, R.A.; LIE, R.K.; MILLER, F.G. & WENDLER, D.D. (eds.). *The Oxford Textbook of Clinical Research Ethics*. Nova York: Oxford University Press, p. 222-230.

FISHER, P. (2012). "Ethics in qualitative research: 'vulnerability', citizenship and human rights". In: *Ethics and Social Welfare*, 6 (1), 2-17.

GREEN, L.W.; GEORGE, M.A.; DANIEL, M.; FRANKISH, C.J.; HERBERT, C.J.; BOWIE, W.R. & O'NEILL, M. (1995). *Study of Participatory Research in Health Promotion*: Review and Recommendations for the Development of Participatory Research in Health Promotion in Canada. Ottawa: Institute of Health Promotion Research/University of British Columbia/Consortium for Health Promotion Research/Royal Society of Canada.

GUILLEMIN, M. & GILLAM, L. (2004). "Ethics, Reflexivity, and 'Ethically Important Moments' in Research". In: *Qualitative Inquiry*, 10 (2), p. 261-280.

INTERNATIONAL COLLABORATION FOR PARTICIPATORY HEALTH RESEARCH (ICPHR) (2013). *Position Paper 2* – Participatory Health Research: A Guide to Ethical Principals and Practice. Berlim: International Collaboration for Participatory Health Research, out.

JAMETON, A. (1984). *Nursing Practice*: The Ethical Issues. Englewood Cliffs: Prentice-Hall.

KHANLOU, N. & PETER, E. (2005). "Participatory action research: considerations for ethical review". In: *Social Science & Medicine*, 60, p. 2.333-2.340.

KONTOS, P.C.; MILLER, K.-L.; GILBERT, J.E.; MITCHELL, G.J.; COLANTONIO, A.; KEIGHTLEY, M.L. & COTT, C. (2012). "Improving Client-Centered Brain Injury Rehabilitation Through Research-Based Theater". In: *Qualitative Health Research*, 22 (12), p. 1.612-1.632.

LABOTT, S.M.; JOHNSON, T.P.; FENDRICH, M. & FEENY, N.C. (2013). "Emotional risks to respondents in survey research". In: *Journal of Empirical Research on Human Research Ethics* – An International Journal, 8 (4), 53-66.

LEE, R. & RENZETTI, C.M. "The problems of researching sensitive topics". In: *American Behavior Science*, 33 (5), 1990, p. 510-528.

MASSEY, C. & WIDOM, C. (2013). "Reactions to research participation in victims of childhood sexual abuse". In: *Journal of Empirical Research on Human Research Ethics* – An International Journal, 8 (4), p. 77-92.

McCARTHY, J. & DEADY, R. 2008. "Moral distress reconsidered". In: *Nursing Ethics*, 15 (2), p. 254-262.

MOHAMMED, S.; PETER, E.; GASTALDO, D. & HOWELL, D. (2016). "The 'conflicted dying': The active search for life-extension in advanced cancer through biomedical treatment". In: *Qualitative Health Research*, 26 (4), p. 555-567.

MORRISEY, B. (2012). "Ethics and research among persons with disabilities in long-term care". In: *Qualitative Health Research*, 22 (9), p. 1.284-1.297.

NELSON, H.L. (2001). "Identity and free agency". In: DES AUTELS, P. & WAUGH, J. (eds.). *Feminists Doing Ethics*. Lanham: Rowman and Littlefield, p. 45-61.

PETER, E. (2015). "The Ethics in Qualitative Health Research: Special Considerations". In: *Ciência & Saúde Coletiva*, 20 (9), p. 2.625-2.630.

PETER, E. & FRIEDLAND, J. (2017). "Recognizing Risk and Vulnerability in Research Ethics: Imagining the 'What ifs?'" In: *Journal of Empirical Research on Human Research Ethics (Jerhre)*, 12 (2), p. 107-116.

PETER, E. & LIASCHENKO, J. (2013). "Moral distress re-examined: A feminist interpretation of nurses' identities, relationships and responsibilities". In: *Journal of Bioethical Inquiry*, 10 (3), p. 337-345.

ROTH, W.-M. & VON UNGER, H. (2018). "Current perspectives on research ethics in qualitative research". In: *Forum Qualitative Social Research*, 19 (3). Extraído de http://dx.doi.org/10.17169/fqs-19.3.3155

SCHONFELD, T. (2013). "The perils of protection: vulnerability and women in clinical research". In: *Theoretical Medicine and Bioethics*, 34, p. 189-296.

TUCK, E. (2009). "Suspending damage: A letter to communities". In: *Harvard Educational Review*, 79 (3), p. 409-427.

WALKER, M.U. (2003). *Moral Contexts*. Oxford: Rowman & Littlefield.

WEBSTER, F.; GASTALDO, D.; DURANT, S.; EAKIN, J.; GLADSTONE, B.; PARSONS, J.; PETER, E. & SHAW, J. (2019). "Doing science differently: A framework for assessing the careers of qualitative scholars in the health sciences". In: *International Journal of Qualitative Methods*, 18, p. 1-7.

WMA – ASSOCIAÇÃO MÉDICA MUNDIAL (2008). *World Medical Association Declaration of Helsinki* – Ethical principles for medical research involving human subjects. Organização Mundial da Saúde.

10
Formando pesquisadores qualitativos críticos em saúde na terra dos ensaios clínicos randomizados*[1]

Joan M. Eakin

É, com efeito, uma "transgressão"[I] praticar pesquisa qualitativa em ciências médicas e de saúde – território em que os ensaios clínicos randomizados (ECR) são considerados o "ápice da cadeia alimentar" metodológica e no qual a prática baseada em evidência (PBE), credo ancorado na mensuração quantitativa e no pensamento epidemiológico, tem sido amplamente adotada em todas as modalidades clínicas. Os desafios do envolvimento com as formas qualitativas de pesquisa são bem conhecidos pelos pesquisadores que atuam nas faculdades ou centros de pesquisa de ciências médicas ou da saúde, já fazendo parte da tradição discursiva dessa comunidade. Os pesquisadores qualitativos em saúde compartilham a ideia de que a metodologia qualitativa é incompreendida, julgada de forma equivocada e considerada cientificamente inferior por outros pesquisadores da área de saúde; e a maioria está acostumada a ter suas descobertas desprezadas como "anedóticas" e "tendenciosas", inadequadas para inferência causal ou explanatória e boas apenas para a exploração "preliminar" de variáveis a serem posteriormente mensuradas. Acredita-se amplamente (com alguma base empírica[II]) que os pesquisadores qualitativos em saúde têm desvantagens na carreira e em matéria de financiamento e publicação devido a sua orientação metodológica.

---

* Tradução de Marcus Penchel.

1. Publicação original: EAKIN, J.M. (2016). "Educating Critical Qualitative Health Researchers in the Land of the Randomized Controlled Trial". In: *Qualitative Inquiry*, 22 (2), p. 107-118. Os editores agradecem ao Dr. Norman Denzin, editor-chefe de *Qualitative Inquiry*, por autorizar a tradução e reimpressão deste capítulo, que pode ser acessado em https://doi.org/10.1177/1077800415617207

Ensinar investigação qualitativa em tal ambiente de pesquisa é tão transgressivo quanto praticá-la. Neste capítulo indago da possibilidade de educar pesquisadores qualitativos em saúde para que sejam capazes de *crescer* numa orientação crítica e criativa da metodologia qualitativa e ao mesmo tempo *sobreviver* no mundo da pesquisa científica em saúde.

A primeira parte do capítulo focaliza a abordagem metodológica deste estudo e esclarece como utilizo a expressão *pesquisa qualitativa* (PQ) e a sua forma "crítica" (PQC). Defendo um enfoque no contexto institucional do ensino de PQ em ciências da saúde e examino as forças sociais e políticas históricas e contemporâneas que classificam esse ensino como uma transgressão em ciências da saúde. Exponho, em seguida, características básicas necessárias para ensinar pesquisadores qualitativos a ter sucesso no ambiente de pesquisa em saúde e apresento um estudo de caso ilustrativo de uma abordagem institucional que visa incorporar essas características em um programa educacional. Encerro com algumas reflexões sobre o processo de mudança na posição da pesquisa qualitativa em saúde e suas consequências no ensino.

Abordagem metodológica

O capítulo baseia-se na análise da minha experiência e observações pessoais ao longo de 35 anos como socióloga qualitativa acadêmica em departamentos de Epidemiologia, Saúde Pública e Medicina de três universidades canadenses. É uma larga gama de experiências, que incluem: o ensino de metodologia qualitativa em disciplinas de pós-graduação para estudantes de uma ampla variedade de disciplinas e profissões em ciências da saúde; a orientação a estudantes de doutorado na elaboração de teses qualitativas em saúde pública; a organização de um simpósio nacional para professores de PQ em faculdades de ciências da saúde (EAKIN & MYKHALOVSKIY, 2005); meu trabalho como editora científica de PQ em uma revista de saúde pública e a fundação e direção do Centro de Pesquisa Qualitativa Crítica em Saúde (Centre for Critical Qualitative Health Research-CCQHR) da Universidade de Toronto e do seu principal programa educacional em metodologia qualitativa.

O capítulo se inspira também na minha compreensão cozida em fogo lento de milhões de fragmentos de "dados" observados durante esses anos: respondendo perguntas em conferências, participando da avaliação de propostas qualitativas em comissões de revisão para concessão de financiamento, explicando o que é PQ a pesquisadores e clínicos não qualitativos da área de saúde com os quais colaborava em pesquisas e assim por diante. Os conceitos usados e os argumentos apresentados constituem uma espécie de etnografia crítica *a posteriori* das estruturas profundas do universo empírico que habito há longo tempo. São um convite à reflexão sobre o (e também construções alternativas do) passado, presente e futuro do ensino de pesquisa qualitativa em ciências da saúde.

O conceito de "pesquisa qualitativa"

PQ não é um tipo singular ou padronizado de prática de pesquisa (EAKIN & MYKHALOVSKIY, 2003) e envolve uma variedade de tradições teóricas, estratégias e técnicas. Neste capítulo, o termo PQ é usado para indicar pesquisa fundamentalmente de caráter "interpretativo" ou "construtivista". A PQ interpretativa baseia-se no pressuposto de que o significado não é inerente aos dados e deve ser *interpretado* pelo pesquisador, e de que não existe uma interpretação "verdadeira", mas múltiplas realidades produzidas através de processos da linguagem humana, da interação e da construção de sentido. A PQC é uma abordagem interpretativa à qual se enxertou uma perspectiva crítica. Embora haja muitas definições do termo *crítica* (KINCHELOE & McLAREN, 2003), o conceito aqui refere-se à pesquisa que entende o conhecimento e a prática como socialmente localizados e mediados por relações de poder. A PQC busca identificar e questionar suposições profundamente enraizadas e ir além da reprodução de formas dominantes de entendimento do mundo. Tanto a PQ quanto a PQC lutam pelo que chamo de análise interpretativa de "valor agregado", abordagem que evita a mera catalogação de representações preconcebidas de um mundo exterior "real", maximiza a "presença criativa" do pesquisador (cf. a respeito o capítulo 7 deste livro) e desdobra a abstração teórica como estratégia metodológica fundamental para a reconceitualização de fenômenos e a criação de conhecimento generalizável.

Além da pedagogia

O ensino de PQ está inextricavelmente ligado à natureza e às limitações da prática de PQ na área de saúde. Embora haja bastante literatura sobre como fazer pesquisa qualitativa, escreveu-se menos sobre como ensiná-la (EISENHART & JUROW, 2011). Muita coisa refere-se ao ensino de PQ em ciência social e educação, áreas que têm muito mas não tudo em comum com as ciências médicas e da saúde. E o enfoque literário é sobretudo em questões pedagógicas – a natureza, o conteúdo e a forma do ensino e do aprendizado enquanto processos.

Embora uma pedagogia eficaz em sala de aula e na orientação acadêmica seja um elemento necessário ao bom ensino e à aprendizagem, não é suficiente para o melhor nível letivo se não estiver alinhada ao ambiente ideológico e às estruturas institucionais e educacionais em que é praticada. Rossiter e Robertson argumentam que a produção de conhecimento é "profundamente influenciada pelo quadro ideológico mais amplo" (ROSSITER & ROBERTSON, 2014: 199) e dizem que a pesquisa "instrumental" ou centrada em resultados na área de saúde é guiada pelas demandas de um mercado neoliberal da economia do conhecimento. De forma semelhante, minha opinião é que o ensino de metodologia em PQ é moldado e restringido de forma crucial pelo contexto institucional mais amplo em que se insere, incluindo as estruturas e ideologias organizacionais ligadas à distribuição de verbas para pesquisa e financiamento estudantil, as fronteiras e relações entre as disciplinas profissionais e acadêmicas, o conteúdo e a orientação dos programas educacionais e os esquemas financeiros e modalidades de gestão de recursos humanos na universidade. Este capítulo enfoca o contexto institucional das ciências da saúde e suas implicações para a educação de pesquisadores qualitativos.

O contexto ideológico e institucional do ensino de pesquisa qualitativa em saúde

Para entender o contexto em que se dá o ensino de PQ e sua natureza transgressiva é útil ter uma perspectiva histórica sobre o lugar da abordagem qualitativa no campo da pesquisa em saúde e entender a PQ em relação a aspectos-chave do clima ideológico-institucional contemporâneo nesse campo. Entre os fatores centrais subjacentes ao ensino atual de PQ/PQC na área de saúde estão: o lugar e o papel das ciências sociais no campo da pesquisa; a visão conceitual da PQ mais como procedimento do que paradigma; o interesse crescente por esse tipo de pesquisa na área de saúde; ambientes de pesquisa e educacionais divergentes e o surgimento de versões pós-positivistas de pesquisa qualitativa.

O lugar e o papel da ciência social na pesquisa em saúde

Quando ingressei no campo da pesquisa em saúde na década de 1970 como socióloga médica qualitativa meus instrumentos de trabalho eram sobretudo a etnografia no estilo da Escola de Chicago e a formulação original de Glaser e Strauss sobre teoria fundamentada (GLASER & STRAUSS, 1967). Era o início do envolvimento das ciências sociais com os problemas dos serviços de saúde e do comportamento face à doença: uma sociologia *para* a medicina, em que os problemas investigados eram na maior parte definidos pela medicina (p. ex., não conformidade com os regimes médicos, relação médico-paciente). Na época, minha pesquisa qualitativa "transgredia" menos pela não adesão metodológica às práticas científicas dominantes do que pela estranheza de uma perspectiva social sobre assuntos até então entendidos apenas em termos biofísicos.

A situação começou, porém, a mudar à medida que o pensamento pós--moderno passou a desestabilizar concepções convencionais do conhecimento médico e do processo científico e que os pesquisadores se tornaram cada vez mais conscientes da complexidade das dimensões psicossociais da saúde e das limitações dos repertórios conceituais e metodológicos existentes para a sua abordagem (p. ex., epidemiologia, experimentação, quantificação). Além disso, a sociologia médica amadurecia como disciplina e reivindicava cada vez mais a sua temática, definindo os problemas de pesquisa em termos sociológicos e não clínicos. Surgia uma sociologia *da* medicina em que o próprio conhecimento e a prática dos serviços de saúde se tornavam objetos de investigação. Modalidades críticas de pesquisa qualitativa em saúde adquiriram forma à medida que os cientistas sociais passaram a expor o papel do poder e do discurso nos processos profissionais e institucionais (CONRAD & KERN, 1981) e a tomar "partido" (ATKINSON & COFFEY, 2003; BECKER, 1967) de outros envolvidos nos serviços de saúde que não seus administradores e diretores, tais como pacientes e funcionários sem *status* profissional.

A presença das ciências sociais na área da saúde tem sido fundamental para a pesquisa qualitativa no setor e ajudou a abrir caminho para a autonomia teórica e o pensamento crítico necessários à prática e ao ensino da metodologia qualitativa de "valor agregado".

Interesse crescente em PQ no campo da pesquisa em saúde

O interesse em abordagens qualitativas de pesquisa na área de saúde cresceu de forma acentuada nas últimas duas décadas, pelo menos do meu ponto de vista como observadora. Mais especialmente, o treinamento formal em PQ tem sido procurado cada vez mais por pessoal médico e de saúde sem história acadêmica ligada às ciências sociais. Profissionais clínicos de saúde passaram a se matricular no programa de pós-graduação em que eu trabalhava (Aspectos Sociais e Comportamentais em Saúde Pública) em ondas sucessivas de diferentes especialidades, como enfermagem, fisioterapia, terapia ocupacional e medicina de família. Escolas profissionais tentavam elevar seus padrões acadêmicos entrando no campo da pesquisa, mas ainda não tinham programas de pós-graduação próprios. Muitos profissionais de saúde que entravam na pós-graduação inclinavam-se para modalidades qualitativas de pesquisa.

As razões desse interesse eram muitas e complexas. Muitos profissionais pareciam sentir que as abordagens qualitativas se alinhavam mais com suas orientações clínicas e pessoais, sendo capazes de uma melhor compreensão dos problemas que encontravam no trabalho. A PQ também os atraía porque parecia ter menos barreiras para eles do que outras formas de pesquisa científica. Alguns achavam que a PQ era uma rota acessível para os programas de pós-graduação ou as carreiras clínicas acadêmicas que exigiam atividade de pesquisa ou, então, que lhes dava uma posição mais competitiva no mercado em termos de autoridade profissional, *status* e recursos. Para os profissionais clínicos, a PQ muitas vezes parecia exigir menos conhecimento técnico do que outras modalidades de pesquisa, como a epidemiológica e a estatística, e – o que era importante – envolver habilidades simples que já eram familiares para eles, como as de entrevistar ou trabalhar com dados verbais.

Fossem quais fossem as razões, o fato é que a PQ passou a ser avidamente incorporada aos ambientes de ciências da saúde em que eu trabalhava e aparentemente também em outras áreas, dada a oferta de métodos qualitativos nos programas educacionais dos principais departamentos de ciências médicas e da saúde no Canadá e nos Estados Unidos (GASTALDO; MARKOULAKIS & HOWSE, 2013). O aumento da aceitação e presença da PQ na área de saúde reflete-se em (e provavelmente é estimulado por) alguns sinais de disposição para apoiar a PQ nos institutos canadenses de pesquisa em saúde (HODGINS & BOYDELL, 2013) e o endosso da modalidade por algumas publicações médicas de prestígio (p. ex., MALTERUD, 2001; POPE & ZIEBLAND, 2000).

Doutrinas de pesquisa divergentes

Ao mesmo tempo que a PQ é entusiasticamente abraçada por alguns pesquisadores na área de saúde, uma série de desdobramentos no ambiente educacional e de pesquisa está tornando essa modalidade mais transgressiva e difícil de ensinar. Primeiro, a legitimidade científica da PQ é enfraquecida por vários conjuntos de ideias interligados que tomaram forma na virada do milênio e adquiriram em seguida grande influência no campo da pesquisa em saúde: o surgimento do ECR como forma paradigmática da pesquisa de alto nível, a difusão do movimento da PBE nas disciplinas da saúde e a ascendência da pesquisa aplicada e utilitária no setor.

O ECR é uma abordagem para determinar causas e efeitos de fenômenos ligados à saúde (especialmente intervenções clínicas) e se tornou um verdadeiro "padrão-ouro" da pesquisa em saúde. Segundo textos-chave (p. ex., JADAD, 1998), o valor científico e a superioridade atribuídos ao ECR estariam na sua concepção experimental altamente controlada, na mensuração quantitativa objetiva e nas técnicas de análise, especialmente na seleção aleatória de amostragem para reduzir a possibilidade de tendências preconcebidas sistemáticas que podem "sistematicamente desviar da verdade os resultados ou conclusões de um experimento" (JADAD, 1998: 28). Embora se considere que as condições para um experimento aleatório perfeito sejam difíceis de alcançar, quanto mais próximo do ideal for o processo de pesquisa, maior a legitimidade e credibilidade conferidas à ciência (TIMMERMANS & MAUCK, 2005).

O "alcance" da lógica do ECR na área de saúde foi ampliado pelo pensamento da prática baseada em evidência (PBE), que endossa o princípio de que as decisões e práticas clínicas devem se basear na "melhor" evidência coletada e não na experiência e conhecimento pessoais e profissionais dos que trabalham nos serviços de saúde, considerados assistemáticos e idiossincráticos. Idealmente, a "melhor" evidência vem de ECRs ou das melhores aproximações disponíveis determinadas por autoridades científicas como a Cochrane Collaboration (BELL, 2012), uma agência que avalia tratamentos específicos ou efeitos de medicamentos através de análises metaestatísticas de qualidade ponderada sobre os resultados de vários estudos. Originalmente desenvolvidos em clínica médica, o discurso e o tipo de pensamento da PBE espalharam-se rapidamente na última década entre as especialidades médicas e demais profissões da saúde (BELL, 2012; MYKHALOVSKIY & WEIR, 2004; TIMMERMANS & MAUCK, 2005).

Uma preocupação com a evidência para a prática está ligada a um outro fato significativo para a PQ e o ensino: a ascendência do conhecimento prático "acionável" sobre o conhecimento puro ou básico. Vemos aí a priorização da pesquisa capaz de produzir conhecimento de utilidade direta em determinados problemas clínicos ou do sistema de saúde (ROSSITER & ROBERTSON, 2014; SANDELOWSKI, 2004) e a emergência da "transferência de conhecimento" como uma especialização distinta no campo da pesquisa em saúde (LAVIS; ROBERTSON; WOODSIDE McLEOD & ABELSON, 2003). A ênfase em pesquisa prática tem sido usada como justificativa para um recuo face à PQ teoricamente informada ou orientada. Um exemplo claro disso é o apelo de Thorne em prol da investigação baseada na prática, que explicitamente evita a teoria social como instrumento de interpretação, e sua defesa da "descrição interpretativa" como uma alternativa livre de teoria para a pesquisa clínica de enfermagem (THORNE, 2008). Essa desteorização da PQ pode estar contribuindo para a "simplificação" metodológica da investigação qualitativa sobre a qual nos alertou Clarke recentemente (CLARKE & KELLER, 2014).

Num mundo dominado pelos princípios e a lógica do ECR, da PBE e da pesquisa utilitária, a PQ e particularmente a PQC são claramente transgressivas. Embora esse ponto não precise de muita elaboração para leitores qualitativos, a maioria das formas de PQ viola profundamente a doutrina da ciência positivista, feita de objetividade, generabilidade, padronização, verificação, reprodutibilidade e eliminação ou neutralização de visões preconcebidas (MISAK, 2010). Ensinar teoria e prática da PQ a pesquisadores com experiência clínica ou científica em saúde requer a desestabilização de pressupostos científicos profundamente enraizados (que vêm desde as feiras de ciência da escola primária) e a introdução de uma postura e de um conjunto de práticas que são incongruentes com o mundo científico dominante habitado pelos estudantes: o papel central da subjetividade e da reflexividade, a interpretação em oposição a uma teorização *a priori* dos dados, a multiplicidade de verdades, a existência de forças invisíveis como o discurso e o poder, a impossibilidade de mensurar certos fenômenos, o valor de pequenas variáveis e o conceito de generabilidade qualitativa.

Além disso, em um ambiente de pesquisa que prioriza a aplicação direta dos resultados à solução de questões práticas dos serviços de saúde e amarra o financiamento a problemas específicos de pesquisa definidos por administradores ou pelos que tomam decisões no setor, os projetos qualitativos claramente perdem competitividade, dado seu *design* emergente, seu formato e foco final imprevisível, as conceitualizações sociológicas desconhecidas utilizadas e, especialmente no caso da PQC, a potencial inconveniência política dos resultados.

Estruturas educacionais divergentes

Um segundo conjunto de contrapesos em jogo no ambiente institucional da PQC inclui estruturas e processos acadêmicos que impedem o tipo de educação necessária para gerar pesquisadores qualitativos críticos. Por exemplo, nos programas de pós-graduação em que trabalhei, os estudantes em geral eram profissionais ou tinham formação científica com pouco (ou nenhum) contato anterior com ciências sociais e humanidades e, portanto, sentiam uma deficiência teórica ou conceitual para analisar material qualitativo. Esse tipo de estudantes também não tem uma habilidade adequada de escrita para os processos de pesquisa altamente dependentes da linguagem, como é o caso da PQ. E muitas vezes é difícil para eles corrigir essas deficiências no ambiente acadêmico em que estudam. Quando desenvolvem suas teses qualitativas, deparam-se também com a parca experiência em PQ dos próprios orientadores, com comissões avaliadoras cujos integrantes têm visões inadequadas ou conflitantes sobre essa modalidade de investigação, além de situações problemáticas como os programas de doutorado cada vez mais curtos e exigências como prazos de conclusão apertados que não lhes dão tempo suficiente ou estímulo para buscar e assimilar conhecimento em outras disciplinas (p. ex., os que decidem cursar matérias fora de suas áreas de conforto arriscam-se a não obter o alto conceito necessário para manter suas bolsas universitárias). Em programas de doutorado de 4 anos[III] que partem de mestrados encolhidos e cada vez mais sem exigir teses de pesquisa, como é possível para estudantes com formação em ciências básicas ou profissões da área de saúde produzir um estudo qualitativo que requer conhecimento avançado numa metodologia nova para eles e, ao mesmo tempo, desaprender modos previamente assumidos de fazer ciência e aprender teoria social suficiente para lhes dar uma base em metodologia, além de desenvolver uma competência na produção escrita que excede em muito a norma em ciências da saúde? Um sistema educacional desse tipo é em muitos sentidos contrário à formação de pesquisadores qualitativos críticos e interpretativos.

Pesquisa qualitativa pós-positivista

Pesquisadores qualitativos na área de saúde que fazem ou ensinam pesquisa interpretativa e/ou PQC queixam-se de há muito do predomínio de formas "pós-positivistas" de investigação qualitativa (PQPP), que operam mais a partir de princípios positivistas do que interpretativos. A PQPP usa dados qualitativos (p. ex., palavras, textos), mas os analisa sob uma lente realista, objetivista. Considera-se que os dados são "reais" e falam por si mesmos independentemente do pesquisador e que a análise consiste em grande parte na catalogação de dados em categorias conceituais preconcebidas (a de "barreiras e facilitadores" é uma das favoritas), entendidas como "achados" que já residem nos dados à espera da descoberta e registrados em termos implicitamente quantitativos ("a maioria dos" depoentes diz isto ou aquilo) e cuidadosamente qualificados como "descritivos", "preliminares" e "não generalizáveis". A PQPP pouco se baseia em conceitos ou teoria social, ainda que frequentemente se autorrotule de "teoria fundamentada" para satisfazer a expectativa comum de que o projeto apresenta uma teoria que "emerge" por si só dos dados.

No âmago da PQPP está uma concepção de pesquisa qualitativa como técnica, uma "caixa de ferramentas" de procedimentos divorciados do seu alicerce filosófico. Essa concepção provavelmente reflete o *status* primordial do método nas ciências básicas e na medicina, em que a execução do procedimento correto é a pedra de toque da validação científica. Privilegiar as questões metodológicas sobre outras considerações (como o conhecimento substancial produzido), ou seja, uma "metodolatria" como dizem alguns (CHAMBERLAIN, 2000), foi algo também adotado em pesquisa qualitativa de saúde (CHEEK, 2007). A PQPP com a práxis de "caixa de ferramentas" afetou de modo significativo o modo de avaliar a pesquisa qualitativa em saúde (EAKIN & MYKHALOVSKIY, 2003) e assim também a sua prática, escrita e ensino.

A PQPP tem valor limitado quer como empreendimento positivista ou interpretativo: não pode satisfazer os critérios de um projeto positivista adequado (procedimento objetivo padronizado, generabilidade estatística) ou de um projeto interpretativo adequado (o pesquisador como instrumento, generabilidade conceitual). No estudo de Daly e colegas sobre "hierarquia de evidências" para avaliação de PQ com propósitos práticos e de política setorial (DALY et al., 2007) boa parte da PQPP seria classificada na categoria de "estudo de baixo nível ou de qualidade dúbia" em disciplinas da saúde que adotaram a PQ com um "entusiasmo que não corresponde à competência" (DALY et al., 2007: 5). Apesar do seu caráter problemático, no entanto, a PQPP persiste. Eu diria mesmo que, por razões que extrapolam o escopo deste capítulo, a PQPP está se encrustando e expandindo por absorção no campo da pesquisa com "métodos mistos" em saúde, que avança a passos largos. Voltarei a este ponto mais adiante.

Em suma, nesta primeira parte do capítulo, identifiquei aspectos do contexto ideológico e institucional da pesquisa em saúde que têm implicações para o ensino e a prática de formas interpretativas e críticas de pesquisa qualitativa. Assinalei que a legitimidade e a factibilidade da PQ estão sendo minadas de várias maneiras ao mesmo tempo em que se acelera a demanda de formação metodológica qualitativa. Essas correntes contraditórias estão provavelmente associadas à emergência de formas "positivizadas" de PQ, que acentuam ainda mais o caráter transgressivo da pesquisa qualitativa interpretativa e de suas variantes críticas.

Na seção seguinte, reflito sobre o que é preciso para formar pesquisadores qualitativos em ciências da saúde, dadas as mudanças contextuais que acabei de referir. Descrevo algumas estratégias-chave para sua formação e para aumentar as suas chances de sucesso na terra do ECR. E ilustro como essas estratégicas foram empregadas no CCQHR da Universidade de Toronto.

Estratégias para a formação de pesquisadores qualitativos críticos na área da saúde

Como argumentei anteriormente neste capítulo, é preciso mais que uma boa pedagogia para formar bons pesquisadores qualitativos críticos em ciências da saúde. Pela minha experiência, uma base organizacional, conteúdo curricular estratégico e uma forte comunidade prática são necessários para dar suporte ao ensino, aprendizado e prática de pesquisa que vai "contra a corrente" do discurso científico dominante e da lógica institucional. Estratégias-chave para alcançar esse suporte incluem criar presença organizacional, priorizar a formação metodológica de ponta, ensinar habilidades pragmáticas de sobrevivência e forjar comunidades de apoio à prática.

Gerar presença organizacional

Uma sólida base administrativa, presença organizacional e ação coletiva/colaborativa são essenciais para criar a visibilidade e legitimidade requeridas para ensinar PQ de forma eficaz em ambientes de ciências da saúde. Idealmente, isso consiste em articulação explícita da pesquisa qualitativa de modo a ser entendida pelo leigo, propósito institucional e realizações dos participantes; uma forte agenda investigativa, além de uma agenda educacional; um programa educativo formal com currículos e disciplinas integradas ou coordenadas; e uma colaboração organizada de pesquisadores qualitativos de pensamento afim em diferentes ciências da saúde e unidades de pesquisa/clínica que tenham interesses próprios no projeto (p. ex., ajuda a seus estudantes de pós-graduação, suporte a pesquisa própria e reforço de credibilidade, alívio do isolamento de profissionais muito dispersos etc.).

Os pesquisadores qualitativos em saúde precisam assumir coletivamente questões de investigação e de ensino para enfrentar o capital intelectual e cultural dominante no mercado de pesquisa ("grandes dados", grande generabilidade estatística, grandes verbas de pesquisa). A presença organizacional tem que ser construída estrategicamente em relação a culturas institucionais específicas e locais de poder na área da saúde. Sem presença organizacional (e autopromoção estratégica bem vigorosa), a PQ e o seu ensino não podem participar de forma competitiva e politicamente eficaz no mundo acadêmico das ciências da saúde.

Educar para a excelência metodológica

Uma estratégica-chave para criar condições de ensino de pesquisadores qualitativos críticos em saúde é o compromisso básico de lecionar visando ao que chamo de "excelência metodológica": formar pesquisadores para atuar em níveis avançados, nas linhas de frente da metodologia, com uma perspectiva crítica. No contexto das ciências da saúde, porém, a pressão institucional é por uma formação em pesquisa qualitativa que responda à demanda do mercado por educação em nível introdutório por estudantes e pesquisadores profissionais que querem ingressar em pesquisa qualitativa. É a conhecida tensão entre profundidade e amplitude. Minha experiência é de que ceder ao apelo generalizado por formação básica e consultoria (p. ex., inúmeros convites para fazer introduções panorâmicas sobre os métodos qualitativos para vários grupos de pesquisa em saúde) rouba energia do exercício letivo estrategicamente mais importante que é o ensino da sofisticação metodológica e da liderança de campo. A melhor forma de construir um ambiente mais propício à investigação qualitativa crítica em ciências da saúde não é o proselitismo e recrutamento de novos pesquisadores para o lado qualitativo, mas elevar metodológica e teoricamente o nível de excelência da PQ.

No nível institucional, são múltiplas as vantagens de uma estratégia educacional em profundidade e não de amplitude. Uma estratégia que enfoque e conserve energias (o que é especialmente importante em situações nas quais os recursos letivos são provavelmente muito limitados), ajude a colocar a PQ em posição mais competitiva no campo das ciências da saúde (a metodologia de nível básico de PQ pode parecer "fácil" e de menos prestígio e importância num contexto em que a sofisticação científica é altamente respeitada) e contribua para um ambiente intelectual que atraia pesquisadores qualitativos de peso com mentalidade metodológica (o que então aumenta a presença organizacional da pesquisa qualitativa em saúde de modo geral).

Um mecanismo-chave para uma formação metodológica de excelência é um programa superior de metodologia fundamental que leve a níveis avançados e os inclua. No passado (e atualmente em muitos contextos de ciências da saúde que conheço bem), os estudantes de pós-graduação tinham acesso limitado a disciplinas de metodologia qualitativa que iam além de um nível introdutório e de coleta de dados. Em especial, ainda são particularmente escassas as opções educacionais para análise e interpretação de dados qualitativos e há ainda menos orientação sobre como escrever pesquisa qualitativa.

Em geral, não se oferece formação em PQ além de formação individual com orientadores ou a alternativa de aprender fazendo, trabalhando em assistência de pesquisa – ambos os casos limitados pela escassez de docentes qualificados e empenhados em PQ.

Metodologia de pesquisa qualitativa adequada a um nível de doutorado requer em termos ideais um conjunto de disciplinas integradas ou outros programas de formação para fornecer tanto os fundamentos teóricos quanto práticos, uma orientação crítico/interpretativa coerente, abordagens metodológicas teoricamente centradas, acesso a teoria e perspectivas sociológicas e alguma informação sobre diversas formas especializadas de PQ, como análise de discurso, pesquisa de ação participativa e de base artística.

Um enfoque em excelência metodológica, embora estratégico e útil, não é fácil de implantar. É uma prioridade que requer, por exemplo, professores-pesquisadores capazes de ensinar e em condições de ensinar metodologia de ponta – recursos normalmente muito pouco disponíveis em faculdades da área de saúde. Outras dificuldades estruturais ao ensino de metodologia avançada incluem o desafio de expor estudantes de ciências da saúde a um nível de teoria social que lhes permita conceber projetos e interpretar dados de forma adequada e a carência de docentes para orientação de pesquisa com conhecimento suficiente de metodologia qualitativa (às vezes não têm nenhum conhecimento mesmo, no caso de orientação direcionada a um tópico concreto de pesquisa e não a uma linha metodológica).

Uma abordagem produtiva para lidar com esses e outros problemas estruturais é a dos encontros regulares de professores de disciplinas de metodologia. Esses encontros propiciam a integração curricular, o compartilhamento de estratégias e recursos pedagógicos, a manifestação de frustrações, a solução coletiva de problemas e a construção de um ambiente comunitário interdisciplinar e interinstitucional dos professores. A necessidade desse tipo de apoio ao corpo docente ficou evidenciada em uma oficina nacional para professores de PQ em ciências da saúde (EAKIN & MYKHALOVSKIY, 2005) que citamos como ilustração.

Educar para a sobrevivência

Visar a profundidade metodológica e não a amplitude é uma estratégia importante para aumentar a legitimidade e a autoridade científica da PQ e, assim, posicionar favoravelmente o ensino da PQC na área de ciências da saúde. No entanto, a excelência metodológica não vai por si só garantir que os estudantes de doutorado consigam obter financiamento, publicar suas pesquisas, ser contratados ou promovidos. Independente do seu nível de conhecimento, os pesquisadores qualitativos podem enfrentar desafios nas ciências da saúde se o seu trabalho não for reconhecido como legitimamente autorizado para credenciamento e avanço na carreira. Vi casos em que estudos utilizando exclusivamente metodologia qualitativa foram considerados insuficientemente "científicos" para pesquisa de doutorado sem a presença legitimadora de um componente quantitativo ou até mesmo sem condições competitivas na arena dos financiamentos.

Assim, uma formação eficaz em PQC precisa enfrentar o problema da capacidade de sobrevivência. Os estudantes têm de aprender a sobreviver como transgressores no campo da pesquisa científica em saúde. Para serem competitivos atuando em um nível metodológico avançado, como indicamos, é importante que os praticantes de PQC aprendam como sobreviver *sem* comprometer sua excelência metodológica. O desafio letivo aqui é aumentar essa capacidade sem recuar para formas pós-positivistas menos transgressivas de pesquisa qualitativa, sem sacrificar os elementos geradores de valor agregado que distinguem a PQ. A meu ver, trata-se de ajudar os pesquisadores qualitativos a encontrar formas de "se encaixar" nas estruturas e processos profundamente enraizados do ambiente educacional e científico dominante sem sacrificar sua própria força metodológica. Por exemplo, pode-se ensinar os estudantes a distinguir quais práticas de pesquisa qualitativa são mais fundamentais do ponto de vista teórico e a adaptar a metodologia para subverter, contornar ou abrandar as expectativas dos "guardiões" antiqualitativos (juntas orientadoras, financiadores, avaliadores de publicações) sem violar a integridade filosófica e o potencial interpretativo de um projeto.

Os estudantes precisam ser preparados para enfrentar as críticas: ter a capacidade de distinguir e evitar procedimentos metodológicos pós-positivistas fracamente disfarçados em roupagem qualitativa, por exemplo a "verificação de participante" e a "confiabilidade da codificação" como formas de validação, a "saturação" como medida de suficiência analítica e considerar os tópicos ou "questões" investigados como coisas objetivas à espera de descoberta nos dados. Eles podem ser treinados na habilidade crucial de sobrevivência que é ser capaz de articular a metodologia da pesquisa qualitativa de forma convincente e sem recorrer a jargão para plateias científicas não familiarizadas com tais abordagens do conhecimento, por exemplo ao responder perguntas sobre tamanho de amostragem, generabilidade, parcialidade, reprodutibilidade e outras preocupações positivistas que perseguem permanentemente (e aterrorizam) os estudantes de pesquisa qualitativa na área de saúde.

Além dessas diretivas em grande parte discursivas (ou de linguagem) para a sobrevivência face ao espírito científico dominante, as chances de sobrevivência com perda metodológica mínima para os pesquisadores qualitativos críticos podem ser maiores se os ajudarmos a se aliar a fatores intelectuais e culturais congruentes que existem de forma intrínseca e natural entre os interesses dos pesquisadores qualitativos e dos profissionais de saúde. Por exemplo, os pesquisadores qualitativos críticos podem encontrar uma base de colaboração se voltarem o olhar para questões de prática clínica e assistência que falam ao coração vocacional e inclinações dos profissionais de saúde e administradores do sistema. A abordagem dessas questões pode ser fértil *tanto* para os pesquisadores qualitativos críticos *quanto* clínicos, cientistas e administradores – talvez por razões diferentes, mas mesmo assim úteis pelas oportunidades que oferecem de interesse e benefício mútuo.

Os pesquisadores qualitativos podem também obter aceitação e estímulo colaborando em torno de pontos de debate e discordância ou na intersecção com conhecimento ou pensamento médico conflitante (MYKHALOVS-KIY & WEIR, 2004), como a hostilidade clínica em relação à "ciência fria" do movimento PBE (TIMMERMANS & MAUCK, 2005) ou onde profissionais de saúde e pesquisadores têm o interesse mútuo de revelar histórias inéditas ou fazer ouvir vozes ainda mantidas em silêncio.

O desafio aqui, no entanto, é mais uma vez como alinhar os pesquisadores qualitativos às preocupações práticas do mundo ao redor sem perder o controle da concepção do problema da pesquisa nem comprometer princípios metodológicos. Particularmente em risco em pesquisa aplicada é a noção de teoria como ferramenta metodológica primordial em PQ. Em ciências sociais, as questões teóricas são uma forma aceita de saber por direito próprio, mas em muitas áreas de pesquisa em saúde a teoria não é geralmente um ponto a investigar, esperando-se que seja subordinada à solução de problemas práticos de saúde ou mesmo inteiramente eliminada para evitar distração face aos fatos empíricos.

Em suma, o ensino para a sobrevivência pode incluir o "encaixe" acomodativo à prática científica dominante sem comprometer a metodologia qualitativa e a descoberta de um terreno comum através do alinhamento a questões práticas de interesse dos profissionais de saúde e dos que tomam decisões no setor. As duas coisas exigem fina "sensibilidade" e percepção sutil que podem ser em parte adquiridas durante a formação acadêmica, mas sobretudo se aprimoram com o tempo e experiência de campo. Ambas requerem certas condições estruturais para serem praticadas de forma eficaz – condições (como a segurança de um emprego acadêmico) que podem não ser acessíveis para pesquisadores novatos. Questão que voltaremos a examinar na seção deste capítulo sobre perspectivas futuras.

Ligação com uma comunidade de praticantes

Outra estratégia sistêmica na formação de pesquisadores qualitativos críticos é dar acesso a uma "comunidade de praticantes" (um grupo de pessoas com atividades ou interesses profissionais comuns). A participação em uma rede existente de colegas já estabelecidos é essencial na educação de pesquisadores, na sua iniciação profissional e como apoio contínuo. Embora em geral os pesquisadores qualitativos em saúde acabem buscando comunidades de pesquisa ligadas a seus interesses de estudo (p. ex., envelhecimento,

HIV, acesso aos serviços de saúde), seu *status* científico marginal e as lutas que isso envolve levam muitos a procurar também pesquisadores de pensamento metodológico semelhante em busca de apoio, assistência prática e uma sensação de legitimidade e pertencimento.

Para os pesquisadores qualitativos em saúde, no entanto, essa socialização não ocorre de modo natural na própria área da saúde, pois os colegas em potencial estão dispersos e isolados em muitas instituições diferentes. Fortes "comunidades de praticantes" têm que ser, portanto, deliberadamente construídas para dar apoio aos pesquisadores novos ou já estabelecidos na profissão. Há muitas maneiras de fazê-lo, inclusive organizando sistemas de comunicação (que discutiremos na seção seguinte deste capítulo), que servem para manter redes interligadas de pesquisadores, divulgar modalidades de pensamento metodológico e de postura crítica, e alimentar um debate metodológico e teórico contínuos.

Além de propiciar o crescimento intelectual, uma comunidade de praticantes fornece a infraestrutura básica para facilitar e desenvolver a prática de PQC na área de ciências da saúde: referências para empregos, cartas de recomendação, resenhas promocionais, avaliação para publicação e financiamento, entre outros. Uma forte comunidade de praticantes pode ser chave para dar visibilidade, legitimidade e autoridade institucional à PQC e seus profissionais e para erigir em entidade o "campo" da pesquisa qualitativa em saúde.

Discuti uma série de estratégias gerais para preparar pesquisadores qualitativos críticos para a vida no ambiente de desafio das ciências da saúde, Mas estratégias não se implementam sozinhas. Para serem postas em ação, precisam ser adotadas dentro de uma estrutura organizacional e amarradas a processos institucionais existentes e operantes. A seção seguinte traz o caso ilustrativo de um programa educacional de PQ em ciências da saúde: o CCQHR da Universidade de Toronto.

Pondo a estratégia para funcionar: o exemplo do CCQHR

Após uma breve exposição sobre o caráter geral e organização do CCQHR, descrevo e discuto algumas formas como o centro adotou – com sucesso ou não – as estratégias mencionadas acima para lidar com o contexto ideológico e institucional de desafio em que a PQ é ensinada e praticada.

CCQHR, um estranho no ninho

O CCQHR é um polo universitário informal para ensinar pesquisa qualitativa em saúde e dar suporte à comunidade de pesquisadores qualitativos espalhados pelas diversas ciências, centros de pesquisa e instituições da área de saúde ligados à universidade. Tem congregado de forma crescente e ativa os corpos docente e estudantil desde o início da década de 1990, mas foi rebatizado e formalmente constituído em 2009 em ação conjunta das faculdades de Saúde Pública e de Enfermagem, com parceria de vários outros departamentos e faculdades de ciências da vida e da saúde, incluindo Reabilitação, Farmácia, Ciências Médicas, Cinesiologia e Educação Física, Assistência Social, Administração e Política de Saúde.

Os objetivos do centro são: a capacitação crítica e teoricamente informada em pesquisa qualitativa de saúde nos níveis local, nacional e internacional; ancorar, interligar e dar suporte a pesquisadores qualitativos nas diversas disciplinas, profissões e instituições de saúde; e defender e propiciar a mudança no ambiente de pesquisa acadêmico e da saúde, de modo a otimizar o ensino e a prática da PQ.

Funcionando com base na colaboração livre de professores/pesquisadores e com um modesto orçamento de verbas arrecadadas por conta própria, o CCQHR tem no comando um diretor, um grupo ativo de pesquisadores e instrutores de várias universidades e ambientes de pesquisa e um estudante atuando meio período como assessor administrativo. Uma lista de "membros" interessados que recebem correspondência eletrônica regular inclui aproximadamente 900 docentes, estudantes e pesquisadores, a maioria de Toronto, mas também de outras partes do país e do exterior. Um site de internet[IV] dá livre-acesso a recursos de pesquisa e ensino, como súmulas de disciplinas, gravações de seminários e vídeos educativos. O centro desenvolve ampla gama de atividades, como disciplinas de metodologia, seminários gratuitos, oficinas, cursos, programa de visitas de professores do exterior, treinamento e aperfeiçoamento para o ensino, produção de materiais educativos, financiamento de pesquisa e aconselhamento para publicação. Duas atividades em especial são nucleares para a existência do CCQHR: seu programa de disciplinas de pós-graduação integradas e interdisciplinares em metodologia qualitativa e a série de seminários[v].

O centro tem sido propositalmente dirigido de maneira um tanto informal, fora da taxonomia oficial de estruturas administrativas da universidade. Há várias razões para isso, entre elas a busca de flexibilidade de organização, autonomia administrativa e liberdade de não ser ortodoxo. Por conseguinte, o CCQHR funciona como uma espécie de elemento alienígena no corpo das ciências da saúde: não apenas um "estranho no ninho"[vi] que pode operar *contra* o próprio espírito da instituição em geral, mas também um "membro externo" que tem que trabalhar *com* o espírito da instituição devido à sua condição marginal na hierarquia das ciências da saúde. Essa situação favoreceu os mecanismos específicos usados pelo CCQHR para ativar suas estratégias centrais.

Mecanismos de ativação

Como já dissemos, um requisito primordial para formar pesquisadores de saúde em PQC é a presença organizacional. Embora seja mais uma organização virtual do que um lugar físico, o CCQHR adquire "realidade" pelo nome, o logotipo, os integrantes, os programas de formação, seu website, a finalidade declarada e assim por diante, o que o constitui como entidade que pode ser vista e ouvida por seus próprios membros e pela comunidade de pesquisa de fora. Todas as diversas atividades já aconteciam por mais de uma década antes da formalização e reconhecimento como organização, mas a "presença organizacional" que veio com isso tornou a existência e as atividades do centro muito mais visíveis do que antes e o impulsionaram em uma marcha mais potente.

A expansão da série de disciplinas de metodologia do CCQHR veio com a oportunidade criada pelos departamentos de ciências da saúde que não dispunham de conhecimentos próprios para fornecer a formação qualitativa que os estudantes buscavam. Isso levou a consolidar a especialização no CCQHR e ajudou a dar uma posição mais importante à PQ na área da saúde em geral. A presença organizacional permite a execução de todas as estratégias do CCQHR para enfrentar os desafios do ensino de PQC no âmbito das ciências da saúde, e as estratégias, por sua vez, contribuem para a presença organizacional do centro.

A segunda estratégia, de educar para a "excelência" metodológica, tem sido fundamental na abordagem adotada pelo CCQHR para a formação em PQ. A formação de alto nível é enfatizada no programa de metodologia do CCQHR e espera-se que os estudantes de doutorado façam teses qualitativas, exigidas para se obter o certificado de metodologia qualitativa e reconhecidas com premiação estudantil anual por excelência metodológica. Encontros regulares de instrutores do curso de metodologia são realizados para troca de experiências no uso de recursos e estratégias pedagógicas visando um desempenho mais elevado dos estudantes. A prioridade para a formação avançada tem como objetivo elevar o nível da PQ em geral e dar aos estudantes (e ao próprio centro) maior competitividade no campo da pesquisa médica e de saúde. E serve também para estimular o interesse e envolvimento no programa letivo por parte dos professores de que o centro depende, promovendo o desenvolvimento profissional (ensinar metodologia de pesquisa eleva a qualidade das próprias pesquisas conduzidas pelos docentes).

A ênfase em metodologia avançada tem sido por vezes desafiada por pressão administrativa para acomodação à demanda estudantil do nível básico e para a maximização das fórmulas de financiamento baseadas nessa demanda. Esse posicionamento estratégico também tem sido criticado como elitista, excludente e "acadêmico" demais para certas aplicações práticas da pesquisa qualitativa (p. ex., avaliação de programa ou pesquisa participativa), mas o CCQHR tem sido capaz até agora de manter o foco na profundidade em vez da amplitude.

O terceiro modo de abordar os problemas para formação de pesquisadores qualitativos em saúde – a estratégia para a sobrevivência – também foi adotado pelo CCQHR. Além de ajudar os estudantes a encontrar maneiras e locais de colaboração e "encaixe" no mundo das ciências da saúde sem se desviar muito de uma plataforma interpretativa crítica, o CCQHR incorporou em seu currículo as instruções de sobrevivência. Os estudantes aprendem a descrever sua metodologia, de modo a passar na inspeção das autoridades e vigilantes de pesquisa que não entendem ou respeitam a PQ. Por exemplo, ensina-se como apresentar a PQ em propostas para financiamento e para análise de comissões de ética de forma a maximizar as chances de sucesso, como lidar com opiniões conflitantes em juntas examinadoras de tese com integrantes pró e antiqualitativos, como se dirigir e responder a plateias não qualitativas em congressos de saúde, como redigir textos qualitativos de modo que sejam aceitos para publicação e assim por diante.

Sobreviver "encaixando-se" na ortodoxia das ciências da saúde sem perder o valor agregado pela PQC pode não ser, porém, uma perspectiva realista para todos os pesquisadores qualitativos, especialmente os que trabalham fora do mundo acadêmico. Por exemplo, os que trabalham em órgãos do governo ou em agências de pesquisa e consulta privada podem não ter a liberdade de se dedicar a uma PQ crítica ou interpretativa. O CCQHR talvez tenha que rever essa estratégia de acordo com o contexto prático.

A abordagem de sobrevivência mais amplamente tentada (ou visada) nas atividades letivas do CCQHR é a capacidade de articular de forma convincente a natureza e a lógica da metodologia da PQC para os que não a praticam. Aí, o potencial de sobrevivência reside não em esconder ou modificar as características metodológicas para ser aceito, mas em levar os praticantes do paradigma dominante de pesquisa a reconhecer que a PQC é uma forma respeitável e válida de produção de conhecimento por direito próprio. Esta é, naturalmente, a abordagem mais difícil de praticar e ensinar.

A estratégia final para formar pesquisadores qualitativos de alta capacidade na área de saúde é criar uma forte comunidade de praticantes. O CCQHR trabalha na criação dessa comunidade de pesquisa funcionando – simbólica e materialmente – como uma base de apoio intelectual para os pesquisadores qualitativos em saúde que podem ter poucos colegas em sua instituição com quem discutir uma pesquisa de forma proveitosa. A série regular de seminários do CCQHR tem sido um mecanismo vital para o trabalho em rede e a troca de ideias em um ambiente sem necessidade de explicação e justificação constantes da posição metodológica do pesquisador. O CCQHR tem montado cuidadosamente esses seminários para atrair uma ampla participação, focando mais em temas teóricos ou metodológicos do que no informe de resultados de projetos de pesquisa específicos. Professores e estudantes frequentam os seminários numa base média respectiva de 60/40%, proporção muito significativa do papel dos seminários no CCQHR. Os expositores são escolhidos para mostrar o nível do pensamento metodológico e de postura crítica (tanto em relação ao tema do debate quanto à metodologia) endossados pelo CCQHR e para alimentar a discussão metodológica e teórica (cf. arquivo de seminários[VII]). Isso, por sua vez, contribui para o desenvolvimento do discurso comum e dos contatos pessoais que constituem uma comunidade de praticantes, servindo então como instrumento de educação e apoio profissional para novos pesquisadores qualitativos em saúde. O CCQHR descobriu que metodologia e teoria são, pelo menos em parte, uma boa base para conexão de uma comunidade, dado que a situação marginal da pesquisa qualitativa na área de saúde pode unir mais intimamente seus praticantes.

Criar uma comunidade de prática para pesquisadores qualitativos, no entanto, não é tão simples quanto parece. Por enfatizar as formas de pesquisa críticas e teoricamente fundadas, a "comunidade" do CCQHR pode ser tida como purista ou intolerante da diversidade metodológica. Esse posicionamento do CCQHR foi uma decisão calculada, mas a orientação talvez tenha que ser reexaminada face a mudanças no campo prático, inclusive a potencial divisão da comunidade de pesquisa qualitativa observada por Cheek (2007).

Em síntese

Neste capítulo identifiquei aspectos do contexto histórico, ideológico e institucional mais amplo que enquadram a pesquisa qualitativa como uma "transgressão" no campo da pesquisa em saúde e analisei a situação do ensino de PQ nesse cenário. A atividade letiva tem se deparado com a contradição de um interesse e demanda crescentes pela formação de pesquisadores qualitativos em saúde e, ao mesmo tempo, a adesão cada vez maior em ciências da saúde a uma ortodoxia que se opõe à investigação qualitativa. Argumentei que a fusão dessas correntes contraditórias, combinada a estruturas educacionais nada receptivas à formação de profissionais qualitativos de alto nível, está relacionada ao surgimento de formas pós-positivistas de PQ que colocam novos desafios à PQC.

O capítulo descreve várias estratégias para dinamizar a prática e o ensino de formas interpretativas de pesquisa qualitativa em saúde: o estabelecimento de presença organizacional, a educação em profundidade ("excelência metodológica") em vez de amplitude, adaptação pragmática para aumentar as chances de sobrevivência do pesquisador e a construção e manutenção de uma comunidade de praticantes para dar aos pesquisadores qualitativos um "lar" intelectual e a base institucional de apoio para construir suas carreiras na área de saúde em contraposição às tendências dominantes da prática científica.

Um exemplo efetivo de como essas estratégias podem ser colocadas em prática é o coletivo de pesquisa do CCQHR da Universidade de Toronto. A condição mista de pertencimento do CCQHR, ao mesmo tempo alheio e membro das ciências da saúde, molda o seu papel de baluarte institucional contra um discurso científico e estruturas institucionais divergentes, ajudando a criar condições e mecanismos de otimização educacional que permitem aos novos pesquisadores aprender como praticar da melhor maneira um ofício transgressor.

O futuro do ensino de PQC na terra do ECR

O futuro do ensino de pesquisa qualitativa crítica em saúde está intrinsecamente amarrado à situação mais geral da PQ na área de saúde. Observo uma série de mudanças em andamento com implicações para a educação e a construção de competência. Primeiro, com a visão adquirida ao longo da minha carreira na área de saúde, percebo um declínio no uso da teoria social como elemento-chave da PQ. Há muitas razões para isso: as "limitações culturais" mais amplas para a inclusão da teoria social em ciências médicas

(ALBERT, 2009; ALBERT et al., 2014; ROSSITER & ROBERTSON, 2014); a proporção decrescente de universitários com formação em ciências sociais ou humanidades estudando ciências da saúde; o encolhimento dos programas de pós-graduação e outros empecilhos para o aprendizado interdisciplinar; e impedimentos estruturais a esse tipo de formação interdisciplinar, como a competição por recursos dentro da universidade. Sejam quais forem as razões, a perspectiva de um crescente "desvinculamento" da teoria social (ALBERT et al., 2014) me preocupa porque os problemas ligados à saúde aos quais a PQ tem mais a oferecer são fundamentalmente problemas sociais, e sem um cordão umbilical conceitual com a teoria das ciências sociais a pesquisa qualitativa em saúde perderá muito do seu poder para entendê--los e explicá-los.

Esse afastamento da teoria social na pesquisa qualitativa em saúde pode ser visto como parte de uma colonização mais ampla ou absorção da PQ pelas ciências hegemônicas na área de saúde. A apropriação da pesquisa qualitativa por modos dominantes de investigação alinha-se perfeitamente com um discurso emergente sobre um desejável pluralismo metodológico e especialmente com o interesse crescente por "métodos mistos" (MM) no campo da pesquisa em saúde (p. ex., CRESWELL, 2015; MORSE & NIEHAUS, 2009) e uma perspectiva pragmática que privilegia "o que funciona" (CRESWELL; KLASSEN; PIANO CLARK & CLEGG SMITH, 2011). Os projetos de pesquisa MM tendem a colocar a PQ em um papel secundário *de serviço* na parceria, posicionando-a principalmente como um complemento à pesquisa central (p. ex., pesquisa epidemiológica ou quantitativa de serviços de saúde) para melhorar a mensuração, gerar novas variáveis, humanizar as estatísticas, aumentar a receptividade entre os participantes ou os usuários finais da pesquisa e explicar resultados conflitantes ou inesperados – em suma, um papel "paramédico" na definição de Greene, Caracelli e Graham (1989). Embora as implicações metodológicas dos MM estejam sendo debatidas nas ciências sociais (p. ex., MORGAN, 2007; SMALL, 2011) e tenham sido levantadas importantes questões de compatibilidade filosófica, o problema dos paradigmas epistemológicos incompatíveis é ignorado por muitos defensores dos MM em pesquisa de saúde (GREENE, 2007; GREENE et al., 1989).

O afastamento da PQ em relação à teoria social e sua colonização pelas ciências dominantes da saúde, junto com o inchaço de matrículas nos cursos introdutórios de pesquisa qualitativa nesse campo, sem que a maioria dos inscritos prossiga para níveis mais avançados, tudo isso indica uma crescente pragmatização e "positivização" da PQ. A meu ver, é um presságio de possível "emburrecimento" da PQ, em profunda divergência com a investigação qualitativa crítica em saúde; corre-se o risco de minar o seu maior potencial, que é o questionamento dos "dados" e a capacidade de "ver" de novas maneiras os fenômenos relacionados à saúde.

No entanto, o interesse pelos métodos qualitativos no campo da saúde continua forte e cada vez mais pesquisadores têm pelo menos algum conhecimento do que as abordagens qualitativas podem proporcionar. São estimulantes o próprio nascimento, a sobrevivência e o crescimento de um centro transgressor como o CCQHR (e com a palavra "crítica" no nome, vejam só!) no coração da terra do ECR. Se é algo que pode ocorrer aqui, também pode em outros lugares, dada a conjunção de pessoas, circunstâncias e estratégia certas. Pesquisadores formados no CCQHR prosseguiram e se multiplicaram, estão formando estudantes à sua imagem e inventando suas próprias modalidades de suporte institucional à maneira do CCQHR. Alguém simplesmente não *faz* PQ: é um pesquisador qualitativo. Essa identidade e maneira de pensar pode ser mantida em espera por várias razões (p. ex., nos anos que antecedem a titulação em uma faculdade de ciências da saúde ou por um contrato de trabalho), mas vai voltar à tona assim que surgirem as condições adequadas.

Creio que as formas críticas e interpretativas de pesquisa qualitativa permanecerão sempre à margem em ciências da saúde e, da mesma forma, o ensino de metodologia de PQC continuará sendo uma atividade transgressiva. Mas a "transgressividade" é, sob vários aspectos, a própria alma da PQ, o que lhe dá energia e a torna não complacente. A "transgressividade" e a marginalidade metodológica ante a ciência dominante são, em última análise, mais uma vantagem do que um peso. Por exemplo, embora os pesquisadores qualitativos em saúde lutem com a necessidade incessante de ter que falar e ouvir respeitando fronteiras disciplinares e metodológicas, creio que isso tem importantes benefícios colaterais, como aguçar as habilidades investigativas em cada momento do processo de pesquisa e propiciar um grau de clareza conceitual e autoconsciência metodológica que não poderia surgir no conforto de uma homogeneidade intelectual.

Formar pesquisadores qualitativos para o futuro requer uma passagem da defesa para o ataque, particularmente o ensino de uma nova maneira de se relacionar com as ciências da saúde. Por exemplo, no caso dos MM, pode ser melhor adotar essa tendência emergente do que rejeitá-la ou ser colonizado por ela. Uma possibilidade é reverter a relação serviçal colocando a PQ ao volante no lugar da pesquisa quantitativa, como no "projeto de métodos mistos qualitativamente orientado" (MORSE & NIEHAUS, 2009). Outra é ensinar pesquisa de paradigma cruzado, mantendo a integridade paradigmática mas produzindo novas perspectivas a partir de perspectivas diferentes (KIDDER & FINE, 1987), que é a passagem de um papel subordinado para um papel gerador. Ou então, se os métodos que estão sendo misturados adotam uma perspectiva crítica, podem produzir um novo "terreno comum" capaz de criar oportunidades para superar a diferença de paradigma ou desenvolver uma nova forma de pesquisa.

Seja como for, do ponto de vista educativo a questão é transmitir uma nova postura para a "dança com o diabo", sinalizando uma mudança no discurso de oprimido que se desculpa, que sempre acompanhou a dupla posição dos pesquisadores qualitativos em saúde enquanto "estranhos no ninho" e "membros externos" – uma mudança que libere energia para assumir os riscos metodológicos e ser criativos.

AGRADECIMENTOS

Sou muito grata a Brenda Beagan, Mary Ellen MacDonald (e seu grupo de estagiários) e Elaine Power pelas revisões extremamente úteis que fizeram deste capítulo e a Eric Mykhalovskiy, meu colega de conspiração, cuja voz se oculta em boa parte do meu pensamento.

Notas finais

I – Essa edição especial de *Qualitative Inquiry* é sobre o ensino de pesquisa qualitativa como prática "transgressiva" em vários locais marginalizados dos pontos de vista disciplinar e geopolítico. Uso o termo "transgressivo" simplesmente no sentido de violação de práticas ou expectativas aceitas ou impostas.

II – O discurso da marginalização tem suporte empírico: por exemplo, a volumosa literatura sobre a "divisão" qualitativa-quantitativa, debates sobre a avaliação de pesquisa qualitativa em saúde (EAKIN, MYKHALOVSKIY & GIBSON, 2012), documentação empírica sobre o limitado reconhecimento dado aos cientistas sociais (incluindo os que fazem pesquisa qualitativa) no campo da pesquisa em saúde (ALBERT; PARADIS & KUPER, 2015), os efeitos dos movimentos de responsabilização, privatização e "regime de ranqueamento" para publicação de pesquisa qualitativa (LINCOLN, 2012), prioridade dos testes aleatórios sobre formas alternativas de raciocínio ontológico e epistemológico em ciências da saúde (TIMMERMANS & MAUCK, 2005) e pesquisa de "método misto" (CHRIST, 2014).

III – Como se promove atualmente na Universidade de Toronto, p. ex.

IV – www.ccqhr.utoronto.cawww.ccqhr.utoronto.ca

V – http://www.ccqhr.utoronto.ca/graduate-education and http://www.ccqhr.utoronto.ca/speaker-series

VI – Caracterização oportuna sugerida por Ping Chun Hsiung, colega na Universidade de Toronto.

VII – Resumos de palestras nos seminários do Centro de Pesquisa Qualitativa Crítica em Saúde (CCQHR) podem ser acessados em http:// www.ccqhr.utoronto.ca/speaker-series/archive

Referências

ALBERT, M. (2009). "Boundary-Work in the Health Research Field: Biomedical and Clinician Scientists' Perceptions of Social Science Research". In: *Minerva,* 47, p. 171-194.

ALBERT, M. & PARADIS, E. (2014). "Social scientists and humanists in the health research field: a clash of epistemic habitus". In: KLEINMAN, D.L. & MOORE, K. (eds.). *Handbook of Science, Technology & Society.* Londres/ Nova York: Routledge, p. 369-387.

ALBERT, M.; PARADIS, E. & KUPER, A. (2015). "Interdisciplinary promises versus practices in medicine: The decoupled experiences of social sciences and humanities scholars". In: *Social Science & Medicine,* 126, p. 17-25.

ATKINSON, P. & COFFEY, S. (2003). *Key Themes in Qualitative Research*: Continuities and Changes. Walnut Creek, CA: Altamira Press [cap. 3, "Whose side are we on?"], p. 71-96.

BECKER, H. (1967). "Whose side are we on?" In: *Social Problems,* 14, p. 239-248.

BELL, K. (2012). "Cochrane reviews and the behavioural turn in evidence--based medicine". In: *Health Sociology Review,* 21 (3), p. 313-321.

CHAMBERLAIN, K. (2000). "Methodolatry and qualitative health research". In: *Journal of Health Psychology,* 5 (3), p. 285-296.

CHEEK, J. (2007). "Qualitative inquiry, ethics, and politics of evidence". In: *Qualitative Inquiry,* 13 (8), p. 1.051-1.059.

CHRIST, T. (2014). "Scientific-based research and randomized controlled trials, the 'gold' standard? – Alternative paradigms and mixed methodologies". In: *Qualitative Inquiry,* 20 (1), p. 72-80.

CLARKE, A. & KELLER, R. (2014). "Engaging complexities: Working against simplification as an agenda for qualitative research today – Adele Clarke in conversation with Reiner Keller". In: *Forum Qualtiative Socialforschung / Forum: Qualitative Social Research,* 15 (2), art. 1.

CONRAD, P. & KERN, R. (eds.). (1981). *The sociology of health and illness*: Critical perspectives. Nova York: St. Martin's Press.

CRESWELL, J. (2015). *A concise introduction to mixed methods research.* Thousand Oaks, CA: Sage.

CRESWELL, J.; KLASSEN, A.; PIANO CLARK, V. & CLEGG SMITH, K. (2011). *Best Practices for Mixed Methods in the Health Sciences.* Office of Behavioral and Social Sciences Research of the National Institutes of Health [USA].

DALY, J.; WILLIS, K.; SMALL, R.; GREEN, J.;WELCH, N.; KEALY, M. & HUGHES, E. (2007). "A hierarchy of evidence for assessing qualitative health research". In: *Journal of Clinical Epidemiology,* 60, p. 43-49.

EAKIN, J. & MYKHALOVSKIY, E. (2005). "Teaching Against the Grain. Conference Report: A National Workshop on Teaching Qualitative Research in the Health Sciences". In: *Forum Qualitative Sozialforschung / Forum: Qualitative Social Research,* 6 (2), art. 42. Extraído de http://www.qualitative-research.net/fqs-texte/a5b6c7/05-2-42-e.htm

_____ (2003). "Reframing the evaluation of qualitative health research: Reflections on a review of assessment guidelines in the health sciences". In: *Journal of Evaluation in Clinical Practice,* 9 (2), p. 187-194.

EAKIN, J.; MYKHALOVSKIY, E. & GIBSON, B. (2012). "R.I.P. checklists: Breathing new life into the evaluation of qualitative research in the health sciences" [Apresentação de painel na plenária da Conferência sobre Pesquisa Qualitativa em Saúde do Instituto Internacional de Metodologia Qualitativa. Montreal, 25/10].

EISENHART, M., & JUROW, S. (2011). "Teaching Qualitative Research". In: DENZIN, N. & LINCOLN, Y. (eds.). *The Sage Handbook of Qualitative Research*. Thousand Oaks, CA: Sage, p. 699-715.

GASTALDO, D.; MARKOULAKIS, R. & HOWSE, D.T. (2013). *The Centre for Critical Qualitative Research 2009-2013*: Appraisal of contributions to teaching and research. Toronto: Universidade de Toronto. Extraído de http://www.ccqhr.utoronto.ca/about-cq/activities/report

GLASER, B. & STRAUSS, A. (1967). *The Discovery of Grounded Theory*. Chicago: Aldine.

GREENE, J. (2007). *Mixed Methods in Social Inquiry*. São Francisco: John Wiley & Sons.

GREENE, J.; CARACELLI, V. & GRAHAM, W. (1989). "Toward a Conceptual Framework for Mixed-Method Evaluation Designs". In: *Educational Evaluation and Policy Analysis*, 11 (3), p. 255-274.

HODGINS, M., & BOYDELL, K. (2013). "Interrogating Ourselves: Reflections on Arts-Based Health Research". In: *Forum Qualitative Sozialforschung/ Forum:Qualitative Social Research*, 15 (1), art.10.

JADAD, A. (1998). *Randomized Controlled Trials*: A Users Guide. BMJ Books.

KIDDER, L. & FINE, M. (1987). "Qualitative and quantitative methods: When stories converge". In: MARK, M. & SHOTLAND, R. (eds.). *Multiple methods in program evaluation* – New Directions for Program Evaluation. São Francisco: Jossey-Bass, p. 57-75.

KINCHELOE, J. & McLAREN, P. (2003). "Rethinking Critical Theory and Qualitative Research". In: LINCOLN, Y. & DENZIN, N. (eds.). *The Landscape of Qualitative Research*: Theories and Issues. Thousand Oaks, CA: Sage, p. 433-488.

LAVIS, J. N.; ROBERTSON, D.; WOODSIDE, J.; MCLEOD, C. & ABELSON, J. (2003). "How can research organizations more effectively transfer research knowledge to decision makers?" In: *Milbank Quarterly*, 81 (2), p. 221-222.

LINCOLN, Y. (2012). "The political economy of publication: Marketing, commodification, and qualitative scholarly work". In: *Qualitative Health Research*, 22 (1), p. 1.451-1.459.

MALTERUD, K. (2001). "Qualitative research standards, challenges, and guidelines". In: *The Lancet*, 358 (9.280), p. 483-488.

MISAK, C. (2010). "Narrative evidence and evidence-based medicine". In: *Journal of Evaluation in Clinical Practice*, 16, p. 392-397.

MORGAN, D. (2007). "Paradigms lost and pragmatism regained – Methodological implications of combining qualitative and quantitative methods". In: *Journal of Mixed Methods Research*, 1 (1), p. 48-76.

MORSE, J. & NIEHAUS, L. (2009). *Mixed Method Design*: Principles and Procedures. Walnut Creek, CA: Left Coast.

MYKHALOVSKIY, E. & WEIR, L. (2004). "The problem of evidence-based medicine: Directions for social science". *Social Science & Medicine*, 59, p. 1.059-1.069.

POPE, C. & ZIEBLAND, S. (2000). "Analysing qualitative data". In: *British Medical Journal*, 320, 08/01, p. 114-116.

ROSSITER, K. & ROBERTSON, A. (2014). "Methods of resistance: A new typology for health research within the neoliberal knowledge economy". In: *Social Theory & Health*, 12 (2), p. 197-217.

SANDELOWSKI, M. (2004). "Using qualitative research". In: *Qualitative Health Research*, 14 (10), p. 1.366-1.386.

SMALL, M. (2011). "How to conduct a mixed methods study: Recent trends in a rapidly growing literature". *American Review of Sociology*, 37, p. 57-86.

THORNE, S. (2008). *Interpretive Description*. Walnut Creek, CA: Left Coast Press.

TIMMERMANS, S. & MAUCK, A. (2005). "The promises and pitfalls of evidence-based medicine". In: *Health Affairs*, 24 (1), p. 18-28.

11
Usos da pesquisa qualitativa na saúde: algo além da divulgação dos resultados?[*][1]

Francisco Javier Mercado-Martínez
Leticia Robles-Silva

Introdução

Nos últimos anos, iniciativas e propostas foram geradas em diversas áreas e disciplinas, tal como no caso da saúde, tentando responder à pergunta sobre o que fazer com os resultados das pesquisas. Este assunto não tem sido apenas objeto de interesse por parte de pesquisadores desta área, mas também de organismos internacionais. Entre outros, enquanto a Organização Mundial da Saúde organiza fóruns sobre o uso da pesquisa para elaborar políticas de saúde, direcionar a alocação dos recursos e promover estratégias de integração entre a pesquisa e a ação, as agências de financiamento se perguntam cada vez mais sobre a aplicação dos resultados nos projetos financiados com seus recursos (ELIAS & PATROCLO, 2005; COHRED, 2006).

Vários modelos ou enfoques foram identificados sobre o tema em questão. Weiss (1979), uma pioneira neste campo, identifica sete modelos de "utilização do conhecimento": o conhecimento direcionado, a solução de problemas, o interativo, o político, o tático, o iluminador/esclarecedor e o empreendedor. Raymond Boudon (2004), por sua vez, aponta que durante os últimos dois séculos as ciências sociais tiveram finalidades diferentes em

---

* Tradução de Maria Idalina Ferreira.
1. Originalmente publicado sob o título "Los usos de la investigación cualitativa en salud ¿algo más allá de la difusión de resultados? In: *Investigación y Educación en Enfermería*, XXVI (2), 2008, p. 48-59. As organizadoras agradecem a cessão do artigo para publicação nesta obra. Os autores agradecem a Xóchitl Fuentes e a Vázquez pelo apoio na edição do documento. Também a Esther Wiesenfeld e a Euclides Sánchez por seus valiosos comentários a uma versão anterior.

função de sua natureza teórica. Para este autor, a sociologia informativa ou de consultoria produz dados e análises orientadas para a tomada de decisões; a crítica identifica os defeitos da sociedade e propõe remédios para curá--los; a compreensiva descreve os fenômenos sociais de uma maneira vívida ao tentar despertar emoções; e a cognitiva tem como objetivo explicar fenômenos sociais enigmáticos.

Esse debate também chegou ao campo da pesquisa qualitativa. Lincoln e Guba (2000) argumentam que existe um tipo de difusão para cada paradigma; segundo eles, os pesquisadores com uma postura positivista atuam como atores "desinteressados" que informam os tomadores de decisão, os que elaboram políticas públicas e os agentes da mudança social; enquanto aqueles que atuam sob um paradigma construtivista tendem a se tornar "participantes apaixonados" e facilitadores de uma reconstrução de múltiplas vozes. Em um trabalho mais recente, Denzin e Lincoln (2005) colocam que, em etapas futuras, a pesquisa qualitativa terá de se guiar pelo propósito de justiça social e responder às necessidades dos outros mais do que às do pesquisador (ver capítulo 2 de Peñaranda e Bosi).

Um olhar sobre a produção da pesquisa qualitativa em saúde nos países latino-americanos evidencia que o tema da utilização dos resultados parece estar reduzido à tradicional difusão dos mesmos, ou seja, à sua publicação nos meios acadêmicos. Ou melhor, parece haver uma lacuna e um desinteresse notório, uma vez que há poucas reflexões e propostas sobre o tema. As poucas alusões, em geral, reproduzem as colocações dos autores anglo-saxões em matéria de publicações, ainda que sejam frequentemente enquadradas em um discurso crítico e de contestação, enfatizando um compromisso com os grupos participantes no estudo, bem como com a população, sobretudo com os grupos mais frágeis ou excluídos.

Diante deste panorama, o presente capítulo tem como objetivo apresentar uma série de reflexões sobre o destino dos resultados da pesquisa qualitativa na área da saúde na América Latina. Para isso, dividimos o trabalho em duas partes. Na primeira, descrevemos três enfoques vigentes sobre a difusão e a aplicação dos resultados da pesquisa em geral, que são agrupados em função do ator a quem se dirige: à universidade, aos que elaboram políticas e programas de saúde e à população. Na segunda parte, expomos vários tópicos que nos parecem centrais para promover um debate em torno de uma proposta de difusão e aplicação dos resultados da pesquisa qualitativa, particularmente no contexto latino-americano.

1 Três enfoques sobre a difusão e a utilização dos conhecimentos

a) O enfoque dirigido à universidade

Este enfoque se concentra na geração e na difusão do conhecimento a partir do e para o consumo dos grupos acadêmicos. Seu pressuposto é que o pesquisador cumpre seu mandato quando põe o conhecimento gerado à disposição de outros pesquisadores, assumindo que qualquer pessoa pode acessá-lo e utilizá-lo quando necessário. Isso implica, por conseguinte, que sua difusão deve ser feita por meio de publicações adequadas para que esteja à disposição dos interessados por tal conhecimento.

No caso dos países latino-americanos, esse enfoque esteve intimamente ligado à ideia do atraso científico e tecnológico. Por exemplo, nos diagnósticos de organismos internacionais, de secretarias, de ministérios, de universidades e de agências nacionais, faz-se permanentemente alusão a tal defasagem científica, a qual normalmente se evidencia quando se comparam os indicadores em matéria científica ou tecnológica dos países, das instituições ou dos pesquisadores da América Latina em relação aos países desenvolvidos ou de altas rendas, como Estados Unidos, Japão e os da União Europeia. Por isso, no início do século XXI continua a se reiterar a persistência de um abismo entre os países como Argentina, México e Brasil em relação aos Estados Unidos, uma vez que a produção científica dos três países latino-americanos representa menos de 5% das publicações em nível mundial, enquanto o número para este último sobe a 34% (CONSEJO NACIONAL DE CIENCIA Y TECNOLOGÍA, 2006). Com base nesse discurso, políticas e programas de ciência e tecnologia foram elaborados para resolver essas defasagens ao longo das décadas. Entre outras estratégias, insiste-se na necessidade de aumentar o orçamento para fortalecer a ciência de acordo com os padrões internacionais, urge aumentar o pessoal com formação de pós-graduação, bem como a promoção e o fortalecimento da pesquisa ligada à geração de conhecimentos e à solução de problemas de relevância social, econômica e produtiva.

No âmbito deste enfoque se promove um modelo de difusão dos conhecimentos gerados que se dirige fundamentalmente à comunidade científica. Dentre tantas estratégias utilizadas para consolidá-lo, são concedidos apoios financeiros e recompensas aos acadêmicos e pesquisadores que cumprem as metas estabelecidas tanto por organismos internacionais como nacionais em termos de geração e de difusão da ciência e da tecnologia, ou seja, estimula-se a publicação em revistas indexadas de alto impacto e em editoras de prestígio, bem como a apresentação dos produtos científicos por caminhos tão diversos como conferências, seminários e congressos. Tais estratégias não são exclusivas da área da saúde, estão presentes na maioria das disciplinas e tipos de pesquisa em toda a região latino-americana.

Esse estilo de fazer pesquisa e de entender a difusão e a aplicação de seus resultados prioriza sua difusão para uma audiência acadêmica; portanto, um número significativo de pesquisadores, inclusive aqueles que realizam pesquisas qualitativas em saúde, dirigem seus esforços para que seus produtos cheguem a outros acadêmicos, sobretudo à chamada comunidade científica internacional. E na medida em que o pesquisador se ajusta e cumpre os princípios e a dinâmica desse modelo, adquire um estatuto com respectivo reconhecimento nacional ou internacional e, por consequência, passa a ser destinatário de prêmios e incentivos como claramente evidenciado nos casos brasileiro e mexicano, com o crescente número de pesquisadores reconhecidos como de alta produtividade. Segundo essa lógica, a prioridade é levar os resultados da pesquisa aos grupos acadêmicos, passando a segundo plano sua difusão para qualquer outro ator ou grupo social fora da universidade.

b) Um enfoque centrado na transferência, na tradução e no impacto dos resultados

Desde o final do século passado, a ênfase tem sido colocada na necessidade de transferir de forma sistemática o conhecimento gerado na pesquisa para o pessoal das organizações públicas e privadas, sobretudo para aqueles que elaboram as políticas e os programas públicos. A intenção é transferir os resultados da pesquisa para uma série de atores externos ao meio acadêmico, e principalmente aos tomadores de decisão, de forma que os conhecimentos sejam orientados para a solução dos problemas e das necessidades que se enfrentam dia a dia nos programas e serviços de saúde. A intenção desta proposta é definir a agenda a partir dos e/ou para os tomadores de decisão ou autoridades do setor.

Vários argumentos costumam embasar a lógica dessa modalidade de difusão ou de transferência dos conhecimentos. Um é a intenção de promover entre os membros das organizações e instituições públicas a capacidade de identificar e responder a situações críticas a fim de fazer mudanças rápidas e adequadas nas políticas ou nos programas públicos; outro é obter informação mais completa e tomar decisões mais bem informadas; um terceiro é o aumento da capacidade de integrar os conhecimentos que geralmente são apresentados de forma fragmentada (MURRAY & PEYREFITTE, 2002). Destacamos três tendências ou variantes dentro desse enfoque: uma prioriza o impacto dos resultados, outra a vinculação da pesquisa com o setor público-privado, e a terceira a tradução e a transferência dos conhecimentos.

O impacto dos resultados

Nos últimos anos, um número crescente de organismos financiadores, como universidades, conselhos, centros, ministérios e secretarias de Estado, tem solicitado aos pesquisadores que explicitem o impacto de seu trabalho de pesquisa em alguma esfera da sociedade, seja na instituição em que faz o estudo, no setor público ou no privado. O pressuposto é que a pesquisa deve ter impacto em um ou mais níveis da sociedade. Por exemplo, Kuruvilla e colaboradores (KURUVILLA; MAYS; PLEASANT & WALT, 2006) desenvolvem um esquema para descrever quatro níveis de impacto da pesquisa: um relacionado à própria universidade, outro que ocorre no nível da política, outro nos serviços e um último que se expressa na própria sociedade. Assim, solicita-se explicitamente no protocolo, no pedido de financiamento e no relatório de pesquisa, a especificação de quem são os usuários do conhecimento gerado, as estratégias para sua implementação e os mecanismos a serem utilizados para avaliar tal impacto, cabendo ao pesquisador não apenas a definição do objeto de estudo como também os produtos a serem obtidos, sua difusão e uso, sejam estudos quantitativos ou qualitativos. O critério do impacto do estudo passa a ocupar um papel central na avaliação e, por conseguinte, na aprovação e no financiamento dos projetos. Nesse sentido, um dos obstáculos enfrentados pelos pesquisadores qualitativos ao tentar cumprir essa exigência é que tais impactos são geralmente avaliados a partir de uma lógica epidemiológica ou econômica, o que pode ser difícil de demonstrar em alguns trabalhos de recorte qualitativo, sobretudo naqueles interessados nos processos de significação, nas experiências ou no empoderamento da população.

Uma pesquisa orientada para as necessidades do sistema de saúde

Este enfoque defende que os pesquisadores das instituições públicas não devem apenas realizar estudos motivados pelo desejo de gerar conhecimentos, mas também se preocupar com sua aplicação. Lavis e colaboradores (2005), entre outros, argumentam que uma das responsabilidades públicas dos pesquisadores é promover a relação da pesquisa com a esfera da política.

No campo da saúde, a ênfase na vinculação costuma acontecer com aqueles que elaboram as políticas públicas e os programas governamentais. Segundo Almeida e Báscola (2006), esse debate sobre o uso da pesquisa para a formulação de políticas de saúde remonta à década de 1980 e gira em torno de como essa vinculação deve ser feita levando-se em consideração os modelos teóricos disponíveis. Aqui também encontramos várias tendências sobre como materializar tal vinculação na prática e que se aplica a qualquer tipo de pesquisa.

Uma delas define a agenda de pesquisa a partir das necessidades e das propostas de algum setor governamental e até mesmo de algum grupo político. Por exemplo, na área da saúde no México, argumenta-se que os produtos da pesquisa deveriam influenciar na prática médica e na elaboração de políticas públicas, por isso a agenda da pesquisa deveria ser definida com base nas demandas do setor da saúde. A partir disso, priorizam-se as pesquisas baseadas em convênios de colaboração interinstitucional ou público-privado e onde a instituição de saúde define a agenda de prioridades (SECRETARÍA DE SALUD, 2001). No caso mexicano, o Conselho Nacional de Ciência e Tecnologia (CONSEJO NACIONAL DE CIENCIA Y TECNOLOGÍA, 2005) vem promovendo um programa de financiamento de projetos, em que os temas a serem pesquisados estão definidos nas demandas específicas das instituições do setor da saúde. Variantes dessa modalidade são cada vez mais utilizadas em outros países da região, como no Brasil e na Colômbia.

Outra tendência é a promovida por organismos internacionais, como a Organização Mundial da Saúde. Aqui, a vinculação é entre os serviços de saúde e os pesquisadores mediante a elaboração e o desenvolvimento de projetos de pesquisa em conjunto. Seguindo essa lógica, por exemplo, a Organização Pan-Americana da Saúde apoiou nos últimos anos cinco projetos dessa natureza dos quais participaram funcionários dos serviços de saúde de vários países da região. A intenção final dessa iniciativa não é apenas considerar as pessoas como receptoras ou usuárias dos resultados, como costuma ser o caso, mas também como participantes do processo de pesquisa, desde sua concepção até a aplicação dos resultados (BAZZANI; LEVCOVITZ; URRUTIA & ZARAWSKY, 2006).

A terceira tendência é aquela em que os pesquisadores participam a título pessoal ou como integrantes de um grupo, na assessoria, na avaliação e na elaboração de programas e serviços a nível nacional, regional ou local. Nesse caso, não se trata apenas de realizar uma pesquisa, mas também de recuperar as experiências desses pesquisadores convertidos em assessores para reorganizar as políticas, os programas ou os serviços a partir de suas recomendações. Esse tipo de participação tem sido relatado na área da educação, mas também é muito empregado na área da saúde. Para alguns autores, no entanto, essa vinculação acarreta riscos na tomada de decisões, entre outros, devido aos vieses decorrentes das variações nas metodologias e nos marcos teóricos utilizados, na ponderação de diferentes fatores de acordo com as preferências dos pesquisadores, bem como por ser um conhecimento descontextualizado pelo possível desconhecimento dos fatores que os afetam (SHELDON, 2005).

Tradução e transferência do conhecimento

Nos últimos anos, reconheceu-se a abrangência dos modelos até aqui apresentados de geração e uso dos conhecimentos gerados. Mas também foram objeto de críticas por sua unidirecionalidade, apesar de serem promovidos pelos pesquisadores ou pelos tomadores de decisão. Mas em países como Austrália, Canadá e Reino Unido também se avançou na formulação de novas propostas sobre o tema, como as englobadas sob o termo de transferência e de tradução de conhecimentos. Por exemplo, de acordo com os Institutos Canadenses de Pesquisa em Saúde, "a tradução do conhecimento é o intercâmbio, a síntese e a sua aplicação ética – dentro de um sistema complexo de interações entre pesquisadores e usuários – para acelerar a apreensão dos benefícios da pesquisa por parte dos(as) canadenses por meio de melhorias na saúde, de serviços e produtos mais eficientes e de um sistema de saúde mais bem estruturado" (CANADIAN HEALTH SERVICES RESEARCH FOUNDATION). Algumas dessas propostas também começaram a ser consideradas na América Latina.

A ideia central desta proposta é que os tomadores de decisão que utilizam os resultados de múltiplas pesquisas terão mais elementos para elaborar melhores políticas e programas de saúde (HANNEY; GONZALEZ-BLOCK; BUXTON & KOGAN, 2003), ou seja, serão capazes de tomar decisões mais bem informadas se tiverem informação relevante e pertinente do conjunto dos conhecimentos gerados e não apenas a partir de uma única pesquisa ou experiência. Isso implica a criação de pontes e intermediários entre a pesquisa e as instituições de saúde com a finalidade de construir políticas e programas racionais embasados na informação ou em evidências científicas. Existem vários debates e experiências sobre como construir essa "ponte" entre a pesquisa e as políticas. Um enfoca no desenvolvimento de um modelo capaz de explicar e de promover o uso da pesquisa no âmbito das políticas públicas, onde a relação é entendida como um processo de interação implementado em fases (ALMEIDA & BÁSCOLA, 2006). Entre outros, aqui se promoveu um estilo de produção de informação relevante para os tomadores de decisão por meio da chamada revisão sistemática da literatura científica.

Sintetizando algumas experiências, como a canadense, de transferência e de tradução de conhecimentos para os tomadores de decisão, tal processo poderia envolver os seguintes passos. Uma etapa inicial em que os tomadores de decisão identificam e priorizam os problemas que enfrentam nos programas ou nos serviços de saúde; uma próxima etapa em que pesquisadores especializados traduzem esses problemas em temas e em perguntas de pesquisa; uma posterior em que uma agência de fomento apoia ou convoca pesquisadores para realizar uma revisão sistemática de um dos temas de pesquisa prioritário; em seguida, avalia-se a possibilidade de realizar uma pesquisa específica sobre algum componente ou pergunta que permanece sem resposta no âmbito da revisão da literatura. Por fim, o desenvolvimento de um conjunto de medidas de difusão tanto para os tomadores de decisão quanto para os profissionais de saúde envolvidos, mas sem deixar de lado a possibilidade de gerar trabalhos para difundir a experiência em revistas de alto impacto (CANADIAN HEALTH SERVICES RESEARCH FOUNDATION). Nesse processo, nem pesquisadores, nem tomadores de decisão, nem pessoal de saúde impõem sua visão sobre o que e como investigar. Todos são necessários para realizar o processo como um todo.

A revisão sistemática consiste em apenas uma parte do processo em que pesquisadores e tomadores de decisão se relacionam, ao mesmo tempo que se elabora um produto. Esta relação se sustenta na premissa de que o ponto de partida reside nas necessidades de informação dos tomadores de decisão, ao mesmo tempo que os envolve no processo de definição da própria revisão sistemática (HANNEY, 2004), mas não na mesma revisão que compete ao pesquisador. A revisão sistemática tem como objetivo fornecer dados sobre "o que funciona" nas políticas ou nos programas de saúde a partir da análise de estudos experimentais ou de avaliação de programas (LAVIS; DAVIES; OXMAN; DENIS; GOLDEN-BIDDLE & FERLIE, 2005). Esse tipo de revisão é considerado superior à tradicional revisão do estado da arte, também chamada de narrativa, e às pesquisas solicitadas sob contrato, uma vez que essa síntese oferece maior rigor metodológico e é mais relevante (SHELDON, 2005). Sua vantagem é que oferece um conjunto de evidências derivadas da produção científica, especificando não só os fatores que afetam o funcionamento das políticas e dos programas, mas também como funcionam, como podem ser modificados, bem como seus custos. Atualmente, além da revisão sistemática (GREENHALGH; ROBERT; MacFARLANE; BATE, P. & KYRIA-KIDOU, 2004), variantes como a análise secundária (THORNE, 1994), a meta-síntese (WALSH & DOWNE, 2005), a revisão integrativa (WHITTEMORE & KNA, 2005) e meta-resumos (SANDELOWSKI & BARROSO, 2003) também são frequentes como produtos desse processo.

Embora as revisões sistemáticas incorporem estudos quantitativos e experimentais, a partir da chamada medicina baseada em evidências, cada vez mais se elaboram propostas de síntese que utilizam tanto os estudos qualitativos como os quantitativos na realização das revisões sistemáticas.

c) Um enfoque preocupado com a população

Um terceiro enfoque em torno da disseminação e do uso dos resultados da pesquisa é aquele que visa fazer com que os resultados da pesquisa cheguem à população. Nele encontramos também três variantes: uma preocupada com a divulgação para a população, outra interessada no retorno dos dados aos informantes, e uma terceira baseada em princípios como os da justiça social. Pelo que sabemos, nenhuma das três teve uma presença importante na pesquisa qualitativa em saúde nos países latino-americanos.

A divulgação para a população

A partir dessa vertente, os produtos da pesquisa são assuntos de interesse público por uma infinidade de razões: ajudam as pessoas a compreender e a participar do debate do conhecimento científico, facilitam a transparência dos investimentos em pesquisa, servem para que os indivíduos compreendam como os resultados da pesquisa afetam suas vidas e seu bem-estar e para ajudá-los a tomar decisões racionais (ROYAL SOCIETY, 2005). Outro de seus pressupostos é que a divulgação dos conhecimentos é parte importante do processo de pesquisa e que estes podem ser utilizados tanto pelos profissionais quanto pelos próprios usuários (BYRNE, 2001; SANDELOWSKY, 2004). Assim, argumenta-se, a comunicação dos resultados da pesquisa à população é fundamental para influenciar nas mudanças de atitudes e nos comportamentos no sentido de promover a saúde (ROYAL SOCIETY, 2005).

Essa tendência de divulgação dos resultados da pesquisa em saúde tem certa tradição nos países latino-americanos, tal como nas propostas de pesquisa-ação participante e no jornalismo científico. Ela também se refletiu, por exemplo, nas políticas de financiamento de projetos de pesquisa no México e em outros países. Essa iniciativa exige que os resultados sejam difundidos para a população em geral para promover o autocuidado e, assim, favorecer a relação entre os usuários e os prestadores dos serviços (SECRETARÍA DE SALUD, 2001).

Isso implica o desenvolvimento de um estilo menos acadêmico e mais próximo das grandes massas, como o jornalismo científico. Além disso, nos informes dirigidos ao "público em geral", propõe-se um estilo diferente evitando-se o uso de uma linguagem sofisticada e de termos técnicos para ser entendido pela maioria das pessoas (RODRÍGUEZ; GIL & GARCÍA, 1999). Tais preocupações não são exclusivas da área da saúde; uma corrente da antropologia social britânica defende a utilização dos estilos jornalísticos e populares para os relatos etnográficos, considerando-os como modelos adequados e de grande acessibilidade para o público não acadêmico que, ao mesmo tempo, estimula o envolvimento e a participação de um público maior.

O retorno dos dados aos informantes

O relatório de trabalho na pesquisa qualitativa, como se costuma argumentar, deve apresentar, compartilhar e comunicar os resultados da pesquisa, não apenas aos financiadores do estudo e à comunidade científica, mas também aos próprios participantes ou informantes do estudo

(RODRÍGUEZ; GIL & GARCÍA, 1999). A proposta de *"retornar os dados aos informantes"* é considerada uma estratégia para reduzir a relação de subordinação dos próprios participantes diante do pesquisador, e como um meio para alcançar o empoderamento dos primeiros (MURPHY & DINGWALL, 2001). Os mecanismos dessa "devolução" vão desde uma vaga alusão ao fato de os dados serem apresentados ou devolvidos aos informantes até o uso de estratégias claras como a apresentação e a discussão da análise preliminar dos dados com os informantes, a análise dos dados em conjunto ou a apresentação da redação final aos mesmos informantes para fazerem observações ou correções, e obter seu consentimento sobre a veracidade dos dados produzidos. Certas formas de "devolução" dos dados aos informantes foram consideradas como prova da validade dos próprios dados.

Essa preocupação em devolver os dados aos informantes costuma ser objeto de uma frequente e intensa discussão informal por parte dos pesquisadores qualitativos dos países latino-americanos. No entanto, são poucos os trabalhos publicados que relatam a realização dessa devolução aos informantes e o detalhamento do processo utilizado ou que sistematizem tal experiência. Mercado e colaboradores (MERCADO & HERNÁNDEZ, 2007), por exemplo, relataram ter apresentado seus resultados aos informantes e ter recebido retroalimentação deles.

Alguns autores demonstraram sua discordância sobre a suposta função de empoderamento dessas estratégias, argumentando que os informantes não se interessam pelo retorno dos dados, nem em acompanhar o curso da pesquisa, o que constitui uma necessidade mais do pesquisador do que dos próprios informantes (MURPHY & DINGWALL, 2001). Ao exposto, se acrescenta que às vezes a devolução dos dados constitui um dilema ético, particularmente quando o pesquisador estuda fenômenos polêmicos ou ilegais, como no caso dos grupos radicais ou do narcotráfico. Nessas situações, tais dados podem constituir um elemento para o fortalecimento dos participantes, embora também possam colocar em risco a vida e a integridade dos próprios informantes (BURGOIS, 2003).

Pesquisar para atingir justiça social

Uma terceira tendência na pesquisa social e na área da saúde é orientada mais para a conquista da justiça social do que para satisfazer a curiosidade científica do acadêmico ou as necessidades das instituições de saúde. Segundo Denzin e Lincoln (2005), este deverá ser o traço distintivo da oitava e da nona etapas da pesquisa qualitativa, em que prevalecerá uma nova ética orientada para a geração de conhecimentos com um sentido comunitário, igualitário, democrático, crítico, de cuidado, comprometido, de ação e de justiça social.

Um dos objetivos centrais desse movimento é "decolonizar" a universidade. Uma das iniciativas mais sólidas da atualidade é aquela que pretende gerar "conhecimentos indígenas" e desenvolver uma metodologia decolonizadora. Essa proposta rompe com a noção do conhecimento como mercadoria e do público como consumidor do conhecimento, premissas que dominam as duas propostas anteriores sob o lema de avançar na divulgação do conhecimento para a população. Ao contrário delas, aqui se propõe que a pesquisa deve propiciar uma abordagem culturalmente sensível às necessidades da comunidade onde o estudo ocorre.

Isso não se restringe à obtenção de uma determinada permissão por parte das autoridades ou da própria comunidade para a realização do estudo; a questão aqui é que o mesmo estudo responda aos interesses da comunidade quanto ao que necessita saber e aos resultados que lhes são benéficos (SMITH, 1999; SMITH, 2005). Nesse sentido, o pesquisador se compromete a realizar uma pesquisa para beneficiar as pessoas da comunidade e são elas as principais destinatárias dos resultados.

Essa corrente concentrou seus esforços nas comunidades indígenas e teve um notável desenvolvimento e impacto na Nova Zelândia e na Austrália, e em menor grau no Canadá (SMITH, 2005; BISHOP, 2005). Exceto por algumas propostas inspiradas em Paulo Freire, em Fals-Borda e em outros promotores da pesquisa-ação participativa, não temos conhecimento de trabalhos publicados com esse enfoque sobre a pesquisa em saúde e seus resultados na América Latina, seja em relação com as comunidades indígenas ou com algum outro grupo social marginalizado.

Um dos maiores desafios desse enfoque é compreender e tornar efetiva a ideia de que os destinatários da pesquisa não são a comunidade científica, e sim a população, que deve participar na definição dos projetos e de seus produtos. Essa participação, por exemplo, não é aquela pesquisa participante que normalmente se limita à colaboração da população em uma ou mais fases do projeto. Pelo contrário, é aquela em que a comunidade exige e define o que está sendo pesquisado e para quê, deixando ao pesquisador a solução da parte metodológica do projeto e de seu desenvolvimento. Os resultados da pesquisa, neste caso, pertencem muito mais à comunidade ou ao grupo do que ao pesquisador, ao acadêmico ou à agência de financiamento.

Essa vertente também tem sido objeto de críticas. Uma é que seus alcances não a eximem de práticas paternalistas por parte dos pesquisadores quando se trata de populações vulneráveis, particularmente as pobres, as indígenas ou as excluídas por motivos sociais, políticos ou religiosos. Também é preciso lembrar o fato de que são os pesquisadores que detêm o controle do processo de geração e de transmissão do conhecimento ao longo do tempo.

2 Notas sobre uma proposta

Até aqui, revisamos três modelos cuja proposta visa responder à pergunta sobre o que fazer com os resultados da pesquisa na área da saúde. Cada um concentra sua atenção em diferentes atores sociais e direciona seu olhar para a promoção de certas práticas, excluindo outras. Ora, várias perguntas surgem sobre que tipo de pesquisa qualitativa deve ser desenvolvida na América Latina: Que tipo de projeto deve ser promovido em matéria de difusão e de utilização dos conhecimentos gerados? Aquele cujo objetivo é incrementar a publicação em revistas de alto impacto ou outro que visa fortalecer a capacidade dos dirigentes e dos tomadores de decisão em saúde? Queremos resultados de estudos qualitativos para empoderar a população ou para fortalecer a capacidade dos pesquisadores a fim de competir com os do primeiro mundo?

Nesta segunda seção, apresentamos um conjunto de ideias em torno de uma proposta relacional, dialógica e contextualizada sobre o uso e a aplicação da pesquisa qualitativa em saúde. Em particular, estamos interessados em contribuir para o debate neste campo, tendo em vista o contexto latino-americano onde se insere tal proposta.

Na América Latina, coexistem diferentes enfoques sobre a gestão, a difusão e a aplicação da pesquisa em geral e da saúde em particular. O modelo dominante – chamado por alguns autores de acumulação – é o voltado para a universidade, embora nos últimos anos também tenham se difundido propostas baseadas nas demandas dos órgãos governamentais de saúde, e mesmo algumas cujo propósito é a transferência de conhecimentos aos que tomam decisões. Porém, até hoje, aqueles que realizam e promovem a pesquisa qualitativa costumam não explicitar sua postura a esse respeito, embora tudo indique que adotem implicitamente o enfoque voltado para a universidade e sigam as tendências dominantes do mundo anglo-saxão em termos de publicações.

Mas tal difusão centrada na academia muitas vezes é objeto de discordâncias pela falta de interesse dos pesquisadores e das agências de financiamento em fazer com que estes conhecimentos cheguem a outros setores da população, sobretudo aos grupos com problemas mais acentuados, aos mais vulneráveis ou aos excluídos social, econômica ou politicamente. Por isso, parece-nos que se deve avançar em uma proposta capaz de superar as limitações dos enfoques anteriormente expostos e, em particular, o que se refere à exclusão de atores-chave no processo, tema que tem estado no centro do debate dos estudos qualitativos. Apresentamos agora alguns elementos da proposta.

Uma primeira questão a destacar, vinculada à pesquisa qualitativa, embora não lhe seja exclusiva, é a necessidade de situar o tema do uso e da aplicação do conhecimento no âmbito de um debate público, devido à mínima ou nenhuma atenção dada até agora à questão na América Latina (BRONFMAN; LANGER & TROSTLE, 2000). Pouco se avançará na difusão, na divulgação ou na transferência do conhecimento científico se o tema não fizer parte da agenda de discussão e de trabalho tanto da universidade quanto dos demais atores sociais envolvidos na saúde; sejam os que atuam nos serviços de saúde, os formadores de recursos humanos ou os doentes e seus familiares, que convivem diariamente com os efeitos da doença. A pesquisa qualitativa em saúde não deve se limitar aos aspectos metodológicos ou operacionais da pesquisa, ou elaborar trabalhos para serem publicados em revistas de alto impacto ou em editoras de prestígio; também deveria promover formas relacionais e contextualizadas de difusão, de divulgação e de aplicação da ciência na região latino-americana.

Para tanto, devem ser consideradas as dificuldades e confusões na terminologia utilizada, por isso a discussão deve ser direcionada ao esclarecimento dos elementos teórico-conceituais e à construção de propostas específicas (GRAHAM; LOGAN; HARRISON; STRAUS; TETROE et al., 2006). Comunicação, disseminação, informação, difusão, divulgação, uso, utilização, aplicação, transferência, tradução, impacto e efeitos são alguns termos frequentemente usados como sinônimos, em torno do que fazer com os resultados do trabalho científico. E, só para dar um exemplo, normalmente se menciona que os resultados se difundem para a comunidade acadêmica e se divulgam para os leigos ou para os não especialistas. Porém, segundo o Dicionário da Língua Espanhola, ambos os termos são sinônimos; na verdade, uma das acepções da difusão é a propagação ou a divulgação dos conhecimentos (REAL ACADEMIA DE LA LENGUA, 2000). Nesse ponto, dever-se-ia promover um debate teórico-conceitual para utilizar uma terminologia mais clara, e também para incluir conceitos capazes de recuperar elementos de inclusão e de democracia ao considerar todos como os destinatários do conhecimento, com as mesmas possibilidades de compreensão e de apropriação, apesar da heterogeneidade e das diferenças entre eles, sejam eles públicos acadêmicos ou de fora da universidade.

Outro ponto central desta proposta refere-se à forma como os diferentes atores percebem, denominam, conceituam e participam desse debate. Essa questão não cabe apenas aos acadêmicos, como tradicionalmente tem sido feito, mas também a diversos setores e atores sociais interessados no tema sanitário. Neste assunto, não se pode esquecer, por exemplo, do papel desempenhado pelos profissionais dos meios de comunicação de massa. Ainda que se deva avançar com cautela uma vez que os meios de comunicação muitas vezes não favorecem a apresentação de perspectivas diferentes das dos profissionais da saúde (MERCADO; ROBLES; MORENO & FRANCO, 2001). Assim, uma proposta inclusiva abarcaria, e não por ordem de importância, pesquisadores, jornalistas, tomadores de decisão, pessoal de serviço, população doente, usuários e cuidadores, para citar apenas alguns. E apesar das dificuldades que se vislumbram para incorporar cada um deles, já existem experiências no assunto, conforme relatado por Saunsders e colaboradores (SAUNDERS; GIRGIS; BUTOW; CROSSING & PENMAN, 2008) ao se referirem a várias iniciativas na Austrália, onde a população é incorporada à discussão e à avaliação de projetos de pesquisa em saúde. De fato, um dos grandes desafios desta proposta será a procura de mecanismos e estratégias de colaboração e articulação de dois sistemas que tradicionalmente têm sido considerados opostos e excludentes, o saber científico e o conhecimento leigo.

O reconhecimento de experiências e propostas desenvolvidas em países de alta renda ou do primeiro mundo sobre o tema em questão, como as referidas na seção anterior, permite identificar diferentes tendências; mas isso não significa que nós, os acadêmicos latino-americanos, devamos aderir mecanicamente aos seus pressupostos, estilos e objetivos. Nesse sentido, concordamos com Fals-Borda e Mora-Osejo (FALS-BORDA & MORA-OSEJO, 2003) quanto à necessidade de resistir ao colonialismo científico que se impõe no campo da ciência, bem como de construir nossos próprios modelos. Nossa proposta, neste sentido, consiste em promover um modelo mestiço capaz de construir uma fórmula para a geração e a aplicação dos conhecimentos em saúde e que leve em conta as particularidades da realidade latino-americana.

Os três enfoques de difusão e de aplicação do conhecimento científico acima mencionados têm sido alvo de críticas, em particular o voltado à universidade. Porém, isso não significa que a proposta seja eliminá-los pela sua falta de contribuições para a população ou para o setor público. Ao contrário, propomos que esse modelo mestiço avance na elaboração de uma proposta na região, capaz de triangular vários enfoques e de levar em conta as necessidades específicas dos diversos setores da sociedade. A proposta a ser incentivada, então, aspiraria a recuperar e combinar as forças dos enfoques existentes, mas no âmbito de uma proposta flexível, integral e adequada à realidade latino-americana. Essa concepção não só consideraria os enfoques em um mesmo nível, mas também seria capaz de apoiar e retroalimentar as ações incentivadas em cada uma delas. A proposta, ao mesmo tempo, deveria ser enriquecida com a incorporação de experiências e de ações bem-sucedidas de divulgação, de difusão e de aplicação do conhecimento realizadas no nosso continente (ESTRADA, 2003), ainda que não tenham sido localizadas ou reconhecidas em algum dos enfoques já mencionados. E tal seria o caso das múltiplas experiências em diversos campos a partir de propostas como as de Paulo Freire no campo da educação popular e do desenvolvimento comunitário. O desenvolvimento de metodologias indígenas responde às necessidades de uma população excluída e constitui uma forma de uso do conhecimento por essa população. Na América Latina exigimos movimentos de utilização do conhecimento nesse mesmo sentido, mas sem importar iniciativas particulares; quem sabe tentar construir propostas a partir de experiências aqui desenvolvidas, e não necessariamente na área da saúde, como por exemplo aquelas provenientes de outras áreas interessadas na conservação de culturas, como as indígenas, os movimentos sociais e o empoderamento de mulheres.

Dentro dos esquemas usuais de difusão da pesquisa qualitativa na América Latina, costuma-se dar pouca ou nenhuma importância à discussão sobre se se pretende seguir um único modelo ao privilegiar um dos enfoques, se convém combinar os enfoques de difusão mencionados, ou utilizar algum ou parte desses modelos, mas tendo em conta as particularidades dessa região. Tampouco se costuma mencionar questões como a ética quando as formas de difusão ou de divulgação contrariam os valores e as práticas de determinados grupos, sejam eles os doentes, os usuários, os trabalhadores dos serviços de saúde ou a população em geral, ao assumir valores universais em vez dos valores particulares de cada grupo. Tampouco se costuma analisar a pertinência das propostas de pesquisadores qualitativos para a organização do sistema e programas de saúde pela transferência do conhecimento. Não importa debater o uso de mecanismos autoritários no intuito de aumentar a produtividade científica, mas devemos considerar a pesquisa como uma estratégia para promover processos de democratização. Tal como sugere a leitura da obra de Franco Basaglia (1978), somos a favor de um modelo de trabalho que indaga se a aspiração é usar os produtos da pesquisa qualitativa como instrumentos de conservação e de reprodução da ordem social estabelecida ou se eles têm outra finalidade, como a democratização e a mudança social.

Julio César Olivé (2007) nos lembra que a diversidade cultural é um fato que apresenta problemas particularmente agudos na América Latina. A maioria dos países latino-americanos é constituída por diversas tradições culturais que coexistem e não estão livres de tensões. Dentro dessa diversidade cultural, muitos grupos étnicos constituem minorias com formas de vida que costumam ser diferentes daquelas dos grupos dominantes. Esta realidade levanta problemas particularmente críticos em termos linguísticos e de autonomia política, mas também quanto às vias de comunicação e de troca de conhecimentos. Estas observações obrigam-nos a introduzir a questão não só de quem são os destinatários dos conhecimentos gerados, particularmente dos obtidos na pesquisa qualitativa, mas também os mecanismos e dispositivos utilizados para os difundir.

Os três enfoques descritos na seção anterior identificam as estratégias empregadas pelos diferentes usuários do conhecimento, mas, no entanto, com uma visão rígida sobre quem são os destinatários. Para que se construa um modelo mestiço, é preciso ampliar os destinatários de cada enfoque e para cada estratégia. Por exemplo, a transferência do conhecimento costuma estar desenhada para apoiar os tomadores de decisão nas políticas de saúde; no entanto, essa transferência também poderia ser destinada a outros atores-chave, como os líderes e membros dos sindicatos da área da saúde. A finalidade última do modelo seria abrir a possibilidade de garantir a participação desses e de outros grupos tradicionalmente excluídos nas definições e nas negociações das políticas e dos programas de saúde, mas cuja participação ocorra a partir do conhecimento gerado, tal como se busca com os que tomam decisões. Haveria muita ingenuidade ou imposição se se quisesse transformar os serviços de saúde ignorando as concepções e as práticas de quem trabalha nas instituições de saúde. Se se deseja um modelo mestiço, democrático e relacional, é fundamental a transferência do conhecimento a todos os envolvidos e não apenas a alguns.

É frequente o reconhecimento dos avanços na América Latina em matéria de difusão da pesquisa qualitativa em saúde, pois cada vez mais os estudos são publicados em revistas de alto impacto ou em editoras de prestígio. Porém, ao revisar os estudos como um todo, fica a impressão de que a estratégia de difusão, de divulgação e de aplicação do conhecimento oferece uma visão fragmentária e unidimensional dos processos e dos fenômenos analisados, fazendo pouca ou nenhuma referência ao contexto e às suas circunstâncias. Entre outras coisas, é comum que estejam centrados na perspectiva de um único profissional de uma instituição ou em um único estudo. Isso traz o problema da qualidade da pesquisa qualitativa em saúde que deve ser difundida, divulgada ou transferida. Os padrões de qualidade da pesquisa na América Latina requerem maior atenção. Não só em função do enfoque dirigido à academia, em que será preciso pensar tanto nos acadêmicos da região como nos do resto do mundo, mas principalmente no tipo de conhecimento que deve ser difundido aos diferentes destinatários. Não se trata apenas de divulgar os resultados, mas também de levar em consideração sua qualidade, sua pertinência e sua utilidade para os usuários.

O modelo aqui proposto de uso, de transferência e de tradução do conhecimento enfrenta múltiplos desafios. Entre outros, estão as próprias características das organizações ou das instituições onde a pesquisa é realizada, uma delas é a carência e a desigualdade existentes na maioria dos países latino-americanos. Por exemplo, o acesso limitado aos bancos de dados e os altos custos para aquisição de livros e textos completos das pesquisas diferem de país para país, ou mesmo dentro de cada país. O mesmo se pode dizer da falta de experiência na elaboração desse tipo de trabalho, como é o caso da revisão sistemática ou da meta-síntese, por parte dos pesquisadores da região, aliada à falta de tradição no setor governamental em áreas como a da saúde para solicitar esses trabalhos. Isso sem mencionar a enorme rotatividade de gestores e de tomadores de decisão em alguns países, o que torna extremamente complexo um projeto de capacitação no tema aqui discutido. Além disso, há as dificuldades de aceitação de outros modelos desenvolvidos em áreas externas à saúde, os quais enriqueceriam a transferência ou a difusão, ao incluir os conhecimentos implementados em torno de problemas outros que não a saúde.

Considerações finais

Manuel Castells (1999) diz na sua obra *A era da informação* que sempre que um intelectual tentou responder à pergunta "o que fazer?" e colocou seriamente sua resposta em prática, uma catástrofe ocorreu, tal como aconteceu com Ulyanov, isto é, Lenin, quase 100 anos atrás. Por isso, temos evitado sugerir um remédio ou uma solução sobre o que fazer com os resultados da pesquisa qualitativa na América Latina. No entanto, a intenção de apresentar algumas ideias iniciais tenta abrir um debate sobre o tema em um momento em que a pesquisa qualitativa cresce em quantidade e em qualidade no continente. Estamos diante da possibilidade e temos diante de nós a oportunidade de debater abertamente esse tema que constitui um assunto essencial em qualquer proposta de pesquisa nessa região.

E além de continuar revisando a produção anglo-saxônica sobre o tema, é prioritário voltar o olhar para a região latino-americana a fim de ouvir os diversos atores e de resgatar as experiências existentes, tanto na área da saúde como nas outras, para construir um modelo racional e dialógico que esteja mais de acordo com as particularidades e as necessidades desta região do planeta.

Referências

ALMEIDA, C. & BÁSCOLA, E. "Use of research results in policy decision--making, formulation, and implementation: a review of literature". In: *Cad. Saúde Pública*, 22 (supl.), 2006, p. 7-33.

BASAGLIA, F. *La salud de los trabajadores*. México: Nueva Imagen, 1978, 251 p.

BAZZANI, R.; LEVCOVITZ, E.; URRUTIA, S. & ZARAWSKY, C. "Construyendo puentes entre investigación y políticas para la extensión de la protección social en salud en América Latina y el Caribe: una estrategia de cooperación conjunta". In: *Cad. Saúde Pública*, 22 (supl.), 2006, p. 109-112.

BISHOP, R. "Freeing ourselves from neocolonial domination in research: a Kampapa Maori approach to creating knowledge". In: LINCOLN, Y. & DEN-

ZIN, N. (eds.). *Handbook of qualitative research*. Thousand Oaks: Sage; 2005, p. 109-138.

BOUDON, R. "La sociología que realmente importa". In: *Pap. Rev. Sociol.*, 72, 2004, p. 215-226.

BRONFMAN, M.; LANGER, A. & TROSTLE, J. *De la investigación en salud a la política* – La difícil traducción. México: Manual Moderno, 2000, 178 p.

BURGOIS, P. *In search of respect* – Selling crack in el barrio. 2. ed. Cambridge: Cambridge University Press, 2003, 432 p.

BYRNE, M. "Disseminating and presenting qualitative research findings". In: *AORN*, 74 (5), 2001, p. 731-732.

CANADIAN HEALTH SERVICES RESEARCH FOUNDATION. *Health services research and evidence-based decision-making*. [Acesso em 15 de abril de 2008]. Disponível em http://www.chsrf.ca/knowledge_trans- fer/pdf/EBDM_e.pdf

CASTELLS, M. *La era de la información*: economía, sociedad y cultura. México: Siglo XXI, 1999, 1.536 p.

CONSEJO NACIONAL DE CIENCIA Y TECNOLOGÍA. *Informe general de la ciencia y tecnología*, 2006 [acesso em 15 de julho de 2008]. Disponível em: http://www. siicyt.gob.mx/siicyt/docs/Estadisticas3/Informe2006/ Inicio. pdfhttp://www.siicygob.mx/siicyt/DOCS/ES- TADISTICAS3/Informe2006/2003.pdf

_____. *Informe general del estado de la ciencia y tecnología*, 2005 [Acesso em 15 de julho de 2008]. Disponível em: www.conacyt.mx/ Rendicion CUENTAS /DOCS/ PRESUPUESTO-2005.pdf

COUNCIL ON HEALTH RESEARCH FOR DEVELOPMENT (COHRED). *Priority setting for health research* – Toward a management process for low and middle income countries. Genebra: Cohred, 2006 [acesso em 15 de abril de 2008]. Disponível em: http://www. cohred.org/priority_setting/COHRE DWP1 Priority- Setting.pdf

DENZIN, N. & LINCOLN, Y. *Handbook of qualitative research*. 3. ed. Thousand Oaks: Sage, 2005, p. 1.115-1.126.

ELIAS, F. & PATROCLO, M.A. "Utilização de pesquisas – Como construir modelos teóricos para avaliação?" In: *Ciênc. Saúde Colet.*, 10 (1), 2005, p. 215-227.

ESTRADA, L. *La divulgación de la ciencia*: ¿educación, apostolado o...? México: Dirección General de Divulgación de la Ciencia/Unam, 2003, p. 41.

FALS-BORDA, O. & MORA-OSEJO, L.E. "Context and diffusion of knowledge: a critique of Eurocentrism". In: *Action Res.*, 1 (1), 2003, p. 29-37.

GRAHAM, I.D.; LOGAN, J.; HARRISON, M.B.; STRAUS, S.E.; TETROE, J. et al. "Lost in knowledge translation: time for a map?" In: *J. Contin. Educ. Health. Prof.*, 26 (1), 2006, p. 13-24.

GREENHALGH, T.; ROBERT, G.; MacFARLANE, F.; BATE, P. & KYRIA-KIDOU, O. "Diffusion of innovations in service organizations: systematic review and recommendations". In: *The Milbank Q*, 82 (4), 2004, p. 581-629.

HANNEY, S. "Personal interaction with researchers or detached synthesis of the evidence: modelling the health policy paradox". In: *Eval. Res. Educ.*, 18 (1-2), 2004, p. 72-82.

HANNEY, S.; GONZALEZ-BLOCK, M.; BUXTON, M. & KOGAN, M. *The utilisation of health research in policy-making*: concepts, examples and methods of assessment. Health Res Policy Syst, 1 (2), 2003. [Acesso em 22 de outubro de 2007]. Disponível em: http://www. health-policy-systems.com/ content/pdf/1478-4505-1- 2.pdf

KURUVILLA, S.; MAYS, N.; PLEASANT, A. & WALT, G. "Describing the impact of health research: a research impact framework". In: *BMC Health Serv Res*, 6 (134), 2006, 18 p. [acesso em 15 de julho de 2008]. Disponível em http://www.biomedcentral.com/1472-6963/1186/1134

LAVIS, J.; DAVIES, H.; OXMAN, A.; DENIS, J.L.; GOLDEN-BIDDLE, K. & FERLIE, E. "Towards systematic reviews that inform health care – Management and policy-making". In: *J. Health. Serv. Res. Policy*, 10 (supl. 1), 2005, p. 35-48.

LINCOLN, Y. & GUBA, E. "Paradigmatic controversies, contradictions, and emerging confluence". In: DENZIN, N. & LINCOLN, Y. *Handbook of qualitative research*. 2. ed. Thousand Oaks: Sage, 2000, p. 133-155.

MERCADO, F.; ROBLES, L.; MORENO, N. & FRANCO, C. "Inconsistent journalism: the coverage of chronic diseases in the Mexican press". In: *J. Health Comm.*, 6 (3), 2001, p. 235-247.

MERCADO, F. & HERNÁNDEZ, E. "Las enfermedades crónicas desde la mirada de los enfermos y los profesionales de la salud: un estudio cualitativo en México". In: *Cad. Saúde Públ.*, 23 (9), 2007, p. 2.178-2.186.

MURPHY, E. & DINGWALL, R. "The ethics of ethnography". In: ATKINSON, P.; COFFEY, A.; DELAMONT, S.; LOFLAND, J. & LOFLAND, L. *Handbook of ethnography*. Londres: Sage, 2001, p. 339-351.

MURRAY, S. & PEYREFITTE, J. "Knowledge type and communication media choice in the knowledge transfer process". In: *J. Manag Issues*, 19 (1), 2002, p. 111-133.

OLIVÉ, J.C. *La ciencia y la técnología en la sociedad del conocimiento*. México: Fondo de Cultura Económica, 2007, 238 p.

REAL ACADEMIA DE LA LENGUA. *Diccionario de la Lengua Española.* 22. ed. Madri, 2000, 2.349 p.

RODRÍGUEZ, G.; GIL, J. & GARCÍA, E. *Metodología de la investigación cualitativa.* Granada: Aljibe, 1999, 378 p.

ROYAL SOCIETY. *Science and the public interest* – Communicating the results of new scientific research to the public. Londres: The Royal Society, 2005, p. 26.

SANDELOWSKY, M. "Using qualitative research". In: *Qual. Health Res.*, 4 (10), 2004, p. 1.366-1.386.

SANDELOWSKI, M. & BARROSO, J. "Creating metasummaries of qualitative finding". In: *Nurs Res*, 54 (4), 2003, p. 226-233.

SAUNDERS, C.; GIRGIS, A.; BUTOW, P.; CROSSING, S. & PENMAN, A. "From inclusion to independence-training consumers to review research". In: *Health Res. Policy Syst.*, 6 (3), 2008. [Acesso em 10 de junho de 2008]. Disponível em: http://www.health-policy-systems.com/content/ pdf/1478-4505-6-3.pdf

SECRETARÍA DE SALUD. *Plan Nacional de Salud 2001-2006.* México: Secretaría de Salud, 2001, 228 p.

SMITH, L.T. "On tricky ground: researching the native in the age of uncertainty". In: LINCOLN, Y.; DENZIN, N. (eds.). *Handbook of qualitative research.* Thousand Oaks: Sage; 2005, p. 85-108.

_____. *Decolonizing methodologies research and indigenous peoples.* Londres: Zed Books/University of Otago Press, 1999, 208 p.

SHELDON, T. "Making evidence synthesis more useful for management and policy-making". In: *J. Health Serv. Res. Policy*, 10 (supl.), 2005, p. 1-5.

THORNE, S. "Secondary analysis in qualitative research: issues and implications". In: MORSE, J. *Critical issues in qualitative research methods.* Thousand Oaks: Sage, 1994, p. 263-279.

WALSH, D. & DOWNE, S. "Metasynthesis method for qualitative research: a literature review". In: *J. Adv. Nursing*, 50 (2), 2005, p. 204-218.

WEISS, C. "The many meanings of research utilization". In: *Pub. Admin. Rev.*, 29, 1979, p. 426-431.

WHITTEMORE, R. & KNA, K. "The integrative review: updated methodology". In: *J. Adv. Nursing*, 52 (5), 2005, p. 546-553.

Glossário

Este livro foi escrito por autoras e autores que pensam e escrevem sobre pesquisa qualitativa em português, espanhol e inglês. Ao traduzir os capítulos, sentimos a necessidade de criar um glossário em português para evitar mal-entendidos sobre a terminologia adotada. Alguns termos muito usuais na literatura variam de significado conforme o idioma, o que nos levou aos esclarecimentos a seguir.

Avaliações roteirizadas: conhecidas como *checklists* em inglês, elas também são descritas como *procedural appraisal*. Esses termos têm sido traduzidos como avaliação processual em português, mas o termo dá a impressão que o foco da avaliação é no processo, enquanto os roteiros de avaliação de rigor ou qualidade centram-se em critérios preestabelecidos. Por essa razão, escolhemos o termo avaliação roteirizada. Duas dessas avaliações conhecidas internacionalmente são Coreq e Casp. Para uma discussão detalhada sobre o tema cf. EAKIN, J.M. & MYKHALOVSKIY, E. (2003). "Reframing the evaluation of qualitative health research: reflections on a review of appraisal guidelines in the health sciences". In: *Journal of evaluation in clinical practice*, 9 (2), p. 187-194. Disponível em https://doi.org/10.1046/j.1365-2753.2003.00392.x

Congruência epistemológica: também chamada de coerência ou congruência ontoepistemológica, teórico-metodológica ou apenas congruência teórica. É descrita no capítulo 3 como o elemento central para a qualidade e rigor dos estudos qualitativos.

Confiabilidade: em inglês existem dois termos para falar da confiabilidade. Em pesquisa qualitativa, denomina-se *trustworthiness*, mas na pesquisa quantitativa refere-se a *validity*. Em português, usa-se a mesma expressão, e isso pode levar à impressão de que os estudos qualitativos são orientados pelo paradigma positivista.

Coleta de dados: cf. Dados. Sugerimos geração de dados ou produção de dados para evitar a visão positivista de que os dados existem *a priori* e que a atuação do/a pesquisador/a limita-se a coletar o que já existe. Cf. Eakin & Gladstone, capítulo 7, presença criativa da pesquisadora.

Dados: a crítica à palavra "dados" em português se deve à ideia de que existem informações que estão prontas e disponíveis no mundo social que o/a pesquisador/a apenas recolhe ou coleta. Na pesquisa qualitativa, o processo de geração de dados requer um engajamento ativo (normalmente, cognitivo, emocional e físico) com a criação de interações que permitem que um certo entendimento seja compreendido. No entanto, em inglês, a palavra *data* significa, em filosofia e ciências sociais, o que é tido como fato ou é conhecido, o que fundamenta o raciocínio. Isso quer dizer que "*dados*", a tradução de "data" em português, cria um viés que oculta o processo de produção e geração de dados, o que não ocorre em inglês. Nos capítulos traduzidos do inglês, a palavra "dados" é utilizada, mas considerando-se esse esclarecimento.

Informação: expressão utilizada alternadamente em português para se referir aos "dados" e aos resultados da análise, mas em inglês é mais comum considerar "informação"; as formulações teóricas que resultam da análise e interpretação de dados.

Método: Tradução literal do inglês *method*. Em português, sugerimos técnica de geração de dados ou técnica de análise, conforme o caso.

Metodologia: sinônimo de *design* ou desenho do estudo. Gastaldo (2015) descreve a metodologia como "a história do estudo: os momentos-chave que influenciaram o formato final, os resultados e como se fez a interpretação dos mesmos". Para uma descrição dos elementos de um capítulo de tese qualitativa que descrevem a metodologia utilizada cf. https://ccqhr.utoronto. ca/wp-content/uploads/2018/01/Elementos-de-un-capi%CC%81tulo-de-investigacio%CC%81n-cualitativa-2015_0.pdf (em espanhol).

Sobre os/as autores/as

Maria Lúcia Magalhães Bosi (coorganizadora)

Graduada em Nutrição e em Psicologia; mestre em Ciências Sociais e doutora em Ciências (Saúde Pública) pela Fundação Oswaldo Cruz. Pós-doutorado junto ao Center for Critical Qualitative Health Research da Universidade de Toronto. Professora titular na Faculdade de Medicina da Universidade Federal do Ceará. Pesquisadora Nível 1 CNPq. Lidera o Laboratório de Avaliação e Pesquisa Qualitativa em Saúde (www.lapqs.ufc.br), grupo internacional com parcerias em diferentes países/continentes. Membro e cofundadora das redes Naus (Rede Iberoamericana de Pesquisa Qualitativa em Alimentação e Cultura / www.redanus.com) e RedeQuali (Rede de Pesquisa Qualitativa em Saúde Brasil-Canadá / www.redequali.unb.br). Extensa produção bibliográfica na área de Saúde Coletiva, com ênfase em Ciências Humanas e Sociais. E-mail: malubosi@ufc.br

Denise Gastaldo (coorganizadora)

Graduada em Enfermagem, com mestrado e doutorado em Ciências Sociais, é Dra. *Honoris Causa* (Universidade da Coruña, Espanha) e professora-associada da Bloomberg Faculty of Nursing e Dalla Lana School of Public Health, University of Toronto, Canadá. Cofundadora do Centre for Critical Qualitative Health Research (CQ), sendo vice-diretora e diretora do mesmo por dez anos, e membro do comitê organizador ou científico dos Congressos Ibero-Americanos de Investigação Qualitativa em Saúde ao longo de quinze anos. Membro e cofundadora da RedeQuali (Rede de Pesquisa Qualitativa em Saúde Brasil-Canadá / www.redequali.unb.br). Suas pesquisas são sobre equidade em saúde; em particular, sobre migração e gênero. Email: denise.gastaldo@utoronto.ca

Brenda Gladstone, Ph.D.

Professora-associada, Dalla Lana School of Public Health e atual diretora do Centre for Critical Qualitative Health Research (CQ), University of Toronto. Suas pesquisas centram-se na sociologia da infância, sociologia da saúde e padecimento mental, saúde mental intergeracional e processos de busca de tratamento para criancas, jovens e famílias. E-mail: brenda.gladstone@utoronto.ca

Carolina Martínez-Salgado, Ph.D.

Professora e investigadora do Departamento de Atenção à Saúde, Universidade Autônoma Metropolitana (Xochimilco), México. Médica, epidemiologista, doutora em Estudos de População, integrante da International Association of Qualitative Inquiry. Desde 1996 ministra cursos de pesquisa qualitativa em diversos programas de pós-graduação. Autora de inúmeras publicações sobre pesquisa qualitativa em saúde e conferencista nos principais eventos especializados sobre o tema. E-mail: cmartine@correo.xoc.uam.mx

Elizabeth Peter, Ph.D.

Professora titular, Bloomberg Faculty of Nursing, University of Toronto, Canadá. Sua produção acadêmica reflete a sua formação interdisciplinar em enfermagem, filosofia e bioética. Diretora do Comitê de Ética, Public Health Ontario, Canadá. Suas pesquisas exploram identidade moral, agência moral, vulnerabilidade, competência moral e estresse moral. E-mail: elizabeth.peter@utoronto.ca

Fernando Peñaranda Correa, Ph.D.

Médico; mestre em Saúde Pública; mestre em Educação e Desenvolvimento Social; doutor em Ciências Sociais, Infância e Juventude. Professor titular e pesquisador-sênior no Grupo de Investigación Salud y Sociedad da Faculdade Nacional de Saúde Pública da Universidade de Antioquia. Lecionou em programas de graduação e pós-graduação de diferentes universidades colombianas e é autor de artigos, capítulos de livros e livros em áreas como educação para a saúde, investigação qualitativa, ética e saúde pública e justiça social. E-mail: penaranda@udea.edu.co

Francisco Javier Mercado-Martínez

In memoriam, 1952-2019

Foi professor e pesquisador na Universidade de Guadalajara, México, doutor em Ciências Sociais. Durante sua carreira acadêmica impulsionou o movimento da investigação qualitativa em Saúde na Iberoamérica, ministrando diversos cursos de metodologia qualitativa, formando várias gerações de jovens investigadores nesse domínio e desenvolvendo projetos de investigação em enfermidades crônicas e serviços de saúde. Coautor dos livros *Paradigmas y diseños de investigación cualitativa en salud – Una antología iberoamericana de Investigación Cualitativa en Salud* e *Investigación cualitativa en salud en Iberoamérica: métodos, análisis y ética*, os quais são referência desse movimento. Igualmente, esteve vinculado ao International Collaboration for Participatory Health Research (ICPHR), promovendo este tipo de investigação mediante a página http://es.icphr.org/ Sua vasta produção acadêmica está disponível em sua conta Google acadêmico: https://scholar.google.com.mx/citations?user=QFWuA4kAAAAJ&hl=es&oi=sra

Joan M. Eakin, Ph.D.

Professora titular emérita da Dalla Lana School of Public Health, University of Toronto, Canadá. Diretora-fundadora do Centro de Pesquisa Qualitativa Crítica em Saúde da Universidade de Toronto. Como socióloga, realizou e ensinou pesquisa qualitativa nas ciências da saúde desde a década de 1970, concentrando-se em estudos sobre as relações sociais de trabalho e a saúde dos trabalhadores. E-mail: joan.eakin@utoronto.ca

José Ricardo de Carvalho Mesquita Ayres

Médico e especialista em Medicina Preventiva. Professor titular do Departamento de Medicina Preventiva da Faculdade de Medicina da Universidade de São Paulo, desenvolve atividades de cooperação acadêmica com o Programa de Saúde Global da Universidade de Princeton, EUA, e com o Instituto de Salud Colectiva da Universidad Nacional de Lanús, Argentina, entre outras. Seu campo de atuação é a Saúde Coletiva, em particular nas áreas de Atenção Primária à Saúde e Humanidades em Saúde. Além de uma centena de artigos em periódicos, publicou os livros *Epidemiologia e emancipação*, *Sobre o risco: para compreender a epidemiologia*, *Cuidado: trabalho e interação nas práticas de Saúde* e, em coautoria, *Prevención, promoción y cuidado: enfoques de vulnerabilidad y derechos humanos*. E-mail: jrcayres@usp.br

Kenneth Rochel de Camargo Jr.

Médico, mestre em Saúde Pública, doutorado em Saúde Coletiva pela Universidade do Estado do Rio de Janeiro, tendo realizado pós-doutorado na McGill University em 2000/2001. Atualmente é professor titular da Universidade do Estado do Rio de Janeiro e *associate editor* do *American Journal of Public Health*. Vice-presidente da Abrasco no mandato 2008-2010. Vice-presidente honorário para América Latina e Caribe da American Public Health

Association, 2014-2015. Membro do Comitê Científico da World Association for Sexual Health (WAS), 2017-2019. Diretor do Departamento de Apoio à Produção Científica e Tecnológica (Depesq), Sub-reitoria de Pós-graduação e Pesquisa (SR2), Uerj, 2016-2019. E-mail: kencamargo@gmail.com

Leticia Robles-Silva

Professora e pesquisadora da Universidade de Guadalajara, México; doutorado em Ciências Sociais. Sua linha de pesquisa é sobre família, cuidado e envelhecimento, em especial nos aspectos culturais do cuidado, utilizando metodologias qualitativas, principalmente etnografia com análise de conteúdo, discurso, trajetórias e análise espacial. Seus cursos de ensino de metodologia qualitativa se concentraram na redação de manuscritos científicos com dados qualitativos, na revisão da literatura de segunda geração e no trabalho de campo, tanto em nível nacional como em universidades da América Latina e Espanha. Sua produção pode ser consultada em sua conta Research Gate: https://www.researchgate.net/profile/Leticia_Robles-Silva e no Google acadêmico: https://scholar.google.com.mx/citations?user=4ux4wSIAAAAJ&hl=en E-mail: leticia.robles.silva@gmail.com

Paul Ward, Ph.D.

Professor titular e diretor do Discipline of Public Health, College of Medicine and Public Health, Flinders University, Austrália. Cientista social com formação em sociologia médica e pesquisa qualitativa. Seus principais interesses de pesquisa incluem percepções de profissionais e leigos, conhecimento e entendimentos sobre saúde, serviços de saúde, medicamentos, risco e confiança. E-mail: paul.ward@flinders.edu.au

Samantha Meyer, Ph.D.

Professora-associada, School of Public Health and Health Systems, University of Waterloo, Waterloo, Ontário, Canadá. Antropóloga e doutora em Saúde Pública. Seus principais interesses de pesquisa são: o papel da confiança da população canadense no uso de vacinas e nos programas de prevenção de câncer. E-mail: samantha.meyer@uwaterloo.ca

CULTURAL
- Administração
- Antropologia
- Biografias
- Comunicação
- Dinâmicas e Jogos
- Ecologia e Meio Ambiente
- Educação e Pedagogia
- Filosofia
- História
- Letras e Literatura
- Obras de referência
- Política
- Psicologia
- Saúde e Nutrição
- Serviço Social e Trabalho
- Sociologia

CATEQUÉTICO PASTORAL
Catequese
- Geral
- Crisma
- Primeira Eucaristia

Pastoral
- Geral
- Sacramental
- Familiar
- Social
- Ensino Religioso Escolar

TEOLÓGICO ESPIRITUAL
- Biografias
- Devocionários
- Espiritualidade e Mística
- Espiritualidade Mariana
- Franciscanismo
- Autoconhecimento
- Liturgia
- Obras de referência
- Sagrada Escritura e Livros Apócrifos

Teologia
- Bíblica
- Histórica
- Prática
- Sistemática

REVISTAS
- Concilium
- Estudos Bíblicos
- Grande Sinal
- REB (Revista Eclesiástica Brasileira)

VOZES NOBILIS
Uma linha editorial especial, com importantes autores, alto valor agregado e qualidade superior.

VOZES DE BOLSO
Obras clássicas de Ciências Humanas em formato de bolso.

PRODUTOS SAZONAIS
- Folhinha do Sagrado Coração de Jesus
- Calendário de mesa do Sagrado Coração de Jesus
- Agenda do Sagrado Coração de Jesus
- Almanaque Santo Antônio
- Agendinha
- Diário Vozes
- Meditações para o dia a dia
- Encontro diário com Deus
- Guia Litúrgico

CADASTRE-SE
www.vozes.com.br

EDITORA VOZES LTDA.
Rua Frei Luís, 100 – Centro – Cep 25689-900 – Petrópolis, RJ
Tel.: (24) 2233-9000 – Fax: (24) 2231-4676 – E-mail: vendas@vozes.com.br

UNIDADES NO BRASIL: Belo Horizonte, MG – Brasília, DF – Campinas, SP – Cuiabá, MT
Curitiba, PR – Fortaleza, CE – Goiânia, GO – Juiz de Fora, MG
Manaus, AM – Petrópolis, RJ – Porto Alegre, RS – Recife, PE – Rio de Janeiro, RJ
Salvador, BA – São Paulo, SP